U0320443

贵妃的红汗

贵妃的红汗

孟晖 著

南京大学出版社

图书在版编目(CIP)数据

贵妃的红汗/孟晖著. —南京:南京大学出版社,
2010. 10 (2015. 11重印)
ISBN 978 - 7 - 305 - 07527 - 8

Ⅰ.①贵… Ⅱ.①孟… Ⅲ.①化妆品-研究-中国-
古代 Ⅳ.①TQ658

中国版本图书馆 CIP 数据核字(2010)第 168348 号

出版发行 南京大学出版社
社 址 南京市汉口路 22 号 邮 编 210093
网 址 http://www.NjupCo.com
出 版 人 左 健

书 名 贵妃的红汗
著 者 孟 晖
责任编辑 沈卫娟 李雪梅

照 排 南京紫藤制版印务中心
印 刷 江苏凤凰扬州鑫华印刷有限公司
开 本 850×1168 1/32 印张 12.875 字数 240 千
版 次 2011 年 1 月第 1 版 2015 年 11 月第 3 次印刷
ISBN 978 - 7 - 305 - 07527 - 8
定 价 36.00 元

发行热线 025 - 83594756
电子邮件 Press@NjupCo.com
Sales@NjupCo.com(市场部)

目　录

澡豆

　　有个乡下老头儿，从来没进过城，城里人用的东西，他都不认识。但是他的儿子进城工作了，有一次从城里买了点心带回乡下的家，"乡下老头儿"吃了，觉得特好吃。再有一次，儿子回家时给他带回了一块香皂，老头还以为是点心，一口咬下去：怎么这么难吃啊?!

　　不知道其他人是否也听过这个笑话？

　　我是在很小的时候，当时肯定还没有上学，有个小朋友先从大人那里听到这个笑话，然后学舌给一起玩的伙伴。不知为什么，一群小孩儿全都觉得老头儿咬香皂这个情节特别可笑，于是有那么几天疯狂地互相来回讲述，还一遍遍地模仿啃过香皂之后满嘴苦辣拼命咳嗽的样子，然后哈哈大笑。不正常的兴奋终于引起大人的注意：不许学了，太贫！这么小的孩子怎么就学着笑话乡下人！——从那以后，我懂得了，笑话乡下人是可耻的行为。同时，懵懵懂懂的，又觉得非常奇怪：乡下人连香皂都不认识吗？乡下人真的很傻啊！

　　随着年龄渐长，似乎渐渐领会了这样一个笑话之所以会在我的童年出现的原因——我家居住的那个"小西天北二区"，就是二十世纪五十年代为了安置招工进城的农村人，由政府简单规划并盖建起来的一个"临时性小区"，简陋，土气，朴素，清寒，混合着农民与市民的气质，虽然就在八百年古都的近郊，但是却没有一天的昨日历史，不过，却充满对美好未来的坚信。如果仅仅以我自身的经历，再结合中国近代以来的历史，读解"老头啃香皂"的笑话，似乎并不是什么难事，从中可以很容易感受到西方化、现代化如何进驻中国人的人心，工业化、城市化造成的观念意识中的城乡对立，等等。

然而，这个笑话早就存在，早在我出生之前不知多少个世纪，就流传过，就引发过笑声：

> 王敦初尚主，如厕……既还，婢擎金澡盘盛水，瑠璃盌盛澡豆，因倒着水中而饮之，谓是"干饭"。群婢莫不掩口而笑之。（南朝宋刘义庆《世说新语》"纰漏"）

用今天的话说，这个笑话是故意"糟改"王敦。编派他做了驸马爷，却对皇家的生活品质一点没概念。上罢厕所，女奴奉上盛在玻璃碗里的澡豆，却被王敦误当成了"干饭"，将其倒在水里，喝下了肚。既然澡豆是用于便后洗手的环节，因此倒是不难明白它是一种卫生用品。原来，那个嘲笑乡下老头不认识香皂的笑话，至晚在《世说新语》成书的时代，亦即南朝初期，也就是五世纪上半叶，其"原型"早就已经广为流传。不过，由于生活方式的演变，在相隔千年的两个笑话中，还是有些细节的不一致。香皂，我们都知道是什么样子，小块的圆形或椭圆形固体，与中式"点心"在形态上有某种相似性。王敦所面对的"澡豆"，却怎么会被倒进水里？又怎么可以直接喝下去？它的准确功用又是什么？

在历代医典中，其实存在着众多的关于澡豆的记载。就以相传为初唐大医学家孙思邈所著的《千金方》（中国中医药出版社，1998年）来说，其中《备急千金要方》"面药"一节有具体制作方法七种，《千金翼方》也录有四种配方。初看上去，这些配方真是让人眼花缭乱，如"洗手面，令白净悦泽，澡豆方"：

> 白芷、白术、白鲜皮、白蔹、白附子、白茯苓、羌活、萎蕤、栝楼子、桃仁、杏仁、菟丝子、商陆、土瓜根、芎䓖（各一两）、猪胰（两具大者，细切），冬瓜仁（四合），白豆面（一升），面（三升，溲猪胰为饼，曝干、捣筛）。

> 上十九味，合捣筛，入面、猪胰拌匀，更捣。每日常用，以浆水洗手面，甚良。

看着方子中多种多样的成分，似乎很难猜出能做成什么样的制品，其用途又何在。然而，《红楼梦》第三十八回，贾府女眷赏桂花吃螃蟹的时候，有个细节，凤姐"又命小丫头们去取菊花叶儿、桂花蕊熏的绿豆面子来，预备洗手"。另外，《儿女英雄传》第三十回里还有个很夸张的情节，写丫鬟长姐为程师爷的烟袋点火之后，嫌这位腐儒气味不洁，于是拼命洗手：

> ……扎煞着两只手，叫小丫头子舀了盆凉水来，先给他左一和右一和的往手上浇。浇了半日，才换了热水来，自己冲了又冲，洗了又洗，搓了阵香肥皂、香豆面子，又使了些个桂花胰子、

玫瑰胰子。……直洗到太太打发人叫他，才忙忙的擦干了手上来。

为洗手而预备"桂花蕊熏的绿豆面子"，或者洗手时"搓""香豆面子"，都显示，传统生活中，习惯于用豆面作为洗洁品，想来，豆面可以比较有效地去污、去油、去异味。再看《千金方》中各种澡豆的配方，无一例外的，都以豆子的细末作为主要原料之一，比如这里具体所引的方子就用到"白豆面""一升"，这就说明，澡豆乃是一种以豆末为主的制品。至于配方中的其他各种原料呢？如医书中已经指明的，是起着"令白净悦泽"之类的美容、润肤作用。也许，最让人惊奇的就是，在公元六世纪的卫生用品制作中，已经如此讲求美容的功能，《千金方》介绍的多种澡豆做法，配料不同，保养皮肤的重点也各异。

也就是说，在《世说新语》成书的时代，以及该书所收录的轶事产生并流行的时代，便后洗手，至少在贵族生活中已经是公认的规矩，并且，在这个卫生环节当中，还要使到"澡豆"这一人工制成的洗洁品。《北堂书钞》里有一条记载："魏武《上杂物疏》云，御杂物用有纯银澡豆奁……"如果这条史料可靠，那么，澡豆在东汉时期就已经是上层阶级常用的清洁品了。另外，相传东晋葛洪所著的《肘后备急方》（天津科学技术出版社，2000年）也记有"荜豆香藻法"：

荜豆一升，白附、芎䓖、白芍药、水栝蒌、章陆、桃仁、冬瓜仁各二两，捣筛，和合。先用水洗手面，然后傅药，粉饰之也。

从配料与制作程序来看，这里所介绍的也是一种比较简单的澡豆,"藻"乃"澡"字之误。值得注意的是,澡豆是佛经中提到的卫生用品,典型如后秦弘始六至七年(404—405)间由弗若多罗、鸠摩罗什共译的《十律诵》,有着非常具体的教化:

> 佛在舍卫国。有病比丘,苏油涂身,不洗,痒闷。是事白佛。佛言:"应用澡豆洗。"优波离问佛:"用何物作澡豆?"佛言:"以大豆、小豆、摩沙豆、豌豆、迦提婆罗草、梨频陀子作。"

从文献中的反映来看,澡豆在中国上层社会中的出现与流行,与佛教的传入基本发生在同一时期,这两种现象之间是否有关联呢?是否澡豆的制作与使用,都是经由佛经而借鉴了外来文明的经验?

《肘后备急方》中的"莘豆香藻法"是当前所能看到的中医典中最早的澡豆配方,其中所用的豆子为毕豆,也就是豌豆。这种豆子在今天是很寻常的一种杂粮,但是,当初却是生长在"西戎回鹘地面",也就是汉代以来所说的西域地区,并且,晚至唐代,豌豆都还是这一地区的特产。然而,最早见诸中医经典的澡豆配方却偏偏采用这种产地遥远的豆子,直到唐代的医典中,澡豆的配方中也还往往讲究采用豌豆作为主料,这一线索似乎也暗示了澡豆乃是外来物品的身世。(参见《本草纲目》"豌豆"条)

如果豌豆在唐代时始终需从异域千里运输而来,那么,彼时种种制作精美的澡豆,居然还是特意地采用进口原料呢!不过,在东汉以来的若干世纪里,人们明白到,只要是豆子,都会有与豌豆大致相近的去污能力,因此,各种本地产的豆子也作为豌豆的代替品,如绿豆、白豆等等,被引入澡豆的制作。实际上,"豆类植物中多含有皂角苷,其水溶液可以洗衣去污。其含量多寡因种类而异"（缪启愉《齐民要术校释》，"杂说"注释4，中国农业出版社，1998年，236页），《齐民要术》"杂说"一节中就特意提示：旧丝帛如果以灰汁来洗，会变得色黄而质脆，最优方案是"捣小豆为末"来作为洗涤粉，能够让旧绢"洁白而柔韧"，其效果"胜皂荚远矣"。显然，正是豆末比皂荚还要更加功力显著的去污功能，催发了"澡豆"类制品的长久兴盛。从《千金方》可以清楚地看出，澡豆的制作，是把各种原料都捣成细末，再与豆末混合在一起，因此，成品就是各种原料混在一起的细粉。正因为澡豆是以豆粉为主，还掺着些同样磨成细粉状态的草药、香料，闻上去香喷喷的，才会让王敦误以为是"干饭"。笑话中有声有色地铺排，王敦将之倒在洗手水里——豆粉与水相混，那岂不成了一碗糊糊？食用的方式当然也就是"饮下"，像老北京喝"面茶"那样，一点点喝下去。看来，那时所说的"干饭"，其实比较接近于今天的油炒面一类食品，所以导致王大驸马的误会，看到一只昂贵的进口玻璃碗捧到面前，里面是掺杂着各种细料的豆面，还散着香气，就想当然地以为是一道好吃的美食。王敦至于这么缺乏见识吗？这个笑话也许并不是真事，但它的出现与流行恰恰反映出，在公元四世纪的时候，一个人如果不懂得使用高档去污用品"澡豆"，在上层社会的眼里，就会被视为粗俗、土气。这个笑话无论是将王敦和澡豆设为其中的角色，还是在十几个世纪之后砌头换面成"乡下老头"和"香皂"，一样地是反映了生活方式的巨大而深刻的变革，以及人们针对这种变革所宣扬的观念。

不过，意味深长的是，《肘后备急方》"荜豆香藻法"竟有如此的说法：

先用水洗手面，然后傅药，粉饰之也。

医书的作者虽然抄录了正确的配料表与制作方式，但是，却误会了本方制品的具体用法！这位作者并不知道豌豆面做成的"香藻"应该用于洗洁，而是将其做为一种"药"，以为该在洗净手面之后，把这种香粉涂到脸上。从"粉饰之也"一句来看，掺有中药料的豌豆粉被当成了一种保养护理型的化妆粉，将其涂在面庞上，既是化妆，也是对皮肤加以修护。一部医书居然都会错误理解澡豆面所应扮的角色，足以证明，这种卫生用品进入汉晋人的生活以后，有着一个逐渐普及的过程，曾经弄不清其为何物的现象并不罕见。编造王敦不识澡豆的笑话，以此来对他进行人格打击，其现实背景乃在于此。

唐代的《外台秘要》将此方加以抄录，名为"'备急'荜豆香澡豆法"，关于用法则说为"以洗面，如常法"，可见作者王焘一看这种配方即知其用途，所以很自然地进行了校正。不过，在现实中，同样的笑话却还是在流传，段成式《酉阳杂俎》（齐鲁书社，2007 年）里，这个笑话就被安在了他的同时人陆畅头上：

> 予为儿时，常听人说，陆畅初娶童溪女，每旦，群婢捧匜，以银杏盛澡豆。陆不识，辄沃水服之。其友生问："君为贵门女婿，几多乐事？"陆云："贵门礼法甚有苦者，日俾予食辣䴵，殆不可过。"（172 页）

变得更加的细节生动了。场景由厕后的洗手，改为晨起的梳洗，攀龙附凤的穷小子一见又是热水又是香面面儿，再也想不到一天之始的

河南登封高村宋墓壁画中的《备洗图》，垂鬟侍女一手提水桶，一手捧一小碗，走向盥洗盆架。她手中所捧之碗应该即为盛澡豆之器。

个人卫生工作需要这么隆重哦，还以为富贵人家的规矩是才一起床就开早饭。情节经这么编排，便显得更加合理，也就更加可信了。进一步地，还让当事人亲口抒发感言，愈发增添了“笑果”：朋友问他：“您如今做了豪门贵婿，享福吧?”陆畅却苦着脸回答：“高贵人家的好多规矩都很折磨人耶！居然天天让我吃辣面糊儿，这日子快没法儿过了！”

澡豆入口带辣味，是因为其中掺有多种药料的缘故。如果笑话中的主人公不幸赶上《备急千金要方》的“治面黑不净，澡豆洗手面方”这一款制品，那可真就惨了：

> 白鲜皮、白僵蚕、芎䓖、白附子、鹰屎白、甘松香、木香(各三两，一本用藁本)，土瓜根(一两，一本用甜瓜子)，白梅肉(三七枚)，大枣(三十枚)，麝香(二两)，鸡子白(七枚)，猪胰(三具)，杏仁(三十枚)，白檀香、白术、丁子香(各三两，一本用细辛)，冬瓜仁(五合)，面(三升)。
>
> 上二十味，先以猪胰和面，曝干，然后合诸药捣末，又以白豆屑二升为散。旦用洗手面，十日色白如雪，三十日如凝脂，神验。(《千金翼》无白僵蚕、芎䓖、白附子、大枣，有桂心三两。)

将《千金方》中眼花缭乱的澡豆方与《肘后备急方》“荜豆香藻法”比较，予人最大的印象便是，在三至六世纪之间，澡豆配方在用料、制作以及功用等方面繁花怒放的炫目发展。比如上引这一款澡豆以白豆屑作为主料，加入青木香、甘松香、白檀香、麝香、丁香五种香料以令其芬芳，同时配有白附子、白术等多种被认为可以让皮肤白皙细腻的中草药,此外还有滋养润泽皮肤的鸡蛋清、猪胰。制作的方法也颇为细致,大致上,是先将猪胰与白面、鸡蛋清调在一起,晒干之后再与其他配料相合,一齐捣成细末,再与白豆屑混拌。盥洗时,用这种混合的香末擦在脸、手上,不仅去垢,而且有美容效果,"十日内面白如雪,二十日如凝脂"。不过,对我们这些自命的现代人来说,比较震撼的,白僵蚕与鹰屎白也列在其中。白僵蚕是"家蚕患白僵病而死的虫体"(《神农本草经中药彩色图谱》,沈连生主编,中国中医药出版社,1996年,463页),也就是患病而死、并因病变白的蚕尸,这东西在漫长的时光中一直都被当做重要的美容药料,"灭黑黚,令人面色好"(《神农本草》)。若干种的禽屎,也一样是美容传统中的活跃角色,白色鹰屎便是其中之一,此外,还有鸡屎、鸬鹚屎、雀屎、鸽屎。如果凑巧误把掺有死蚕与鹰屎细粉的澡豆当做炒面糊糊喝下去,那确实是比较悲惨的遭遇啊!

伴着千百年前古人的笑声,我们或许无妨多做一点探究。为了达到不同的美容效果,历代医典、生活用书中推介的各种澡豆所配药料彼此不同,丰富得令人咋舌,不过,一旦对于似乎异常热闹的配料表加以细察,就不难辨认到,其中所用到的中药成分大多都是在各个时代始终被沿用的、被认为有益于美容的经典素材。究竟这些历时长久的美容药物是否真的有古人所坚信的那种种美白、去黑、除皱、去死皮之类的功能?这些经验对于今天的美容业是否还可能有意义?恐怕应该是爱美的女士们与专业行家共同关心的一个主题吧。

《千金方》中澡豆予人的另一深刻印象,便是对于香料的重视。"治面黑不净,澡豆洗手面方"中竟然用了五味天然香料,其中白檀香同时也成为起美白作用的一款经典美容素材。从东汉到南北朝,是中国历史上的"香料大发现"时代,各种西方的、南方的香料到达中原,让贵族生活面貌一新。高档澡豆能够利用种种香料来发香,正是得益于这一大的时代形势。配料如此奢侈的澡豆,也只能在"贵门"中通行啊。

《千金翼方》"妇人面药"一节谈道:"面脂手膏,衣香澡豆,仕人贵胜,皆是所要。"从魏晋到唐代,澡豆像擦脸油、护手膏、熏衣香等美容品一样,是贵族士大夫阶层的男男女女不可或缺的生活用品。然后,孙思邈又尖锐地批评道:

> 然今之医门极为秘惜,不许弟子泄露一法,至于父子之间亦不传示。然圣人立法,欲使家家悉解,人人自知。岂使愚于天下,令至道不行,拥蔽圣人之意,甚可怪也。

这段文字透露了极其重要的历史事实:在汉唐时代,关于美容用品的技术是掌握在医生们的手中,是一门高度专业化、充满艰深知识的神秘行业,只在"医门"内部以师徒、父子的形式互相传授。直至晚唐,熟悉宫廷生活的诗人王建还在《宫词》作品中透露了相关的现象:

> 供御香方加减频,水沉山麝每回新。内中不许相传出,已被医家写与人。

有关美容、熏香一类的知识与技术,以及相关的工作,作为医药知识的一部分,由医界人士加以垄断性的掌握,在晚唐,仍然是最通行的情况。为了满足宫廷不断更换香品的奢侈需求,御医会受命通过改换香料的成分来配制新的复合香调。虽然宫中明令不许将新成的香品透露给民间，但是，医生们却并不太在意这条禁令，很快就把新香方出卖给了宫廷外的普通人家——当然，这些普通人家也都是上层社会的贵族显宦。

这个现象其实一点也不奇怪。汉唐时代的美容实践是与医药实践联系在一起，并且同医药实践一道，是与道家的整个知识体系的实践联系在一起。是包括炼丹术士们在内的修道者完成了一次涵括物理、化学、生物等多领域的狂飙突进式的知识飞跃，于是，很自然地，美容的观念、素材与技术，就成为这些知识先驱们馈送给中国、给世界的巨大贡献的一个小小部分。孙思邈把"面脂手膏，衣香澡豆"视为"圣人立法"，视为"至道"，并且坚信"圣人之意"就是让整个世界从这一"至道"中受惠，乃是极伟岸的洞见。药王关于美容品的这一段话，应该足以唤起我们对于汉唐之间那个伟大的知识实践与知识创新时代的向往。

道家的观念与实践在唐代美容品中留下的印迹实在是异常鲜明。其中比较极端的例子，就是对于玉屑与钟乳粉、云母粉的应用。从文献中透露的情况来看，唐代大概是唯一一个将这三种材料真正用于美容品制作的朝代。《千金翼方》中的一款澡豆方，便将玉屑与钟乳粉列在了配料表中：

> 丁香、沉香、青木香、桃花、钟乳粉、真珠、玉屑、蜀水花、木瓜花各三两，奈花、梨花、红莲花、李花、樱桃花、白蜀葵花、旋覆花各四两，麝香一铢。

上一十七味,捣诸花,别捣诸香,真珠、玉屑别研作粉,合和大豆末七合,研之千遍,密贮勿泄。常用洗手面作妆,一百日其面如玉,光净润泽,臭气粉滓皆除。咽喉、臂膊皆用洗之,悉得如意。

居然把桃花、梨花、红莲花、樱桃花等多种鲜花捣碎,作为原料,还将珍珠和钟乳、玉屑碾粉,加入其中,奢侈得吓人,但却又有一种打动人心的魅力。这么昂贵的成本,普通人想来难以消受得起。当时的规矩,每年冬季腊日的时候,皇帝都向大臣及其家属颁发护肤美容用品,《文苑英华》中收有若干唐代官员的谢赐香药表,其中不止一人提到,受赐物品中有一袋澡豆。大概,这种场合所颁赐的"内造"澡豆,会有着掺用玉屑、珍珠末、桃花等等的贵重吧。

玉容散

到了宋代,利用澡豆又出现了新的笑话,而且是被放到了王安石的身上,不过,情节完全地改变了:

公面黧黑,门人忧之,以问医。医曰:"此垢污,非疾也。"进澡豆,令公頮面。公曰:"天生黑于予,澡豆其如予何?"(《梦溪笔谈》,71 页,岳麓书社,2002 年)

也许王安石真的不讲究卫生吧,当时流传他不修边幅的逸闻非止一则,都十分夸张,沈括《梦溪笔谈》所记录的这一则就很过分:王安石脸上黑得让旁人都担心了,以为是病相的表露。请来医生,给出的诊断却原来是因为长期不洗脸,泥垢太多!门生于是向王安石奉上澡豆,请他把脸洗一洗,王安石却硬是对这事没兴趣,非说自己脸黑是天生的,澡豆也不会拿他有办法。有人群的地方就会有斗争,有斗争就会有攻击,而利用八卦逸闻,传扬一个人在个人生活细节上的缺陷,从而诋毁这个人的人格,古今都是通行的办法。有趣的倒是,攻击一个人卫生习惯差,不懂得保持个人整洁,居然自晋代以来一直被视为有效的利器,足以把某个堂堂政治人物"描黑"成"猥琐男"。一代又一代纯男性组成、承载政治与文化于一身的精英阶层就是喜欢把这样的笑话来回流传,流言飞语的,表达对于政治对手的厌恶。不过,在笑话的变化中显示出,到了宋代,澡豆全然失去了新鲜感,也不复上流社会奢侈品的特殊身份,所以,攻击一个人的时候,就不会再编造他不识澡豆的情节来进行嘲笑。在这个时代,要说一个人脏得终年不肯用一次澡豆,才能显出此人的差劲儿来,才足以骇倒众人。

须知,在追记北宋末年东京汴梁百物风华的《东京梦华录》(宋孟元老著,伊永文笺注,中华书局,2006年)中,卷三记载了汴梁的著名店铺,而其中俨然有"张戴花洗面药"一家。早在《备急千金要方》中即列有"洗面药"的配方,与澡豆方一起收录在"面药"一章,从其配料成分与制作工艺来看,洗面药与澡豆大同小异,实际是同一类卫生美容用品。自晋唐以来,赋予澡豆以特定的治疗皮肤病以及美容功能,一直是一种非常活跃且成绩卓然的实践。带有药理作用的澡豆,最

宋代佚名画家所作《十八学士图》（台北故宫博物院藏）对于宋代士大夫的雅聚
场景有很生动的描绘。

常派上的用场当然是"洗面",对面部加以清洁和美容,因此,从唐代起,"洗面药"的称呼渐渐流行,并不是难以理解的事情。北宋首都居然有出售"洗面药"的名店,说明这类洗洁品的商业化生产已经非常普遍,除了张戴花这一家之外,名气没有这么大的同类商铺一定在其他街市也有开设,而且,这些店铺在"洗面药"的名目之下应该是备有配料各不相同的多种洗面药、澡豆,是美容清洁用品的专营店。

另外的一个重要历史进展,则是通过相传为南宋末年人陈元靓所编著的《事林广记》(日本元禄十二年翻刻本,中华书局,1999年)透露出来。这是一本辑录各种生活必要知识、配有插图的实用型、百科类出版物——注意,是印刷书籍哦!——,其中"绮疏丛要"、"宫院事宜"两节介绍了多款美容化妆品与卫生清洁用品。在罗列的种种配方中,有一方明题为"洗面去瘢疮",是以茯苓、天门冬、益母草灰等十二味草药与皂角、大豆一起,"合、焙干、捣、罗为末,早晨如澡豆末用,其瘢疮自去也,甚悦择(泽)颜色",正是一款功在"去瘢疮"的洗面药。此外还有一方题为"治面疮癣":

> 白及(芨)、白蔹、白芷、白蒺藜、白茅、甘(疑脱"松"字)、苓苓(零陵)香。
>
> 右等分,燃,捣为末,拌赤小豆末,共捣。常用,其疮癣自去也。

从配方来看,明显地,这是一种澡豆,只不过,这种澡豆有个专门的意图,要灭除"疮癣",也因此而决定了其中的中草药配料成分,按照唐宋以来的归类方式,这也是一款标准的洗面药。

孙思邈在公元六世纪所反对的"医门极为秘惜"的现象,到了十一至十三世纪之时完全不复存在。一方面,专业制造美容卫生用品,变成了一个彻底商业化的行当,实现了市场经营的形式;另一方面,关于美容卫生用品的制作技巧,变成了一种大众知识,通过多种渠道,包括印刷出版物的途径,而在社会上随意传播。在澡豆类洗洁品变得如此普及与寻常的情况下,假如王安石从来都不肯用澡豆洗脸,就显得太过怪异了。试想,在今天,如果听说某个人一年到头从来不用肥皂,我们会是什么样的反应!拒绝卫生到了如此固执的地步,不由我们要怀疑,此人只怕不仅是卫生习惯差的问题,而是根本在心理上有毛病。一个心理不正常的政治家,那他的政治决策能靠得住吗?如此的疑虑似乎是很自然会导出的结果。"王安石不肯去脸垢"的笑话,其含义大概也在于此吧。

《事林广记》所教习的种种生活经验,设想的对象以当时的市民、富农以上阶层为主,也就是主要针对中等生活水平的人家,因此,其所推荐的配方没有了唐代医书中那种近乎炫耀与魅惑的奢侈用料,相反,配料表上的名目大为减少,所选用的材料也均属于价廉、易得之物。同时,制作工艺也被加以简化,似乎其目的在于让普通人家能够动手自制。这一朴实路数在此后的生活百科知识用书、美容书中得到了一直的沿袭,如元人所编《居家必用事类全集》(书目文献出版社,1988 年)中记载的"八白散",被传说成"金国宫中洗面方":

> 白丁香、白僵蚕、白附子、白牵牛、白茯苓、白蒺藜、白芷、白芨。

右件八味,入皂角三定(锭)——去皮、弦——、绿豆少许,为末,常用。

虽然这个配方的来历被描述得颇为高贵,不过,其配料全是并不珍奢的传统美容药材,制作也颇简易。在宋元时期小富人家普遍熟悉的洗洁品中,大约"八白散"以及《事林广记》中的"洗面去瘢疮"粉、"治面疮癣"粉一等规格的制品,便是这一阶层所能承受的高档精品了。

一个很有趣的现象是,随着澡豆普及为寻常日用物品,"澡豆"这个词称却被逐渐放弃,在入明以后,彻底退出了生活用语。或许,肥皂在明代得到普及,澡豆失去了曾经的主导地位,成了洗洁品中的辅助角色,是导致这一现象的原因。如《儿女英雄传》所示,日常生活中,人们将澡豆类制品直呼为"香豆面子"。据《旧都百行》(常人春、高巍著,文物出版社,2003年)介绍,直到清末民初,北京"每逢盛暑,街头有卖香料者",即香面摊,所卖的全是传统工艺"土产"的香料用品,其中之一就是"香豆面"(91页)。齐如山《中国固有的化学工艺》(辽宁教育出版社,2006年)则指出,在晚清,这种香豆面子也叫"对面光":

乃用一种豆面,加香料,再加其他材料制成,味香而性滑,亦可去垢。仍为面质,用时倾于手心少许,稍加水,以之搓脸,再用水洗,脸皮便现光彩。(329页)

从《红楼梦》可以看出,洗手、面乃至洗澡所用的清洁品,并不必要总是搞得成分复杂，仅仅简单地经过熏香的纯豆面，其实就能够很好地承担去垢、除异味的任务。传统生活中使用的"香豆面"，大概往往会采用这一简约路线吧。

多配药料、具有治疗作用的澡豆，也就是可目之为"洗面药"的高档澡豆，在明清时代，则美称之为"散"、"粉"，其中最为流行的名称是"玉容散"，如明初周定王朱橚所编的《普济方》中就收有几款"玉容散"；明代医学家张介宾《景岳全书》也收有一款"玉容散"。比较引人兴趣的一款，见于乾隆年间官修的《医宗金鉴》，这是一款意在去面上黑斑的"玉容散"，是以团粉——即绿豆粉——与白牵牛、白僵蚕、白莲蕊等多种药料配成：

> 共研末，每用少许放手心内，用水调浓，搽搓面上，良久，再以水洗面。早晚日用二次。（卷六十三）

与其他配方的教示小有不同，这里，是让使用者把合成的粉末用水调成糊，在面庞上浓涂一层，然后保持这个状态一段时间，再用水将粉糊洗掉。这不就是"面膜"么？

与之相呼应的是，晚清宫档中有这样的记录：

> 光绪十四年四月二十日，小太监千祥传李德昌、王永隆拟得玉容散加减分量：
>
> 白芷（一两五钱）、白牵牛（五钱）、防风（三钱）、白丁香（一两）、甘松（三钱）、白细辛（三钱）、山奈（一两）、白莲蕊（一两）、檀香（五钱）、白僵蚕（一两）、白芨（三钱）、鹰条白（一两）、白敛（三

钱)、鸽条白(一两)、团粉(二两)、白附子(一两)

共研极细面,每用少许,放手心内,以水调浓,搽搓面上,良久再用水洗净,一日二、三次。(《清朝宫廷秘方》,胡曼云、胡曼平编著,河南大学出版社,2002年,37页)

太医根据慈禧太后的具体情况而制定了一款"玉容散"方,一眼即可看出,方中所有的原料与唐代的澡豆并无太大区别。不过,由于有着鲜明的治疗目的,所以绿豆粉(团粉)比例很低,以药料为主体。具体施行起来,则是依循了《医宗金鉴》同类药粉的方法,把合成的白色药粉用水调成泥,在脸上浓涂一层,保持一段时间,再用水将粉层洗掉。这简直就是最活生生的例子,证明用玉容散做"面膜",在往昔时光中,确实是一种时而会使用的美颜手段。

沿着时光上溯,在唐人王焘的《外台秘要》(人民卫生出版社,2000年)里就可以发现,一种澡豆的特殊使用方法非常近乎今天的"面膜"——

"广济"疗澡豆,洗面去䵟䵴、风痒,令光色悦泽方:

白术、白芷、白及、白敛、茯苓、藁本、萎蕤、薯蓣、土瓜根、天门冬、百部根、辛夷仁、栝楼、藿香、零陵香、鸡舌香(各三两)、香附子、阿胶(各四两,炒)、白面(三斤)、楝子(三百枚)、荜豆(五升)、皂荚(十铤,去皮、子)

右二十二味,捣、筛,以洗面,令人光泽。若妇人每夜以水和浆涂面,至明,温浆水洗之,甚去面上诸疾。

用这个方子配成的澡豆,在早晚洗脸时使用之外,还有一种使用方式:在临睡前用水把澡豆粉调成糊,涂在脸上,第二天早晨起来之后再洗掉,据说,如此的美容护理可以去除面部疾病,修护肌肤。

显然,以澡豆类制品做面膜的方法,是早就存在于美容传统中的一种经验,并且长长远远地一直流传下来,直到现代中国开启的前夜。

太平公主秘法

《千金翼方》中的那一款不惜动用玉屑、珍珠与钟乳粉的豪华澡豆方,与人印象深刻的另一个特点,便是配料表中列有桃花、木瓜花、奈花、梨花、红莲花、李花、樱桃花、白蜀葵花、旋覆花九种花朵,并且制作时要"捣诸花",把这九种花朵一一捣成碎末,与其他材料的研粉掺在一起,形成洗面洁肤的专用品。

唐人真的用鲜花来洁面吗?晚唐诗人和凝在他的《宫词》组诗中,以一首专题诗的方式明确记录道,是的,确实如此:

> 早梅初向雪中明,风惹奇香粉蕊轻。谁道落花堪靧面,竟来枝上采繁英。

初冬的一个霁晴日子,梅花刚刚在雪天里开放,便引来了成群的宫女,不过她们踏雪寻梅可是有着非常具体的目的。在宫中流传着一个不知源起何处的说法,说是梅花乃是洁面的好材料,于是惹得这些女性竞相采摘枝头上轻绡剪就一般的花朵。

据李时珍的观点,"白梅花古方未有用者",历代医典中也确实并没有利用梅花美容、洁肤的方子。清代的《本草纲目拾遗》虽然纠正了前代关于梅花无药用的观点,但是,涉及到美容,也只引有《赤水玄珠》的一个治"唇上生疮"方:"白梅瓣贴之,神效,如开裂出血者,即止。"由此看来,和凝的《宫词》作品毋宁是代表了这样一种情况:唐朝的人们出于对鲜花的迷恋,试图把这一最为美好的造化产物引入生活的方方面面,尤其是引入到美容卫生之中。当时所见的各种花都成为他们试验的内容,这些试验往往不成功,甚至可以说大多数都不成功,以梅花入澡豆便是曾经试行而结果令人失望的例子之一。按诗中之说,宫女们纷纷地赶往梅林之下,很认真地采集新蕊,可见用梅花洗面足以美容的说法在那个时代一度甚为热行,至少,闲极无聊的宫中人们都急于亲身尝试,唯恐掉落在时尚的潮流之外。只是由于梅花其实并没有类似的功效,相关的说法在流行一阵之后终究不免归于沉寂,被人们遗忘。《备急千金要方》中,一款名为"五香散"的澡豆、一款加有玉屑的高档"面脂"——也就是擦脸油——都加有旋覆花,还有两款面脂则加有栀子花,也应该看作是与"谁道落花堪靧面,竞来枝上采繁英"同类的努力。

依据医典来观察,桃花,乃是唐人最为崇信其美容效果的花品。《备急千金要方》的"玉屑面脂"方中便列有桃花,《千金翼方》则不仅有加桃花的面脂,更有两款以桃花为原料之一的澡豆方。当然,认为桃花具有美容神效,是一种非常古老的信念,早在《肘后备急方》中就列有好几款服食桃花以美白肤色的方子,比如"葛氏服药取白方":

把三棵桃树上的花瓣全部采摘下来，捡选干净，装在绢袋中，吊挂在屋檐下，任其自然风干，然后捣、碾成末。每天，用水将桃花末调成糊，在饭前服下一勺匙，一天三次。这种将桃花加以"内服"的做法在唐代得到了延续以及发展，不过，大约在入唐前后，桃花还被开拓出"外治"的功能。南宋人陈元靓所编《岁时广记》中，载录有一条无从考证真伪的资讯：

> 取红花——虞世南《史略》：北齐卢士深妻，崔林义之女，有才学。春日，以桃花醭面，咒曰："取红花，取白雪，与儿洗面作光悦。取白雪，取红花，与儿洗面作光华。取雪白，取花红，与儿洗面作颜容。"

品味这一条文字的意思，似乎可以理解为，在北朝时代，春天以桃花洗面，是女性当中流行的一种风气，而且，当时讲究的是在冬季积贮干净的雪水，入春之后取出，与新摘的桃花一起配合使用，为面部做一次深入的清洁护理。崔氏女与众不同之处在于她有"才学"，能自作一首祈愿的小词，因此，她会一边以花洗面一边念念成诵，让美容的过程带有了近乎巫术的色彩——红花啊白雪，我以你们来洗面，让我由此获得光泽、神采和美丽吧！（"儿"是北朝至初唐口语中女性惯用的自谦性第一人称，即"我"之意。）

假如"取红花"这一轶事的记录可以相信，那么，采摘新开的桃花为肌肤做清洁，是在北朝即已流行的作风。《外台秘要》中的一款"文仲疗𪒟黯方"，或许有着相为照证的意义：

桃花、瓜子更等分，捣，以傅面。

方子提供的方法是，把同量的桃花与瓜子捣成细末，掺在一起，涂敷在面庞上，由此来去除皮肤的沉暗色泽。《外台秘要》所引的"文仲"，乃是指初唐名医张文仲，由这一"文仲疗皯黯方"可以见出，桃花的花片直接施之于肌肤，可以起到祛黑增白的作用，在入唐以后，已经是确立牢固的一种观念，医家甚至发展出了类似现代面膜的使用方法。那么，这一观念的最初兴起、成形与流传，就应该是发生在更早的南北朝时代。

把桃花的研末以一种类似面膜的方式使用，在相传为唐人韩鄂所编纂的农业生活用书《四时纂要》中，更进一步扩张为全身保养项目。该书"七月"一节里记载的美容方法依循着道家特有的逻辑，闪烁着巫术的色彩，让现代的读者简直不敢在脑海中具体还原这一方法实施之下的景象：

面药：(七月)七日取乌鸡血，和三月桃花末，涂面及身，二三日后，光白如素。

在阴历三月大量采摘桃花，风干之后捣成细末，仔细加以贮藏。待到七月七日那一天，杀一只乌鸡，将鸡血与干桃花末拌在一起，涂满面庞与身体。在随后的日子，再如此反复进行两三次，就能让皮肤如未经染色的丝绸一般平滑光泽。以今天的观念来看，此一方法其实是用桃花与鸡血混成的花泥进行全体的皮肤护理呢，由此而产生的唐代"浴血美人"形象，绝对能把躺在美容院里全身敷糊海藻泥之类的今日女郎比倒吧。《四时纂要》在配方之后,并有小字注云:"太平公主秘法"。宣称这是太平公主用过的美容秘方!

既有唐人关于桃花的大胆实践在先,刊于北宋淳化三年(992)的《太平圣惠方》(《海外回归中医古籍善本集萃》,曹洪欣主编,中医古籍出版社,2005年)中记载有一则"治黚黯斑点兼去瘢痕方",也就不令人惊奇了:

> 桃花(一升)、杏花(一升)。
>
> 右件药以东流水浸七日。相次洗面,三七遍,极妙。

春天桃杏花开的时候,采摘桃花一升、杏花一升,将这些花瓣分别装在纱袋中,在流动的春水中泡浸七天。经过如此长时间的浸泡,桃、杏的花儿都化成花泥了吧,就用这种花泥交替着洁面,这一次洗脸用桃花泥,下一次洗脸就用杏花泥;如果早晨的盥洗用了杏花泥,那么晚上的盥洗就用桃花泥,总之,两种花儿轮流使用。推想一下,如此花泥的具体使用,只能是如慈禧太后之"加减玉容散","每用少许放手心内","搓搓面上,良久,再以水洗面",将桃花泥或杏花泥在脸上涂一层,过一会儿再洗去。说是做桃花面膜、杏花面膜,也不能算夸张啊。至于是否真如方中所说,这般来上个三七二十一次,就能去黑斑、除瘢痕,那可是有待实证的疑题了。

对于中医来说,大自然中的花,与植物的叶、根乃至动物的粪屎、毛发以及无机的床脚下土、故炊帚等等一样,是一种平等的存在,都可能涵具各自的药用功能。因此,在反复的实践当中,传统中医确实发现了多种足以治疗皮肤病的花朵。《外台秘要》即记载,将马兰子花捣烂,厚涂在酒糟鼻以及有同样皮肤问题的面部,可以治疗这种慢性炎症。《本草纲目》则指出,以黄蜀葵花研末,敷在流脓不止的"诸恶疮"之上,能让疮处很快平愈,"为疮家要药";野菊花连茎捣烂,饮其汁而涂其渣,可治"一切无名肿毒";木芙蓉花与这种植物的叶、根一样,对于"一切痈疽发背"都有药效,无论把鲜花捣成泥还是干花研成末,用蜜调做糊,涂敷在肿处周围,均是"效不可言",因此还得到了"清露散"的神秘名称……将天然花朵作为美容材料,加入到洗洁、修护用品之中,这一风气想必也自有道理在其中吧。从文献中留存的资料来看,加有鲜花干末的洗洁卫生品、美容护理品都具有鲜明的药治目的,如明代化妆专书《香奁润色》里介绍了一款"涤垢散",以绿豆面、石碱作为去污材料,并配有多种香料、中药,其中即包括金银花、干菊花、辛夷花、蔷薇花和樱桃花,"共为细末,以之擦脸、浴身,去酒刺、粉痣、汗班(斑)、雀班(斑)、热瘰,且香身不散"。这当然是一种高档澡豆,掺有五种花末,可以用之洁面,也可以在洗澡时施于全身,其药效则针对着多项的皮肤缺陷,包括酒刺、痣、色斑以及因热而起的痱疹。

在清代乾隆年间编纂的《医宗金鉴》中,记有一款掺加白菊花的"消风玉容散",乃是专用于治疗春癣:

> 又有面上风癣,初如痞瘟,或渐成细疮,时作痛痒。发于春月,又名"吹花癣",即俗所谓"桃花癣"也,妇女多有之。此由肺胃风热,随阳气上升而成,宜服"疏风清热饮",外用"消风玉容散",每日洗之自效。

按书中的理论,女性容易在春天发作的"桃花癣",需要内外兼治,内服"疏风清热饮",同时,以"消风玉容散"来清洗生癣之处。至于消风玉容散的配方,书中稍后列出:

绿豆面(三两),白菊花、白附子、白芷(各一两),熬白食盐(五钱)。

共研细末,加冰片五分,再研匀,收贮。每日洗面,以代肥皂。

方歌:"消风玉容绿豆面,菊花、白附、芷、食盐。研加冰片代肥皂,风除癣去最为先。"

所谓消风玉容散其实就是一款以绿豆面为主料的澡豆,同时加入碾成粉的白附子、白芷、熬白食盐、冰片,以及——白菊花的细末。有意思的是,《红楼梦》中曾经谈到一种专用于"擦春癣的蔷薇硝",消风玉容散恰恰有着与蔷薇硝一样的药效,只不过蔷薇硝是一种直接涂敷在面庞上的药粉,消风玉容散则是在盥洗时使用,于为皮肤去除油垢、死皮的同时兼灭癣斑。将去年秋日晶白如雪的菊花捣成细末,在来春桃花竞放的日子里,以之洗面疗癣,真的,很像是传奇里编撰的情节。

皂荚

黄色歌曲可以算作衡量社会观念的一种指标吧？

晚明人冯梦龙所辑评的《山歌》（江苏古籍出版社，2000年）一书留录下彼时的各种吴地民谣，其中有一首《木梳》，通过各种梳妆用具、用品，如镜子、牙刷、绊头带、眉刷、刮舌等等，进行色情调笑，最后唱到兴浓，是："姐道郎啊，我听你一通两通也是空来往，到弗如肥皂光光滚着子身。"把肥皂擦身这一洗浴中的卫生行为转成了最赤裸的性暗示。"肥皂"在山歌中被随口唱出来，甚至用于需要大家都能够意会的色情暗示，只能说明，在明代，至少，在那个时代的江南富庶地区，这一清洁用品是人人熟悉的、普遍使用的东西。

实际上，"肥皂"这个词汇早在宋代就出现了，庄季裕《鸡肋编》（中华书局，1983年）有很清楚的解释：

> 浙中少皂荚，澡面、浣衣皆用"肥珠子"。木亦高大，叶如槐而细生角，长者不过三数寸。子圆黑、肥大，肉亦厚，膏润于皂荚，故一名肥皂。人皆蒸熟、暴干乃收。……《本草》不载，竟不

知为何木。或云，以沐头则退发。而南方妇人竟岁才一沐，止用灰汁而已。（29页）

原来"肥皂"一词的出现还与大历史的变化联系在一起。一直到北宋灭亡以前，北方地区都只知道使用皂荚。但是，南渡之后，当时的杭州周围地区偏偏缺少皂树，本地人都是使用一种叫做"肥珠子"的果荚，荚中的果肉比皂荚肉更肥润多膏，南渡的北方人在学会使用这种物品之后，根据其比皂荚更"肥"的特点，发明了一个新称呼"肥皂"。

顺时光上溯，就在澡豆兴起的时代，同时也有着一种低廉的、方便的清洁品在被广泛使用，这，就是皂荚，也称为皂角。汉代的童蒙教科书《急就章》里就已经记载："半夏、皂荚、艾橐吾"。在《南齐书》"虞玩之传"还有这样生动的细节：

后，员外郎孔瑄就（王俭）求会稽五官，俭方盥，投皂荚于地，曰："卿乡俗恶，虞玩之至死烦人！"

洗面为"盥"，这条史料最好地说明了，在南北朝时代，清洗面、手时用皂荚是很普遍的事情。《南齐书》"刘休传"还有一条更珍贵的资料：

休妻王氏亦妒，帝闻之，赐休妾，敕与王氏二十杖，令休于宅后开小店，使王氏亲卖扫帚、皂荚以辱之。

路边卖扫帚一类杂货的小店里同时也出售皂荚，说明这种卫生用品在彼时的生活中需求量很大，以致成了杂货中的一项，成了有买有卖的小商品,需要的人到小杂货铺就能买到。

依据《本草纲目》中"皂荚"一条可知,皂荚乃是皂树所结的果荚,这种果荚中"肥厚"、"多脂而粘"的果肉能够去除污垢。因为需求量大,所以每年秋天进行采摘,然后"阴干",也就是在阴凉处晾干。《千金方》等医书中,皂荚入药之时——包括加入到澡豆中之时——要"去皮、子",这大概也是通行的加工程序吧。在谈到使用皂荚为人体去污的时候,医书总是提到"皂荚汤"、"皂荚水",如《备急千金要方》介绍一则修护面部皮肤的"治外膏,主面黩黯方",就是"以皂荚汤洗面,傅之",先用皂荚汤清洗面部,然后再涂上这种药膏,每天要重复三次;再如止头痒、去头屑的"沐头汤",也是"沐头发际,更别做皂荚汤濯之,然后傅膏"。看来,使用皂荚的时候,要把干荚肉泡在热水里,甚或投入沸水中煮,由此浸出其中的有效成分,然后再拿浸成的汤液涂在皮肤上做清洁。如此,我们才能明白一条史料的意思:

> (南齐高祖萧鸾)尝用皂荚讫,授余沫与左右曰:"此犹堪明日用。"(《南史》"齐本纪")

这是史书所记萧鸾力行俭朴的事例之一。身为一国之君,不用澡豆而用皂荚,真是朴素的生活作风啊,然而,皂荚泡出的清洁液没有一次用完,居然还要留到第二天再使,恐怕就属于过分俭刻了吧。

从上述文献可以看出,在东汉以来,实际上是存在着澡豆与皂荚并行的局面,在上层阶级的生活当中,皂荚的使用也相当普遍,并且很可能更为普遍。相比于澡豆,皂角的成本要低得多。澡豆的主要用料为豆粉,等于是将供人食用的粮食改作他用,在农业生产水平很低的年月,这一做法总有些浪费粮食、与人争食的嫌疑。另外,高档澡豆添加多种香料和中草药,是普通人无法承受的奢侈。就是论加工的过程,澡豆也比皂荚复杂。因此,用澡豆还是皂荚,其实意味着尚奢还是尚俭的生活态度的选择。宋代诗人陆游《老学庵笔记》(三秦出版社,2003 年)中就记载了一则轶事:

> 高宗在徽宗服中,用白木御椅子。钱大主入觐,见之,曰:"此檀香椅子耶?"张婕好掩口笑曰:"禁中用胭脂、皂荚多,相公已有语,更敢用檀香作椅子耶!"(2 页)

从宋人笔记中可以看到,当时,士大夫阶层使用澡豆是非常平常的情况,但是南宋高宗的后妃们居然只用皂荚,按当时的标准来说,高宗赵构可谓是克己而节俭到了很极端的地步。

成书于元代至元十年(1273)的《农桑辑要》中专记有人工种植皂荚树、人工促使皂荚树结荚的技术,还介绍了收获皂荚的方便诀窍。如《南齐书》"刘休传"所示,皂荚很早就成为重要的、需求量很大的商品,因此,皂荚树必然是一种获利丰厚的经济作物。《农桑辑要》成书于元朝初年,这就意味着,至晚在金代,在中国的北方地区,皂荚树的管理技术已经非常成熟,生活中所使用的皂荚绝非采自野生树,而是经人工培植而得。早在北宋时期即已如此吧,很可能金代只是继承了宋人的农业技术而已。

总体上来说,生活富裕的人使用澡豆,经济能力不那么强的人则使用皂角,在很长时期内都是一种很自然的划分。元杂剧剧本中,关汉卿《玉镜台》取材于晋代名人温峤的轶事,有趣的是,在戏中,温峤的身份与时俱进,被设定为"官拜翰林学士",这位"学士"对新婚夫人的道白中便有"咱自有新合来澡豆香芬馥,到家银盆中洗面去";佚名作品《谢天香》表现名妓梳妆的过程,则是"先使了熬麸浆细香澡豆,暖的那温㳿清手面轻揉";到了王实甫著名的《西厢记》中,张君瑞错以为老夫人要把莺莺许配给他了,因此特意"打扮着"等待红娘来请,好好把自己清洁了一番,这位布衣书生所有的清洁手段则只是"皂角也使过两个也,水也换了两桶也";另外,在元人郑廷玉《布袋和尚忍字记》中,也有玩笑式的道白云:"又费我半盆水一锭皂角。"这些细节都可以看做当时实际生活状况的反映吧。实际上,直到近代,在大中城市以外的乡村、小市镇,使用皂角仍然是很普遍的做法,现代作家汪曾祺《南瓜豆腐和皂荚仁甜菜》一文中就写道:"皂角我的家乡颇多。一般都用来泡水,洗脸洗头,代替肥皂。"(《汪曾祺谈吃》,北方文艺出版社,2006年,87页)

肥皂

不过,传统生活对于皂荚的利用,早在南北朝期间,就完成了一个非常重要的进展,即,把皂荚作为配料之一,加入到包括澡豆在内的高档清洁用品的制作中,从而获得更为复杂的合成型产品。到初唐时代,这一做法已经非常成熟。让人好奇的是,在《备急千金要方》中,有一类名为"洗面药"的卫生用品与澡豆并存,凡是顶上"洗面药"名目的配方,其中就会有皂荚这味配料;称为"澡豆"的制品则不加皂荚。比如一则"洗面药，除黯䵟悦白方"：

> 猪胰（两具，去脂），豆面（四升），细辛、白术（各一两），防风、白蔹、白芷（各二两），商陆（三两），皂荚（五铤），冬瓜仁（半升）
>
> 上十味，和土瓜根一两，捣，绢罗。即取大猪蹄一具，煮令烂作汁，和散为饼，曝燥，更捣为末，罗过。洗手面，不过一年，悦白。

这个方子的配料、制法都与澡豆方大致相同，但添加了皂荚与猪蹄。在初唐及更早的时期，添加皂荚与否，难道真的构成洗面药与澡豆的区别所在？又是什么道理造成了这种区分？

不过，在时代稍晚的《外台秘要》中，有五款澡豆配方都采用了皂荚作为原料，说明豆末、皂荚这两种去污原料被结合在一起，在盛唐时代就成了通行的情况。值得注意的是，《外台秘要》中介绍了一则"崔氏澡豆，悦面色如桃花、光润如玉，急面皮，去皯黯、粉刺方"，其中用到"皂荚末四两"，当然还有其他多种养颜的草药配料以及"毕豆三升"，但是，其制作却是，把所有这些配料捣成细末之后——

> 调以冬瓜瓤汁，和为丸。每洗面用浆水，以此丸当澡豆。用讫，傅面脂，如常妆饰。朝夕用之，亦不避风日。

与其他配方都是将澡豆制为散末状不同，此一配方是将成品做成"丸"。也就是说，在公元八世纪的天宝时代，团块状洗涤皂已具雏形。

到了南宋人陈元靓所著的《事林广记》中，有一款"仙方洗头药"，为：

> 胡饼霜（一两）、白菖蒲末（一两）、槐子皮末（一两）。
>
> 右三味，衮研，合炼皂角，浆和丸，如埚球子大，每一丸著灰汁，搽洗头，甚妙。

这里所特制的洗头药，也是用皂角与其他配料一起做成固体的球丸，使用的时候将其用灰汁濡湿，然后在头发上涂擦，再加以清洗。在今天，人们更普遍地是使用洗发液，不过，如果有谁坚持用肥皂洗发的话，那么，他或她会将肥皂打湿，然后在湿发上反复摩擦，是仍然在沿袭着千年前宋人使用"仙方洗头药"的方法啊。此一配方被继承在元时成书的《居家必用事类全集》与《多能鄙事》当中，如《多能鄙事》一书中的"洗头方"即为：

> 胡饼、菖蒲、槐子皮、皂角。
>
> 右同槌碎，浆水调团如球子大，每用泡汤洗头，去风、清头目。

大约，用皂角制作的这一款固体皂，在洗头上的效果颇佳，所以一直为后人所沿用。

依照庄季裕《鸡肋编》中的阐述，在北宋向南宋过渡之际，洗洁品的原料也不期然地发生了变化。北方人原本普遍使用皂荚，但是，南渡之后，却发现"浙中"很少有皂荚，当地人普遍使用的是一种叫"肥珠子"的植物果荚，果肉比皂荚更厚，故而又得名"肥皂"。

不过，李时珍在《本草纲目》中认为，肥珠子就是"槐子"，也叫"无患子"、"油珠子"、"鬼见愁",而肥皂荚却与之并非一物,另是一种。据李时珍的介绍,肥珠子"十月采实,煮熟,去核,捣,和麦面或豆面作澡药,去垢,同于肥皂。用洗真珠甚妙",并且具体记载了关于肥珠子的果肉的使用方法:

> 洗面去黚——槵子肉皮捣烂,入白面和,丸大丸,每日用洗面,去垢及黚甚良。(《集简方》)

而《本草纲目》对"肥皂荚"的解释则为:

> 肥皂荚生高山中,其树高大,叶如檀及皂荚叶。五六月开白花,结荚长三四寸,状如云实之荚而肥厚多肉。……十月采荚,煮熟捣烂,和白面及诸香作丸,澡身、面,去垢而腻润,胜于皂荚也。

究竟,肥皂与肥珠子是否同一种植物果实,还是不同的两种? 只有植物学家才能弄清答案吧。实际上,在明人宋诩所编《竹屿山房杂部》(卷九"杂品之属")中列出了四种天然果荚,一是肥皂,一是皂角,一是猪牙皂角,还有一种居然就叫"香皂"——"子形圆小而香",据书中介绍,它们来自完全不同的植物:"四木形、叶不相似,惟子气味同。"这四种果荚的形状、大小、色泽同样是各不相同,但有一个共同特点:"子可洗油腻,甚益粉黛。"都有明显的去油去污性能,对于美容卫生有大的好处。看来,在实践中,人们在不同的环境中发现了非止一种可以用于去污的果荚,由于功能相近,往往被赋予从"皂荚"衍生而出的称呼。

非常珍贵的,医家杨士瀛于南宋景定五年(1264)成书的《仁斋直指》(福建科学技术出版社,1989 年)中明确地标出了"肥皂方"的名目,并具体记录其制作为:

> 白芷、白附子、白僵蚕、白芨、猪牙皂角、白蒺藜、白敛、草乌、山查、甘松、白丁香、大黄、藁本、鹤白、杏仁、豆粉各一两,猪脂(去膜)三两,轻粉、蜜陀僧、樟脑各半两,孩儿茶三钱,肥皂(去里外皮、筋并子,只要净肉一茶盏)。

> 右先将净肥皂肉捣烂,用鸡清和,晒去气息。将各药为末,同肥皂、猪脂、鸡清和为丸。(卷二十四)

从这一资料可知,其一,肥皂一词虽然最初是专指一种果荚,但是,就在南宋时代,这个词汇已经发生了转化,用于称呼以该种果荚制作的固体洗洁品;其二,在南宋时代,固体形态的洗洁用品已经非常成熟,并且相当的普及。须指出的是,《仁斋直指》所开出的"肥皂方"带有特定目的,加入多味中草药,旨在"去白癜、黑黚、白癣诸般疮痕,令人面色好",有药皂的性质。另外,还利用据认为可以收紧皮肤的鸡蛋清作为黏合剂,可说是不惜成本。拿这一条资料与《事林广记》的"仙方洗头药"互相对映,宋代美容洗洁皂的发达与成熟,可以确定无疑了。

实际上,《武林旧事》记载,南宋时,临安的街市上就有"肥皂团"出售,而且是"小经纪"中的一项,也就是成为了一个专门行当。仅这一点就足以证明,在公元十二至十三世纪的经济发达地区如临安,固体皂在日常生活中是多么重要又多么普通的用品。因此,毫不奇怪

36

的,元杂剧中会提到澡豆,会提到皂荚,也会提到肥皂。《布袋和尚忍字记》中就有这样的台词:

> (刘均佑云)小的每将水来,与哥哥洗手。(正末洗科,云)可怎生洗不下来? 将肥皂来。(刘均佑云)有。(正末擦洗科,云)可怎生越洗越真了? 将手巾来呀。兄弟也,可怎生揩了一手巾忍字也?

固体皂常用于洗澡时为身体去垢,于是就很容易被与色情玩笑拉上关系。在佚名元杂剧《张协状元》中,就已经给丑角们安排了这样的下流诨词:

> (净)便是,我阿公有时出去干事,五朝七日不见归来。我在屋里心烦,浑身都燥痒了。你张解元出去,浑身燥痒否?(末)好皂角煎丸。(旦)那得这话! 奴身只是眼泪出。(净)我阿公在屋里,我便无事。(旦)如何无事?(净)他在屋里,夜夜烧汤与我洗疥癞,便不痒。(末)打着痒处。

这里所提到的"皂角煎丸",应该如《仁斋直指》中的药皂一样,也是掺有治疗疥癞的中草药成分的固态皂吧。

总体上看,自东汉以来,皂荚使用广泛而普遍,因此,固体皂的制作,最早是从皂荚开始。但是,南渡之后,肥皂荚得到了充分的开发,由于固体皂的成熟、定型发生在这个时期,而肥皂荚又是这一时期制作固体皂的主要原料,于是,"肥皂"一词就演变成了固体皂的专门指称,并被后人长期沿用。其实,在实际的生产当中,并非仅仅使用肥皂荚,而是还有着皂荚、大皂角、小皂角等等不一的天然果实材料。

香皂

在北京定陵,出土有明代万历皇帝及皇后使用的金、银皂盒。

其中,银皂盒底部明确刻有"肥皂盒一件重七两二钱"的铭文。该皂盒"圆形","器内偏于中心部分设横隔一个,把器内分作大、小两部分。在小的部分有半圆形器盖一个,盖作子口,平面,圆钮"(《定陵》,文物出版社,1990年,166页)。似乎,平时会把肥皂收贮在较小的盒隔里,扣上器盖,避免落尘。使用的时候,则把肥皂取出,放在较大的盒隔中。收贮与使用的功能区被分开,便于保洁与清理。

金皂盒则与今天我们通用的肥皂盒非常相似,由一浅一深两件圆盒套在一起而成,浅圆盒的底面上做有孔眼,用过的肥皂放在浅盒中,肥皂所带的水会从孔眼漏下,流到深圆盒的底部,这样就可以让肥皂重新变干爽。现代设计师们竭力调动灵感的种种皂盒设计,好像也还没能突破这一早在明代就已固定的基本形式吧。

晚清人震钧《天咫偶闻》一书记录有光绪皇后部分妆奁的单子,其中即有"金胰子盒成对"、"银胰子榼成对",可见,明清两代的宫廷生活中,肥皂盒都是必备的生活用具之一。更难得的是,定陵中的金肥皂盒在出土时,盒中盛有"黑色圆形有机物两块"(《定陵》),显然正是明代宫廷用"肥皂"的珍贵遗存,也说明,把"肥皂"作成"丸"状,是长久沿用的做法。实际上,一直到清末,"猪胰皂"还是"圆团形"(常

定陵出土的银肥皂盒以及盒底镌刻的铭文。

人春《老北京的民俗行业》,学苑出版社,25页)。

如《仁斋直指》配方所透露的,肥皂荚肉有比较浓烈的"气息",需要设法去除,最后做出的成品才会闻来清爽,而在明代的《竹屿山房杂部》中,有一款"十白散,去黡皯、风刺、面垢":

> 白芷、白芨、白蔹、白牵牛、白附子、白檀香、白茯苓、白蒺藜、白僵蚕、白丁香、蜜陀僧、三柰子、楮实子、桃仁、甘松、鹰条各等分。

> 以肥皂角剖开,水浸柔,仰置釜中,取薄荷叶、芫荽叠满其腹,蒸退其气味。去弦、膜,炒。同前药俱为细末,滴水,丸如龙眼大。

> 每用糯米一溢作汤,颒面,擦之。浴身亦润泽。

这个方子谈到了对肥皂荚的具体加工:从中剖开,先用水泡软,然后在荚腹内填满薄荷与香菜,在水锅中蒸,将其原有的刺激气味去除,染上薄荷、香菜的气味。接下来是去掉荚上的筋、膜,入锅炒过,再与其他药料一样地研成细末,混合在一起,用水调成龙眼大小的圆丸。这实际也是一种很讲究的药皂,不仅用于洗脸,也用于洗澡时洁净身体。由这个配方对于肥皂荚加工的细致,不难窥见肥皂制作发展到明代之后的成熟程度,这一时代江南地区生活方式的精致风格亦闪映其中。

《山歌》中有一首《烧香娘娘》,有这样的唱词:"讨一圆香圆肥皂打打身上,拆拽介两根安息香熏熏个衣裳。"与《竹屿山房杂部》的配方互相形成了印证。在冯梦龙辑《山歌》中,除了《木梳》一首借肥皂开黄色玩笑之外,《烧香娘娘》是涉及到肥皂的另一首俗曲。曲词用滑稽的语调讲述一位虚荣少妇去西湖烧香的整个过程,先讲她四处向邻里的大妈大姐借了一头首饰,然后开始收拾自己的形象,结果连一"圆"肥皂也需向相熟的街坊那里"讨"。一开唱处,曲词就明言,是要通过这位"姐儿"的行为批评"城里人十分介轻狂",以对比"乡下人十分老实"。身为"城里人"的这位少妇虽然穷得家徒四壁,但是,在去凑烧香的热闹之前,也一定要借块"香圆肥皂"洗澡,这应该是反映了明代发达地区城镇生活的卫生观念吧。

"香圆肥皂",不仅圆,而且香。明人言及肥皂的时候,总爱多加一个"香"字,曰"香肥皂"。最有意思的,在明人仿照宋画风格创造的一幅《货郎图》上,货郎架上悬挂的四条垂幌之一,明写着"出卖真正香肥皂"的广告语。《普济方》(人民卫生出版社,1959 年)卷五十一介绍的一款药皂"肥皂圆",功用在于"治男子、妇人风刺、粉刺、雀班(斑)、面上细疮",在配方的最后即说明:"欲入诸香,随意加之。"可以加入不同的香料,以求得各种不同的香气效果。生活于万历年间的钱塘儒医胡文焕在所辑《香奁润色》(《寿养丛书》[第六册],傅景华重编,中医古籍出版社,1989 年)"手足部"中,则是具体记录了一款"香肥皂方":

> 甘松、藁本、细辛、茅香、藿香叶、香附子、三奈、苓(零)陵香、川芎、明胶、白芷(各半两),楮树子(各两[原文如此——作者注]),龙脑(三钱,另研),肥皂(不蛀者,去皮,半斤),白敛、白丁香、白芨(各一两),瓜蒌根、牵牛(各二两),绿豆(一斤,酒浸,为

粉)

　　右件先将绿豆并糯米研为粉,合和,入朝脑为制。

　　肥皂中添加龙脑粉,此外还有甘松、藁本、茅香、藿香叶、零陵香等草木香料,成品自然会香气蕴散了。据说,这种"香肥皂","洗面,能治黡点、风刺,常用,令颜色光润"。

　　醒目的一点是,在明清时期,肥皂制作上发生的一个比较显著的变化,是将鲜花开发成为固体皂的发香剂,《金瓶梅》中提到西门庆洗脸时用"茉莉花肥皂",便是一个典型的例证。茉莉、桂花原本是宋人发现并推广开的香料,但是,在宋元时期,却不见将之用于肥皂制造的记载,直到明清时期,"茉莉花香皂"、"桂花猪胰球"之类才成了日常生活中普遍的存在。另外,一些在明朝广泛引种成功的植物香料如玫瑰、排草,也一样成了美容用皂的时髦发香原料。如张继科于崇祯九年(1636)编定的《内府药方》中,有一款"洗面玉容丸":

　　　　白芷(二两五钱)、白丁香(二两五钱)、白附子(二两五钱)、羌活(一两五钱)、独活(一两五钱)、丹皮(一两五钱)、三奈(一两五钱)、甘松(一两五钱)、藿香(一两五钱)、官桂(一两五钱)、排草(一两)、良姜(一两)、檀香(一两)、公丁香(五钱)

　　　　共为末,肥皂面一斤八两,合蜜,丸。(《三合集》,海南出版社,2002年,229—230页)

　　不难看出,"洗面玉容丸"是一款美容皂,其中用到檀香、丁香,也用到从明代开始时兴的排草香料。这一款制品居然不像民间香皂那

定陵出土的金肥皂盒以及盒内珍贵的明代球形肥皂实物。

样掺白面，只用蜜将草药、香料、肥皂面调和成丸，果然是唯有"内府"才会制造的高档精品。定陵出土金肥皂盒中的两块"黑色圆形有机物"，大抵就是这个路数的东西吧。须一提的是，刊行于万历四十五年（1617）的陈实功所著《外科正宗》（中国中医药出版社，2002年）中，也列有一款"玉容丸"，乃是通过"早晚搽洗"来治疗雀斑、酒刺以及"身体皮肤粗糙"的药皂。这个配料丰富的皂方中也没有白面的踪影，却很细致地考虑到："如秋冬，加生蜜五钱；如皮肤粗槁，加牛骨髓三钱。早晚洗之，皮肤自然荣洁如玉，温润细腻。"依据季节对于皮肤的影响、结合具体使用者的状况，分别添加不同的润肤材料，设计得非常周到。由此看来，在明人那里，在对肥皂制品的叫法中还包括"玉容丸"一称，而它乃是专指高档精品皂。

直到光绪三十年（1904），太医受慈禧太后之命开出的"加味香肥皂"方仍然是：

　　檀香（三斤）、木香（九两六钱）、丁香（九两六钱）、花瓣（九两六钱）、排草（九两六钱）、广零（九两六钱）、皂角（四斤）、甘松（四两八钱）、白莲蕊（四两八钱）、山奈（四两八钱）、白僵蚕（四两八钱）、麝香（八钱，另兑，上请）、冰片（一两五钱）

　　共研极细面，红糖水合，每锭重二钱。（《清宫医案研究》，陈可冀主编，中医古籍出版社，2006年，1023页）

贵重的檀香，再加木香、丁香，配以散发花叶芳芬的天然香花瓣、排草，成品所散发的复合香调会予人什么样的鼻观感受呢？这一款皂品同样不掺白面，纯粹靠各种原料研细之后，用红糖水拌合，团成二钱重的丸块。明清两代皇宫中所用的香肥皂，从"洗面玉容丸"与"加味香肥皂"，可以大致意会其仿佛了。

由于肥皂都要带香气，所以，入清以后，"香肥皂"干脆被简称为"香皂"，如清初人李渔《闲情偶记》中就说，让女性身上带有香气，最好的物品就是花露，花露之外——

> 其次则香皂浴身，香茶沁口，皆是闺中应有之事。皂之为物，亦有一种神奇，人身偶沾秽物或偶沾秽气，用此一擦，则尽去无遗。……皂之佳者，一浴之后，香气经日不散，岂非天造地设，以供修容饰体之用者乎？香皂以江南六合县出者为第一，但价值稍昂，又恐远不能致，多则浴体，少则止以浴面，亦权益丰俭之策也。（"声容部·熏陶"）

这段文字把清人使用香皂的状态有很充分的透露，香皂既用于洗澡也用于洗面，而且，当时还有名牌产品——如江南六合县的制品，这种名牌产品的价格也会更昂贵一些。《红楼梦》中提到芳官洗头发、宝玉早晨的盥洗都使用香皂，曹公笔调的细腻不放过任何一个细节，宝玉像所有青春少年一样，对于梳洗的繁琐缺乏耐心，每一步都草草应付，比如洗脸时：

> 紫鹃递过香皂去。宝玉道："这盆里的就不少，不用搓了。"（二十一回）

我们从而得知，传统香皂的用法是沾水之后在肌肤上搓擦，与今天香皂的使用方法一样，当然，因为没有足以发泡的原料成分，所以

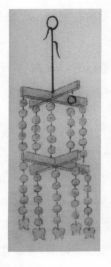

由于传统肥皂为圆球形，因此，清代的肥皂铺幌子，是在两个串联的十字形幌架上，各挂五串涂成黄色的肥皂球模型。（引自王树村编著《中国店铺招幌》）

传统香皂不会起泡沫。

传统美容皂有个优势，就是如澡豆一样，在基本材料不变的前提下，可以由医家根据预想的美容、护肤乃至治疗皮肤病等功能，而任意加减其中的草药成分。因此，明清医书中散落着各种的制皂配方，如《香奁润色》"面部"的"美人面上雀子班（斑）方"：

白梅（五钱）、樱桃枝（五钱）、小皂角（五钱）、紫背浮萍（五钱）

共为末，炼蜜，丸如弹子大，日用洗面，其班（斑）自去，屡验。

稍后还有"治美人面上粉刺方"：

益母草（烧灰，一两）、肥皂（一两）

共捣为丸，日洗三次，十日后粉刺自然不生。须忌酒、姜，免再发也。

两个配方,一个专用于去雀斑,一个针对粉刺,属于药皂的性质,因此干脆连香料都免掉了。因此,可丰可俭,功能灵活多变,也是传统固体皂的另一个特点。

在这里所引的几个方子中,只有《香奁润色》的"香肥皂方"仍然以绿豆粉作为主体材料,《仁斋直指》的"肥皂方"里用到少许豆粉。李时珍描述明代固体皂的做法,无论楤子还是肥皂,都是将果肉捣烂,用白面和成丸,讲究的话当然还可以添加香料,但是,却没有提到豆粉。由此,我们或许可以粗略梳理一下固体皂发展的脉络。从《外台秘要》的"崔氏澡豆,悦面色如桃花、光润如玉,急面皮,去䵟䵢、粉刺方"来看,在盛唐时代,人们开始利用皂荚制作固体皂,不过,这个时候,由于豆粉制作的澡豆是高档洗洁品的同义词,所以,按照习惯思路,豆粉被用作固体皂的重要成分。可是,也许豆粉不容易凝结成团吧?另外,皂荚、肥皂荚等原料的去污性能想来是足够强力,无需乎豆粉帮忙,所以,一如"仙方洗头药"所示,到了宋代,固体皂就出现了与澡豆分道扬镳的情况,大多数的配方中都不再算进豆粉这一项内容。传统的固体皂会用到米浆、面浆或者白面,但只是以之作为团合的介质而已,高档品则连米粉、面粉都不用,而是以蜜、以糖水作为黏合剂。换句话说,澡豆往往都会用到皂荚以增加去污力,但皂荚、肥皂所作的固体形态洗洁品却基本排除了豆粉。

皂

掰指一算，我们今日生活中经常使用的日常词汇"皂"、"肥皂"、"香皂"，都是颇有年月的词汇，"肥皂"在南宋出现，已经在汉语中存在了八九个世纪，而"香皂"一词如果从清初算起，到现在也已经有三百多年的寿命了。那么，为什么会是"皂"成为清洁专门用品的指称呢？李时珍告诉我们：

> 荚之树皂，故名。

也就是说，结出的果荚有去污性能的那一种树，最醒目的外观特征是（树身或树叶）呈黑色，因此得名"皂树"。皂树所结之荚，自然就是皂荚。语言随着生活实践的进展而流动、繁衍，于是，"皂"这个本意仅仅是"黑色"的字，就成了汉语中各种清洁卫生用品的词源。

浆水

《左传》关于鲁哀公十四年（公元前481年）的史事里，有这样的细节：

> 陈氏方睦，使（陈逆）病，而遗之潘沐，备酒肉焉。

关于"潘沐"中的"潘"，东汉许慎《说文解字》云："淅米汁也。"至于"淅"，《说文解字》说是"汰米也"，即对米加以淘洗。因此，"潘"就是淘米水的意思。晋人杜预在注解《左传》"遗之潘沐"这一细节时，就明确为："潘，米汁，可以沐头。"啊哈，《左传》里在讲述政治大事的时候，无意中透露了春秋时代的生活观念。显然，生活于公元前五世纪的春秋时人认为，身体不舒服的时候，搞一搞卫生清洁有助于恢复健康。正是利用了在当时被普遍认可的观念，陈氏族人让被抓起来的陈逆假装生病，这样，就找到了借口，可以给他送去专供洗头的淘米汁，以及补充营养、保证生活质量的酒肉。借着这一送东西的机会，陈氏族人与陈逆得以互通声气，最终将他解救出来。

由此说来，淘米水，是见于文献的最古老的美容清洁用品之一。

显然的,在皂荚与澡豆兴起之前,米汁曾经长期是最主要的清洁剂。《礼记》"内则"一篇里提到用灰水来洗衣服,对于人体的清洁,却只提到米汤。实际上,"内则"一篇是涉及到古代卫生观念的重要文献,比如,其中有着对老年人的理想生活状态的设想:

> 五日则燂汤请浴,三日具沐。其间,面垢,燂潘请靧;足垢,燂汤请浴。

按照这里宣扬的理念,儿女侍奉父母,应该五天洗一次澡,三天洗一次头。在其他的日子里,如果老人的面孔脏了,也应该随时奉上加热的淘米水,让老人洗脸;脚脏了,则准备好热水供老人洗脚。对于"君子",也就是有教养的、有身份地位的人,其标准则是"日五盥,沐稷而靧粱",每天该洗五次手,洗发用穄子(黍子)米汤,洗脸则用小米(粟)汤。

即使在澡豆与皂角广泛使用之后,用米汤洗脸的做法也并未退位,相反,一直被当作重要的清洁手段。也许,澡豆、皂角在去污去油上还是能力有限,所以不得不以米汤辅助吧。例如,王焘《外台秘要》里的"'广济'疗澡豆,洗面去䵟䵞、风痒,令光色悦泽方",是每天晚上把澡豆用水调成糊,抹在脸上,第二天早上"温浆水洗之"。所谓的"浆水",就是米汤,只不过,相对于春秋时代的"潘","浆水"要经过更仔细的加工,并非仅仅是淘米之后的剩水而已。明人所辑《食物本草》(华夏出版社,2000年)"浆水"一条对此阐释甚明:

> 浆水,或粟米或仓米饮(应为"炊"——本书作者注)酿成者,

味甘酸,微温,无毒。调中引气,宣和强力,通关开胃,止霍乱、泄痢,消宿食,解烦、去睡、止呕,白肤体。似冰者至冷,妊娠忌食……"丹溪"云:浆水性冷,善走化滞物,消解烦渴,宜作粥,薄暮食之,去睡,理臟腑。(19—20页)

"浆水",不仅要"炊",还要"酿",也就是先煮熟,再发酵。明弘治十六年(1503年)编纂的《御制本草品汇精要》([明]刘文泰等原著,陈仁寿、杭爱武点校,上海科学技术出版社,2005年)中,关于"浆水",有着与《食物本草》非常相近的阐释,但更详细,如"粟米白花者佳,煎令醋,止呕吐,白人肤体如缯帛,为其常用,故人不齿其功",更重要的是,这里记下了"浆水"的具体制作步骤:

谨按:作浆水之法,于清明日,用仓黄粟米一升,淘净下锅内,以水四斗,入酒一盏,煎至米开花为度。后将柳枝截短一大把,先内(纳)坛内,然后贮浆水于内,以苎布封口,使出热气。每日用柳条搅一次。如用去,旋加米汤,仍前搅用之。(136页)

陈年小米经过煮沸加工,并且掺入一点酒,盛装在专备的瓷坛里,还要配放特制的柳条搅棍,每天进行搅动。对我们今天来说感觉很怪的是,浆水,实际是煮熟之后发酵、微微变酸败的小米汤!并且要随用随添,不断加入新熬的米汤,换句话说,坛里始终有不新鲜的"老汤"存在。在我们的观念来说,这样的东西实在很不卫生,肯定非常不利于健康,但是,古人却对其神效深信不疑,在他们看来,这种浆水简直有百利而无一害。用变酸的浆水当作饮料,或者掺米熬粥,是

传统生活中的一项广泛做法,《居家必用事类全集》就在饮用"熟水类"一门当中列出了"浆水法":

> 熟炊粟饭,乘热倾在冷水中。以缸浸五七日。酸便好吃。如夏月逐日看,才酸便用。如过酸,即不中使。

方中倒也嘱咐,用于下肚的浆水,一定只用刚变酸的新浆,如果过度酸败就无法饮用了。至于在美容洗洁、染帛、制红花饼等用场,对于酸度的掌握就复杂多了,文献中,往往读到"清浆水"、"酢浆"、"粟饭浆水极酸者"等概念,在古人那里,控制浆水的酸腐程度,制造出酸性深浅不一的浆水,并且以酸度合适的浆水达成各种工艺指标,曾经是很实际也很重要的一门技能。

另外,《齐民要术》"合手药法"中谈道:"夜煮细糠汤,净洗面……"稻谷舂磨之后,会产生大量的糠麸,把糠麸磨细,煮成浆汤,可以承担与米汤同样的功能。相对来说,煮细糠汤等于是废物利用,肯定是更为节约的办法。在元杂剧《谢天香》中,一段唱词详细展现了化妆的整套步骤,第一步当然是清洁皮肤:

> 送的那水护衣为头,先使了熬麸浆细香澡豆,暖的那温泔清手面轻揉。

正是将糠麸投在水中熬煮成"麸浆"。洁面时的具体程序,则是把麸浆加热到有一定温度,暖暖的,与澡豆的细末一起放在手心里相混合,然后像当今使用洁面乳一样,在面庞上、手上轻轻打揉。

作为曾经非常重要的洗洁用品,古人似乎是很自然地想到,将其与其他材料相结合,从而使得浆水在使用当中起到修饰容体方面的功效。例如,单纯用浆水洗头发,可以去油垢、发屑,但是,如果加入利于毛发生长的中草药,那么就等于在洁发的同时还给头发上药了。《肘后备急方》"疗人须、鬓秃、落不长方"一节中,即有一方为:

> 麻子仁三升,秦椒二合(盒)。置泔汁中一宿,去滓,日一沐,一月长二尺也。

把麻子仁与秦椒捣碎,投入浆水中浸泡一夜,第二天去掉两种投料的渣滓。泡过的浆水用来洗头发,并且坚持每天如此洗一次,就会促进头发的生长。按方中的说法,这种浆水的生发效果是如此强力,一个月内就能让头发多长出二尺!

书中稍后又有一方为:

> 麻子仁三升,白桐叶一把。米泔煮五六沸,去滓,以洗之,数之则长。

与前一方大同小异,是把麻子仁、白桐叶投在米浆水中,上火沸煮,通过加热的方式让草药的药性成分尽快融入米浆中。然后去掉两种投料的余渣,用煮过的浆水洗发,达到生发的效果。

据认为,浆水"白肤体"、"白人肤体如缯帛",能够美白皮肤,让肌肤恢复丝般光滑、绢般雪洁,于是,将之与其他美容素材调配在一起,便能制成洗面药乃至"面膜"。《外台秘要》中就有"'延年'去风、令光润,桃仁洗面方":

> 桃仁(五合,去皮)。

右一味。用粳米饭浆水研之,令细。以浆水捣取汁,令桃仁尽即休。微温用。洗面时长用,极妙。

首先对粳米饭煮成的浆水加以细研,让米粒碎成黏泥,充分融入浆汁中,浆质从而浓黏而匀细。然后,再把桃仁投入饭浆中,仔细舂捣,直到桃仁完全粉碎,与饭浆相融成一体。把此浆水加以保存,洗面时取出适量作为洁面液,效果非常之好。

猪蹄富含胶质,因此在《千金方》中被当做用于紧绷面部皮肤的好材料,并与浆水加以结合,形成了"猪蹄浆":

大猪蹄一具,净治如食法。以水二升,清浆水一升,不渝釜中煮成胶,以洗手面。又以此药和澡豆,夜涂面,旦用浆水洗,面皮即急。

拿一只大猪蹄收拾干净,放在锅中,倒入两升水、一升清浆水,慢火煮成胶冻。然后就用米浆与猪蹄胶混合而成的这种胶冻作为"洁面乳"。如今那些鼓吹富含"胶原质"的美容用品,在这里算是找到先驱了吧。此一胶质洁面乳还有一种使用方法,是把澡豆拌入这种胶冻,每天就寝前将混合物涂在面庞上,作成"面膜",在第二天早上再用浆水洗除干净。据《备急千金要方》介绍,"猪蹄浆"能够"急面皮、去老皱、令人光净",坚持用这种特制的洁面胶乳进行美容功课,可以防止皮肤松弛,平复皱纹,让面皮变得紧绷光滑。

如果将猪蹄浆加以更深度的加工,那么,还可以发挥成"治面黯䵟、令悦泽光白润好,及手皴"的美容妙品(《备急千金要方》):

猪蹄（两具，治如食法）、白粱米（一斗，洗令净）。

右二味，以水五斗，合煮猪蹄，烂，取清汁三斗，用煮后药——

白茯苓、商陆（各五两），姜蕤（一两），白芷、薰本（各二两）。

右五味，咬咀，用前药汁三斗，并研桃仁一升，合煮，取一斗五升。去滓，瓷瓶贮之，内（纳）甘松、零陵香末各一两入膏中，搅令匀，绵冪之。每夜取涂手面。

第一步，将猪蹄与白粱米一起浸在水中，慢火煮熬，待水熬去将近一半，就获得了猪蹄胶质与米浆相混而成的"清汁"；

第二步，将白茯苓等五味中药切碎，再将桃仁研碎，一起投到"清汁"当中，火上熬煮，直到水汁减去一半，就得到了膏状的成品。滤掉其中的药渣，清膏以瓷瓶贮存，并且投入甘松香、零陵香的细末，搅和均匀，以便这胶膏芳香可爱。最后用丝绵把瓶口蒙盖严密，避免落入尘秒。每夜就寝之前，从瓶中取少许香膏涂在面庞上和手上，可以有效地去除黑色素沉淀，让皮肤美白润泽，并且解决手掌皮肤容易皴裂的难题。简单的米浆，通过与猪蹄、中草药乃至香料的结合，而摇身成为一款富含胶原蛋白的夜妆用保养芳香面膏。

到了明清时代，文学中涉及洗漱程序的时候，却不见再提糠汤、米汤，使用浆水制作美容用品的传统也近于中断。如《红楼梦》中，宝玉洗脸仅是用水和香皂；芳官洗头发的时候，涉及到的用品为花露油、鸡蛋、香皂和水。这一情况，大约是因为皂类制品不断进步，所具有的去污功能越来越强大，仅仅靠香皂、碱皂等制品，就能对皮肤加以充分的清洁，因此，浆水就成了多余之物，不再需要了。不过，在一些少数民族当中，利用特制的酸米汤洗发的风俗，还是被沿用到了当代。

桂花胰子

文康著成于清代后期的小说《儿女英雄传》中，长姐洗手的时候，"搓了阵香肥皂、香豆面子，又使了些个桂花胰子、玫瑰胰子"，可见传统生活中清洁用品的花色还真不少。老北京人的习惯，是把肥皂叫做"胰子"，我小的时候受邻居影响，也爱使用这一土话的叫法，还曾经被母亲特意纠正过。

为什么叫胰子呢？《本草纲目》中有"胰"，释文云：

> 音夷，亦作"胰"。时珍曰：一名肾脂，生两肾中间，似脂非脂，似肉非肉，乃人、物之命门、三焦发原处也，肥则多，瘦则少，盖颐养赖之，故谓之颐。

在中医所说的两肾之间，有一种既不完全是脂肪、也不完全是肌肉的脂物，叫"胰"，也叫"肾脂"。这种脂物的多与少会影响到人或动物的生命状态，"肾脂"多，身体会更健康，在李时珍看来，这就是此物名为"胰"的原因，是谐"颐"之音。

早在《肘后备急方》中，"猪胰"就见于"作手脂法"：

> 猪胰一具,白芷、桃仁(碎)各一两,辛夷各二分,冬瓜仁二
> 分,细辛半分,黄瓜、栝蒌仁各三分。
>
> 以油一大升,煮白芷等,二三沸,去滓,授猪胰,取尽,乃内冬
> 瓜、桃仁末,合和之。膏成,以涂手掌,即光。

用油煎煮白芷等药料,然后去掉药渣,控出清油。把猪胰放到药
油中,使劲地反复揉压,让猪胰中的润滑液汁全部进入油中,再把冬
瓜、杏仁研好的细末加入,做成白色的油膏,用来涂手,能起到滋养、
光润手掌皮肤的作用。同书卷五十二"疗人面体黯黑、肤色粗陋、皮
黑状丑"的方子里,还有一方则为:

> 芜菁子二两,杏仁一两,并捣;破栝蒌,去子囊;猪胰五具,淳
> 酒和,夜敷之,冬月以为手面膏。

这个方子是把草药的细末与猪胰一起泡在酒中,然后以所成的
膏液在临睡前涂在面上,作为夜间的保养液;到了冬季,则可作为涂
在手上、面上的冬季护肤品。

无独有偶,成书于六世纪上半叶的《齐民要术》中,有与《肘后备急
方》颇为接近的"合手药法",对于如何利用猪胰留下了更清楚的展示:

> 取猪胵一具(摘去其脂),合蒿叶,于好酒中痛授,使汁甚滑。
> 白桃人二七枚(去黄皮,研碎,酒解,取其汁),以绵裹丁香、藿香、
> 甘松香、橘核十颗(打碎),着胵汁中,仍浸置勿出——瓷瓶贮之。
> 夜煮细糠汤,净洗面,拭干,以药涂之,令手软滑,冬不皲。

缪启愉先生在《齐民要术校释》的相关注文中阐明:

> 胵，非胰脏，猪胰位于胃下……俗名“尺”；猪胵位于两肾中间，呈椭圆形，黄白色，富润滑汁液：二者绝非一物。猪胵浸酒以其浸出液涂于手面防皴裂，农村妇女多有用之，几乎尽人皆知，有的地方讹称“猪衣”。（中国农业出版社，1998 年）

也就是说，传统卫生、美容制品所涉及之“胰”，正字应为“胵”，与胰脏并非一物。因此，齐如山《中国固有的化学工艺》“胰子”一节，“胰又名甜肉，生于动物腹内胃下”（328 页），也是犯了近人普遍会犯的错误。

“猪胵”富含润滑汁液，因此，长久以来，就被当作润滑皮肤、防皴裂的原料。大约是由于护面品有多种的面脂、面药，所以，从《肘后备急方》的时代起，猪胵就被强调用于制作冬天的护手霜以及护面霜。另外，《千金翼方》中的面膏方还使用到羊胰（胵）。

然而，在《千金方》中，澡豆配方中大多也把猪胰作为一种重要配料。猪胰只有润肤的性能，并无去油去垢的功能，因此，加入猪胰的唯一目的，就是让澡豆在清洁的同时，也能够滋润皮肤。在七世纪的时候，去污清洁品就能够同时考虑到从美白到滋润皮肤的多种功能，这种回忆让我们多少要感到惊异。

北京话中将肥皂称为“胰子”，显然是源于这一悠久的传统。例如齐如山《北京三百六十行》（辽宁教育出版社，2006 年）中就记录了老北京的“胰子作”：

> 大香料店多自做胰子。但亦另有作坊，每日遣人提两木桶，到猪市取回猪胰，加碱、松香、肥皂、香料等等，入磨磨烂，用模子

翻成块,或团为圆球,发往各处零卖,颇能去垢。最好者为鹅胰,所以招牌上都写"引见鹅胰"。自洋胰子盛行,此物亦将归消灭了。(75 页)

其《中国固有的化学工艺》"胰子"一节则说道:

胰……吾国向来把它用酒稍洗,加碱、丁香、皂胶(疑应为"角")等物,捣为胰子,冬日用以洗脸,可免皮肤皲裂。以上乃乡间的情形,在大城中则较为完美,有入锅熬成片,有生磨者;自以熬成者为优,但较费事。北京最贵重者为鹅之胰,此得多半熬成,但相当贵,名为引见鹅胰,外官到北京引见皇帝者,都要买此洗脸,据云用此洗脸,则脸神不但润泽,而且有光彩。近五六十年来,都用外国的肥皂,旧胰子几乎绝迹了,然冬天贫寒人家,还多喜用之。(328—329 页)

甚至末代皇帝之弟溥杰也曾回忆道:

儿时余之母亲,即醇亲王福晋……曾谓宫中之香肥皂,以猪胰子为原料,制成锭状,用之香气馥郁,余幼时曾经洗沐,于今仿佛犹在目前。(《清宫医案研究》之《溥杰先生序》,13 页)

光绪三十年,御医曾为慈禧太后配制"祛风润面散":

绿豆白粉(六分)、山柰(四分)、白附子(四分)、白僵蚕(四分)、冰片(二分)、麝香(一分)

共研极细面,再过重绢罗,兑胰子四两,抟匀。(《清宫医案

60

研究》，1023 页）

这一种专门调配的"胰子"，在"润面"的同时，还要"祛风"——治疗面风，乃是针对上了年岁的慈禧太后有"面风筋挛"的毛病而配置。利用绿豆白粉来行使清洁的功能，同时配以有药疗作用的中药，等于是结合了澡豆传统的一款特制的药皂。

清人李静山于同治年间所作的《都门竹枝词》有道是：

> 桂林轩货异寻常，四远驰名价倍昂。官皂、鹅胰、滴珠粉，新添坤履也装香。（《历代竹枝词》，王利器、王慎之、王子今辑，陕西人民出版社，2003 年，3013 页）

在当时北京的化妆品名店"桂林轩"的产品中，"官皂"与"鹅胰"并列。至少在晚清时期，香肥皂与香胰子是同时存在的两类清洁品，互相有所区别。最典型的例子，可见光绪《大婚典礼红档》中所记录的皇后妆奁，其中有"鹅油胰二匣、香皂二匣"、"肥皂子二匣"，显示胰子、香皂、肥皂是三种有所区别的物品。为什么会有这种区分？推测起来，胰子，或者说得雅一点，胰皂，更注重美容效果，而香皂主要承担的是去污任务。齐如山说胰子"冬日用以洗脸，可免皮肤皲裂"，也正说明了胰子成品所具有的护肤性能。

齐如山还谈到，晚清时最讲究的胰子是"鹅胰"，而光绪《大婚典礼红档》则记为"鹅油胰"，也就是说，"鹅胰"这一名称的由来，并非是因为其中加入了"鹅之胰"，而是因为其中加入了鹅油。从唐代起，鹅油就被认为是最适合养护皮肤的动物脂肪，被用于制作面脂，《千金方》中并且特别提到炼鹅脂之法。因此，在去污的胰皂中添加鹅油这一味原料，只可能是为了加强其美容效果，也因此，才能在洗脸后"不但润泽，而且有光彩"。

据文献记载，清时，仅胰皂一类也因配料不同而有多种名目，最著名的为"引见胰"，此外，还有"玉容胰"等。最有意思的是，《中国固有的化学工艺》"胰子"一节下列"肥皂"文云：

> 肥皂者，乃皂角之籽（实际为皂角之荚肉）加香料及其他物质，捣极细。去垢之力亦甚强，唯无单用之时，都是与胰子合用。

也就是说，清代的北京贵族、有钱人，洗面时仅洁肤品就要用两种，肥皂主攻去垢，胰子则在进一步清洁的同时还润泽皮肤。《儿女英雄传》中有关长姐因洁癖而反复洗手的情节，恰恰反映了多种清洁品并用的实际局面。传统生活，实在并不简陋。

金花沤

顺便还要说的是，用猪胰制作冬天防止皮肤皴裂的护肤品，这一传统也被长久沿用，相关配方每每现于如《普济方》等重要医典之中。《竹屿山房杂部》这样的生活知识杂书，也明确记有"润肤膏，治冬月遇寒风，面手开成皴裂"：

> 猪胰（夲［疑为"瀞"字——作者注］之，切，鲜者一斤），红枣

子(五枚),甘松(三钱),醇酒(一斤),白芷(三钱)

同浸,颒面毕,乘热,俱匀之。

把切细的猪胰与红枣、甘松、白芷一起浸在酒中,每次洗面之后,趁着皮肤上还有热水汽,处于湿润状态,用这种酒浸的黏汁把面庞和双手涂遍,作用则是修护冬月寒风侵袭所造成的面庞、手背的皴裂。令人吃惊的是,这里所记的方法与上千年前的《齐民要术》的"作手药法"大致相同,只是采用的草药配料不同而已。《香奁润色》也有"又方,面手如玉":

杏仁(一两)、天花粉(即栝蒌根粉——作者注)(一两)、红枣(十枚)、猪胰(三具)。

右,捣如泥,用好酒四盏浸于磁器。早夜量用,以润面、手。一月,皮肤光腻如玉。冬月更佳,且免冻裂。(569页)

采用的仍是同一方法,足证用酒浸泡猪胰及草药,是一个经时间考验过的、历久弥新的经典方法。很有意思的,清宫档案中保留了光绪四年太医为慈禧太后所开的"沤子方":

防风、白芷、□□、三奈、茯苓、白芨、白附子、□□□

共研粗渣,烧酒二斤将药煮透。去渣,兑冰糖、白蜜,合匀,候凉再兑冰片、朱砂面,搅匀,装磁瓶内收。(《清朝宫廷秘方》,37—38页)

可惜,这个方子中有两例配料的名称没能保存下来,不过,其制作方法、其成品状态,与"作手药法"、"面手如玉法"都大体相同,可见,所谓"沤子",与"治冬月遇寒风,面手开成皲裂"的"润肤膏"为同一类美容用品。由此,我们也就能够体会《红楼梦》第五十四回中露过一次脸的"沤子"为何物了:

> 后面两个小丫头子知是小解,忙先出去,茶房内预备去了……来至花厅廊上,只见那两个小丫头,一个捧个小沐盆,一个搭着手巾,又拿着沤子壶,在那里久等。……宝玉洗了手,那小丫头子拿小壶倒了些沤子在他手里,宝玉沤了。秋纹、麝月也趁热水洗了一回,也沤了,跟进宝玉来。

其时为正月元宵夜,所以要用到专为冬季配备的"沤子"。每次洗手之后都要用沤子来护手,这就是当时贵族生活的起居作风。实际上,清代富贵女性的嫁妆中一般都配有专门的沤子罐,如震钧《天咫偶闻》中记录的光绪皇后妆奁单子,就不仅有"金胰子盒成对"、"银胰子楂成对",还有"银沤子罐成对"。光绪《大婚典礼红档》中所记录的皇后妆奁还有"金花沤二匣",周绍良先生在《沤子小壶儿》(《红楼梦研究集刊》第一辑,1979 年)一文中谈到:

> 曾见清代北京著名香粉店《桂林轩、香雪堂各色货物簿》(当时商店自己编的一种商品目录),中列"金花沤"一品,下有诗一首为说明:

> 沤号金花第一家,法由内造定无差。修容细腻颜添润,搭面温柔艳更华。冽口皴皮皆善治,开纹舒绉尽堪夸。只宜冬令随时用,夏卖鹅胰分外嘉。每罐满钱四百八十。(222 页)

诗意是说，"金花沤"这种保养美容用品能够让皮肤细腻光润，特别是在冬天修治皮肤的龟裂和皱燥，甚至还有去除皱纹、恢复皮肤弹性的功能。不过，这种物品只适合冬季使用，到了夏天就该改用鹅油胰皂才更合适。这些随着季节不同而变化的护肤品，究竟是出于什么道理？可惜，因为它们在生活中消失已久，已经无从追究了。

或许有必要提一下，《居家必用事类全集》、《天工开物》及《竹屿山房杂部》中都记录着，传统纺织工艺中不可缺少的"练帛"一环，也要用到猪胰，是用草木灰汤浸泡猪胰，再以得到的混合液对生帛加以清洗。因此，猪胰如草木灰一样，在往昔生活中曾经起过非常重要的作用。

冬灰

欧阳修有一首《虞美人影》词，写得很婉约，非常的婉约：

> 梅梢弄粉香犹嫩。欲寄江南春信。别后寸肠萦损。说与伊
> 争稳。　　小炉独守寒灰烬。忍泪低头画尽。眉上万重新恨。
> 竟日无人问。

在等待中熬到残冬将尽，词中的女性已经濒临忍耐的极点，她心
中翻涌的唯一冲动，就是给心上人儿寄去一封信，告诉他，春天就要
来了，是值得归来的时节了；同时，更要借机痛痛快快地向他倾诉一
番，在冬去春来的时光荏苒中，自己是如何的为思念所苦。可惜，这
只能是停留在心中的暗自渴望，她真正能做的，唯有独自坐在炭火已
灭的火炉旁，假装拨活炭火，把自己心中的思念，用火箸，甚或用从头
上拔下的钗子，在炉灰上反复划写。至于她的愁绪，实际上是没有人
过问的。

俛首在寒炉的灰面上悄悄划字，给世界一个暗衔幽怨的侧影，真
是没有比这更动人的了。这一形象想来是从唐人刘言史《长门怨》

而来：

> 独坐炉边结夜愁，暂时恩去亦难留。手持金箸垂红泪，乱拨寒灰不举头。

这首诗里所写的是"宫怨"，一位落入深宫的美人，很短暂地得到了君王的宠幸，然后就失宠了。于是，寒冷的冬夜，只能独自一人垂泪悲伤，但是，在宫中，哭泣也不能随意的，也许是怕人笑话，也许是怕招人诽谤，只能假借着拨动炉灰，创造一个可以低头默默流泪的借口。到了欧阳修《虞美人影》中，炉边的身影转化为民间的女子，多半应该是青楼中的美人，然而，一样的，她不得不压抑自己的情感，甚至不愿或者不敢让泪水直接留出来，唯一排泄心绪的途径，就是在炉灰上漫然划画，也许是画"心"字？也许是在画象征情好成双的并蒂花？也许是在写那个人的名字？

实际上，用火箸在炉灰上随便画字，在传统生活中似乎是很常见的细碎场景，如唐人李群玉《火炉前坐》一诗，就利用这个细节，勾出了独忧天下的落寞人才的剪影：

> 孤灯照不寐，风雨满西林。多少关心事，书灰到夜深。

宋人邵伯温《邵氏闻见录》（中华书局，1983年）卷七还记载了一则生动的轶闻：

> 钱若水为举子时，见陈希夷于华山。希夷曰："明日当再来。"若水如期往，见一老僧与希夷拥地炉坐。僧熟视若水，久之不语，以火箸画灰作"做不得"三字，徐曰："急流中勇退人也。"

更神的故事还有：

> （徐）知诰欲进用齐丘，而徐温恶之，以为殿直、军判官。知
> 诰每夜引齐丘于水亭，屏语，常至夜分；或居高堂，悉去屏障，独
> 置大炉，相向坐，不言，以铁箸画灰为字，随以匙灭去之。故其所
> 谋，人莫得而知也。（《资治通鉴》卷二百七十）

话说南唐开国之君李昪在还没有做得皇帝，还没有改名换姓，还
叫徐知诰，还在为迈向龙座而辛苦努力的时候，发现了一位谋士宋齐
丘。两个人想搞点密谋也真不容易，夏天，是跑到四面开敞的水亭
上，让属下、侍从一皆退下，这样才能在没有旁人偷听的情况下交谈。
但是，到了冬天，水亭上实在太冷了，跑到水亭上聊天也显得太怪了，
怎么办？两个人想出的妙计是，坐在高敞厅堂当中的大火炉前，将周
围的屏风、障帷全都撤掉，不给旁人藏身窥探的机会，即使如此，也还
是不敢出声说话，而是用火箸把心里的想法在炉中的灰面上一划一
划地写出来，待另一人看过，随即就用灰匙将字样抹掉。真是万无一
失的密谋方式啊！如此生动的细节，不知是否已被当代的哪一部历
史小说援用？

李群玉《火炉前坐》一诗明确地显示，"书灰"是在取暖的"火炉"
上进行，《邵氏闻见录》所记轶闻中则说是"见一老僧与希夷拥地炉
坐"，同样地表明了这一点。所谓"地炉"，就是放置在地面上的、一般
体积不大的取暖火炉：

> 密室红泥地火炉，内人冬日晚传呼。今宵驾幸池头宿，排比

椒房得暖无？

在花蕊夫人的这首《宫词》作品中明确地把"地炉"叫做"地火炉"，根据诗句不难看出，这种火炉专门用于"冬日"的室内，为居室提供热量。火炉中要燃炭，炭在烧过之后不免会有灰烬，于是，今人多以为，古代文学中所谈到的"炉灰"，就是木炭燃烧之后的残余。木炭的燃余是为灰，这当然一点也没错。不过，凡是曾经享受过老北京传统火锅涮肉的人，想必都会亲眼见到木炭燃烧的过程，也就会知道，木炭烧剩的残灰非常的轻，非常的软，见一丝风就四处飘，在量上也非常之小。这正是木炭的一大优点，燃后几乎不留残余，与煤完全不同。因此，如果要让木炭残灰积满火盆，而且还能在上面画字，其实是不可能做到的事情。

炉灰，其实正是根据燃炭的特点，专门制作的一种灰。根据古人利用香炉焚香的程序，可以大致推知炉灰的制作与使用方法。明人高濂《遵生八笺》（书目文献出版社，1988 年）列举了"焚香七要"：

香炉、香合（盒）、炉灰、香炭墼、隔火砂片、灵灰、匙箸

在关于"隔火砂片"一节中，介绍焚香的复杂过程为：

烧透炭墼，入炉，以炉灰拨开，仅埋其半，不可便以灰拥炭火。先以生香焚之，谓之发香——欲其炭墼因香蒸不灭故耳。香焚成火，方以箸埋炭墼，四面攒拥，上盖以灰，厚五分，以火之大小消息。灰上加片，片上加香，则香味隐隐然而发。然须以箸四围直搠数十眼，以通火气周转，炭方不灭。香味烈则火大矣，

又须取起砂片,加灰,再焚。

焚香时,要使香炉中炭火的火势低微却又久久不灭,才不会把香料烤出焦味,同时又能长时间地对香料不间断烘熏。为此,就需特制的"炉灰"来控制火势。烧香时使用的燃料是经过特殊加工的小炭饼,叫"炭塼"或"香饼",炭塼要先在其他的炉或灶中烧透,然后放入香炉内的炉灰之内。在长长的焚香过程中,炭塼实际上是被填埋在炉灰当中,不过,要在灰中戳些孔眼,以便炭塼能够接触到氧气,不至于因绝氧而熄灭。从文学描写可以看出,取暖的火炉其实采用的是完全相同的策略,如白居易的《郭虚舟相访》一诗中所言:

> 寒灰埋暗火,晓焰凝残烛。不嫌贫冷人,时来同一宿。

古人烧炭的方法,是一定将"火"——其实是燃烧的木炭连同其火焰——"埋"在灰中,根据对火势强弱的需要,而调整炭埋在灰中的程度。或者也可以说是,燃烧的炭块一定是被大量的灰所拥围着。灰的作用,在入夜休息的时候尤其显出重要。如今中年以上的人想来都有烧煤球炉的经历,煤球炉在临睡之前要"封火",也就是用炉灰将燃烧中的煤球盖住,由此使得煤球在夜间既不会充分燃烧,但也不至于彻底熄灭。古代的火炉也采用着同样的措施:

> 凉冷三秋夜,安闲一老翁。卧迟灯灭后,睡美雨声中。灰宿温瓶火,香添暖被笼。晓晴寒未起,霜叶满阶红。(白居易《秋雨夜眠》)

在寒冷的季节,夜间休息的时候,都是用灰把"宿火"埋起来,使其保持低温燃烧的状态。如果在灰中插立一只水瓶，那么，瓶中之水也可以借着微火而终夜保温，预备起夜的人随时饮用。

当然，如果想要提高室内温度，或者在火上煎茶、煮粥、温酒，那就要把灰拨开，让火势旺燃：

> 榾柮无烟雪夜长，地炉煨酒暖如汤。莫嗔老妇无盘饤，笑指灰中芋栗香。（宋人范成大《冬日田园杂兴十二绝》之一）

实际上，传统绘画中往往出现各式火炉，炉箱内都是满堆细灰，灰当中埋着若干块木炭，茶瓶一类盛器在火上加热时，是插立在灰中。炭与灰在比例上是相当的悬殊，炉箱内主要是堆满了灰，如范成大诗所言，人们经常把芋头、栗子之类的零食埋在灰中烤熟，由此可

在明代画家刘俊的《雪夜访普图》(北京故宫博物院藏)中，可以清楚观察到古代火炉的使用方法。

71

以想见火炉中堆盛的灰有多深。当代人王敦煌《吃主儿》(三联书店，2005 年)一书在谈论"炭墼子红烧肉"这款美味时，也提到传统的燃料"炭墼"，其使用方法是——

> 把炭墼点燃放在火盆里，再用炭灰覆盖其上，使它既无明火又保持燃烧状态。

> 炭墼这种东西，当时在南方比较多见，这是因为在冬天南方人有用手炉的习惯。手炉用黄铜制作，把炭墼放在手炉里，点燃之后，再用炭灰覆盖其上，不至于烫手。燃着一个足可保持一天一夜之久。（53 页）

可见，在炭制品的使用上，"炭灰"或说"炉灰"对于控制木炭燃烧的疾缓、旺弱，是必不可少的手段。但是，松碎、轻软的木炭残灰根本承担不起这一功能。焚香时所用的香炉灰就是特制的，而且非常讲究，如《遵生八笺》中作为"焚香七要"之一的"炉灰"即为：

> 以纸钱灰一斗，加石灰二升，水和成团，入大灶中烧红，取出，又研绝细，入炉用之，则火不灭。忌以杂火恶炭入灰，炭杂则灰死，不灵，入火一盖即灭。

居然是以纸钱烧灰，用水将之与石灰和在一起，抟成团，然后放到火灶膛里烧红，在取出放凉之后，再仔细研成细末。

香炉所需的炉灰用量小，可以利用纸作为原料。取暖火炉所需的炉灰则要量大得多，因此取材也需要更为方便、廉价。非常重要的，历史悠久的《神农本草经》中列有"冬灰"一条：

冬灰,味辛,微温……一名藜灰。生川泽。

《本草纲目》不仅收有"冬灰"一条,而且作"集解"云:

弘景曰:"此即今浣衣黄灰尔,烧诸蒿、藜,积聚、炼作之,性亦烈。荻灰尤烈。"恭曰:"冬灰本是藜灰,余草不真,又有青蒿灰、柃灰(一作苓字),乃烧木叶作,并入染家用,亦蚀恶肉。"时珍曰:"冬灰乃冬月灶中所烧薪柴之灰也,专指作蒿藜之灰,亦未必然。原本'一名藜灰,生方谷川泽',殊为不通。此灰既不当言川泽,又岂独方谷乃有耶?今人以灰淋汁取碱,浣衣,发面令皙,治疮蚀、恶肉,浸蓝靛染青色。"

渊博、敏察如李时珍者,有时也不免疏忽的时候。他想当然地断定"冬灰"就是"冬月灶中所烧薪柴之灰"——烧饭灶中柴薪烧过之后的余灰。按这样的理解,那么古人就显得很荒谬了。柴的来源有树枝、秸秆等等多种,烧过之后不都是灶柴灰吗?与藜灰有什么必然关系呢?凭什么非说藜灰"真",其他柴火灰就不真?所以李时珍驳之为"亦未必然"、"殊为不通"。如果要按这样的思路推理,那就还有更多的疑问:为什么一定是冬天烧饭灶的灰呢?夏、秋、春也都要烧灶做饭,这三季的灰就不能用么?

其实,李时珍在"冬灰"一条"释名"下的引文,已经说明了事情的首尾:

宗奭曰:诸灰一爇而成,其体轻力劣。惟冬灰则经三四月方撤炉,其灰既晓夕烧灼,其力全燥烈而体益重故也。(人民卫生

出版社 1982 年版校点本，451 页）

　　此处所引乃是宋人寇宗奭《本草衍义》中的相关阐释。要注意的是，寇宗奭所提到的乃是"炉"，而非"灶"。这恰恰是关键所在。"经三四月方撤炉，其灰既晓夕烧灼"，也就是说，这种炉一年里只使用三四个月而已，并非终年使用，很明显，这里所说的是唯有冬天才设的取暖炉，安放在居室当中，从深秋到初春，一共要使用三四个月，在这三四个月当中，炉中火不会熄灭，因此炉灰也就日夜被火烧灼。"诸灰一爇而成"，才是指灶台或烹饪用炉的情况，在这些灶、炉中烧柴，饭熟火尽，就会把余灰清理出火膛，绝对不会积留，所以说其成灰是"一爇而成"。相比之下，冬天取暖炉里的炉灰是为了调节炭火而放入，只要烧炭就需有炉灰扶持，因此，从设炉到撤炉的几个月间，这些炉灰始终在炉箱里承受火烤，经过一个冬季的火烘。这种取暖炉里的灰只会在冬天才有，其他三季都不可能存在，所以才赋予其专名"冬灰"。按照中医的观点，只烧过一遍就被清出火膛的灶灰"体轻力劣"，只有久经锻炼的冬灰"其力全燥烈而体益重"，因而有着特殊的药性。

　　搞清这一点，李时珍的不解就容易理明白了。冬灰虽然主体上也是由草木叶烧灰而成，但并不是炉中炭、柴的残烬。相反，冬灰如香炉灰一样，是为了取暖炉而事先特制的一种灰。《本草衍义》（人民卫生出版社，1990 年）原文实际上特别指出：

　　　　诸家止解"灰"，而不解"冬"，亦其阙也。（40 页）

批评历代医家考察"冬灰"的概念时,只在"灰"上做功夫,却一起忽视冠在其前的"冬"的限定,是一种疏忽。遗憾的是,李时珍也没能给予这一提示以足够的重视。

《神农本草经》等早期医典显示,在汉晋时代,冬灰讲究的是以蒿、藜为原料。由"烧诸蒿、藜,积聚、炼作之"一句,再参考文献中关于香炉灰的制作工艺,可以推知大致的加工程序:先把蒿、藜烧成灰,然后用水以及其他材料(如石灰之类)调成团,再入火煅烧,然后研成细粉。此外也有青蒿灰,树叶烧成的柃灰,但在古人看来,这些灰作为冬灰不是最理想的选择,也就是说,质量最好、最适用的冬灰唯有藜灰一种。("真"的意思实际是"质量好"之意,李时珍自己就在"粉锡"的"集解"中谈到"辰粉尤真",其意即是说辰州造的化妆粉质量最好。)《齐民要术》介绍制作胭脂的工艺,第一步恰恰要利用到藜灰,原文特别说到:

> 预烧落藜、藜藋及蒿作灰,(无者,即草灰亦得),以汤淋取清
> 汁……

显然,落藜灰、藜藋灰、蒿灰在质量上优于其他"草灰",在汉晋南北朝时代是一种普遍的生活经验。既然真灰只能是由藜烧成,那么,指出藜的出产地——"生方谷川泽"——当然也就是必需的科学精神。

实际上,古人注重藜灰,可能是有多层的考虑,包括在美观度上的优势。元人王桢《王氏农书》(缪启愉译注,上海古籍出版社,1994年)"麻苎门""布机"一节有这样的话:

经织成生布，于好灰水中浸蘸……惟以洁白为度。灰须上等白者，落黎、桑柴、豆秸等灰，入少许炭灰，妙。

"落黎"应为"落藜"，也就是藜，其灰竟是"上等白"者，可以用于加工新织成的苎麻生布。宋明文人极为雅致的品香之道流传至今，香炉灰始终讲究"洁白如雪"。没想到，自晋代以来，冬天普通的取暖火炉，炉灰也要达到与香炉灰接近的质量！

在《王氏农书》的记录中，豆秸灰也列为上等白者，而在宋人的生活中，豆秸灰似乎是大家都很熟悉的一种存在。当时有首广传为笑谈的打油诗：

书生王勉……又作《雪诗》云："上天烧下豆秸灰，乌李须教作白梅。道士变成银膰簟，师姑化作玉茶槌。"（宋人曾慥《类说》卷五十五《文酒清话》）

把大雪纷扬的自然景象形容为上天烧出来的豆秸灰，相当的可笑。不过，豆秸灰之白与细，显然相当接近白雪的形态，因此，这个比喻虽然俚鄙，却非常准确，因此居然得到了宋人的广泛认可，半当开心地时或加以采用。典型如苏轼的《岐亭道上见梅花，戏赠季常》：

野店初尝竹叶酒，江雪欲落豆秸灰。

宋人对于豆秸灰如此熟悉、有亲切之感，应当是将之作为炉灰使用吧？元人王沂有《苦雪吟》诗云：

豆秸灰红明复灭，僵卧浑忘食似铁。（《伊滨集》卷四）

清代宫廷画家丁观鹏《夜宴桃李图》（北京故宫博物院藏）清楚表现了火炉中堆满雪白的炉灰。

在这首诗作中，便是明言以豆秸灰作为炉灰使用。

不管是使用豆秸灰还是继续沿袭使用藜灰，总而言之，宋人所使用的炉灰确实白细如雪，如蒋捷《秋夜雨》"冬"词中就道是：

> 红麟不暖瓶笙喧。炉灰一片晴雪。醉无香嗅醒，但手把、新橙闲撷。　　更深冻损梅花也，听画堂、箫鼓方歇。想是天气别。豫借与、春风三月。

这里实际描写了一个典型的宋代的冬夜场景——按照当时的风

俗,几乎可以肯定,场景局限在一架"梅花纸帐"当中。一只地炉放在床前,因为是特意封压的"宿火",所以燃炭("红麟")的火力微弱,水瓶戳立在炉灰中,只是处于保温状态,瓶中水也就不会发出如笙音吹奏一般的沸腾水声,而是暗哑沉寂。既然炉中没有火光,就更显得炉灰一片洁白,如晴天的雪。实际上,这是词中的主人公夜深带着宿醉醒来之时呈现在他眼前的景象。他大约是醉得不太舒服,想嗅一嗅清新的香品用以醒酒,但手头别无一物,唯有挂在帐中作为熏帐之用的香橙络儿,于是便随手摘下一个个圆橙果,掰开,借橙香来清心醒神。帐中悬瓶上当然还有梅花的插枝,只可惜因天冷水冰,花枝已被冻损。与这种朴素雅致但略显清冷的士大夫生活形成鲜明对照的,是隐隐传来的富贵府邸中彻夜的歌乐之声,倒仿佛冬天从来不会光顾权势之家一般。

此外,陆游《雨中睡起》诗也写道:

> 磔磔寒禽无定栖,纤纤小雨欲成泥。松鸣汤鼎茶初熟,雪积炉灰火渐低。

如果没有搞清古代火炉烧炭的方式,没有弄清炉灰的具体形态,恐怕就难以体会"雪积炉灰"的意思。

古代文学中所涉及的"书灰"、"画灰",并非施之与木炭燃烧后的残烬,而是在堆满火炉盆膛里的、特制的、能够如晴雪般洁白的细灰上进行。为了调节火势,经常要用火箸拨动炉灰,所以火箸总是斜插在灰中备用,于是,用来在灰上戳戳划划的工具自然也就是随手抄到的火箸了。从徐知诰与宋齐丘以铁箸"画灰为字"之后"随以匙灭去之",可知火炉与香炉一样,讲究把灰面铲、压得平滑如镜,因此,整理炉灰所需的火匙也一样必须配备齐全。

灰汁

在古人看来,细雪一般的炉灰绝对是有用的好东西,除了用于调控冬火之外,还有其他多种的功能。《神农本草》将冬灰列入,就是看重其"治黑子,去肬、息肉、疽疮、疥瘙"的药性。此外,用灰汁浸泡各类织物,进行脱胶等必要的加工,也是早在《考工记》时代就已经为周人所掌握的重要技术手段。不过,对于传统生活来说,炉灰最日常、也最是不可或缺的用途,乃是如陶弘景所说:"此即今浣衣黄灰尔。"

蒿、藜、豆秸等烧成的炉灰,今天习惯称为"草木灰"。草木灰中含有极强的碱成分,其实就是一种天然碱,因此具有很强的去污功能,是传统上广为使用的"洗衣粉",《礼记》"内则"就已经明确规定:"子事父母……冠带垢,和灰请漱;衣裳垢,和灰请澣。"用草木灰洗衣服,是中国历史上最古老也最重要的卫生手段之一。

关于如何用草木灰来制作"洗涤液",齐如山《中国固有的化学工艺》"灰水"一条可视作非常珍贵的资料:

> 北几省因各种煤矿均未能大量开采,运输亦不便,故各处乡间大多数都烧柴草。即各种农品之秸秆。大城池之运输不方便者,也是烧此。大家便把烧余之灰,淋水浣洗衣服,比用胰子用

碱者还好；据云各种豆类之秸秆之灰更好……其淋汁之法，乃用一筐，内铺一二层席，中置灰，加水淋下便妥；此即名曰灰水筐，北方家家有之……但在北方，从前洗衣服，谁家也舍不得用碱，几十年前更没有洋胰皂。总之可以说是一两千年以来，北方几省一千余州县，两万万人洗衣服，全靠此灰水，这能说是一件小的发明吗？（326 页）

用水浇过草木灰，滤出灰中的碱分，形成碱液，传统上称为"灰水"、"灰汁"。用这种碱液浸洗衣服，一如齐如山指出，在传统生活中是最便宜可行、最广为采用的办法。《齐民要术》的"制燕支法"一节便提到：

预烧落藜、藜藋及蒿作灰，（无者，即草灰亦得），以汤淋取清汁，（以初汁纯厚，太酽，即杀花，不中用，惟可洗衣；取第三度淋者，以用揉花，和，使好色也。）

所介绍的方法与齐如山所说完全一致。实际上，《考工记》中详细记录用各种灰汁加工织物，既然掌握了用灰汁为织物脱胶，那么，用灰汁洗衣，也一定被普遍使用。因此，可以说，草木灰的灰汁，乃是中国历史上最古老的卫生清洁用品，实际情况并非如齐如山所说，仅仅北方地区才依赖灰水，南方地区也一样以之来做清洁。缪启愉先生《齐民要术校释》的注文中即以近代浙江地区的生活实践为例：

浙东民间用一种"白豆"（大豆的一品种）的茎叶烧灰洗涤衣服，其水溶液涎滑如肥皂水，去污力特强，尤宜浣洗丝绸而不损

光泽,即因其含有较高的肥皂苷。(《齐民要术校释》,"杂说"注释4,236页)

此处注文谈到的"白豆灰",应该便是宋元人所言之豆秸灰。

在《齐民要术》中,古人的珍惜物料、高效与节俭,真是表现在生活的每一个细节:同一批灰,要用热水淋三遍。第一遍、第二遍淋得的灰汁过于浓酽,效力大,因此用于洗衣去污。淋到第三遍的灰汁,碱性已经不那么强烈了,则正好用于"杀花",浸出红花中的红色素。

至于提倡用藜、蒿灰,则显然因为这两种灰是"上等白者",不会影响红色素的颜色效果。有意思的是"预烧落藜、藜藋及蒿作灰"这一提示,说明"杀花"时所用之灰并非一般的灶灰,而是特制的灰。《神农本草》说"冬灰……一名藜灰";陶弘景则言明:"此即今浣衣黄灰尔,烧诸蒿、藜,积聚、炼作之,性亦烈。荻灰尤烈。"结合这三条资料,我们有理由相信,《齐民要术》时代,洗衣、染布、做化妆品乃至完成其他生活内容,确实是以藜、蒿烧制的炉灰为最佳选择。

在此,我们重温到,传统的生活方式怎样在繁琐劳碌、效率低下之中,对于大自然的取材实现了一种完整、有节序、物尽其用的循环:

在秋天,到滩涂湿地中采来藜草,或者也可以利用收获之后的豆秸等秸秆,将这些草材烧灰,再加其他配料煅烧,研成雪白的细粉;待到生火时节,就用这制成的细灰当作炉灰,在整整一个冬天里控制火势,水瓶一类容器也因之可以放置得更安稳,另外灰中还可以煨烧栗、芋等零食;冬去春来,火炉停用,炉灰也不是随手扔掉,而是用之作为最好的药料与清洁粉、加工剂。

实际上，冬灰，以及普遍的灶灰，还不仅止于洗衣，也是重要的人体卫生用品。那位"忍泪低头画尽"的婉约女子，很可能在不久之后就把炉中的寒灰倾倒出来，淋成灰汁，用于沐洗一头乌丝，甚或以之洁面、以之清洁周身的皮肤呢！

《礼记》"内则"中仅仅提到了用灰汁洗衣服，没有提到用它来清洁身体，不过，《肘后备急方》"发生方"中已然提到"先以灰汁净洗须发"，说明在汉晋时代用灰汁洗发是非常普遍的做法。庄季裕《鸡肋编》在"肥珠子"一条中顺便说道："而南方妇人竟岁才一沐，止用灰汁而已"；陈元靓《事林广记》"仙方洗头药"也提到"每一丸着灰汁，搽洗头"，都表明，直到宋代，灰汁一直是最普及的"洗头液"。

另外，有迹象证明，冬灰同样地用于面部、身体的清洁与美白。如《备急千金方》有一则"澡豆，主手干燥，常少腻润方"：

猪胰（五具，干之），白茯苓、白芷、藁本（各四两），甘松香、零陵香（各二两），白商陆（五两），大豆末（二升，绢下），蒴藋灰（一两）

上九味，为末，调和讫，与猪胰相合，更捣令匀。欲用，稍稍取以洗手面。八九月则合，冷处贮之，至三月以后勿用，神良。

显然的，这款澡豆中加入蒴藋灰，应是与大豆末一道，起去油、去垢的作用。蒴藋，也就是《齐民要术》中所提到的"藜藋"（据缪启愉《齐民要术校释》，369页），所制之灰在质量最好之列，似乎在古人观念中也是"藜灰"的一种。因此，蒴藋灰应该是作为炉灰使用，是"冬灰"。医典指示"至三月以后勿用"，说明此款澡豆为冬季专用而设计,冬季皮肤容易干燥少油,所以加入大量的猪胰,以在洗洁的过程中同时达到"腻润"手、面的效果。值得注意的是,在其他多款澡豆配方中,都不见草木灰的影迹,独独这一冬季专用洁肤品当中使用到它。并且方中特别提到"八九月则合",这一澡豆要在阴历八月、九月这个时段制作。其时正是清秋天气,野草正盛而将老之时,刈打蒴藋、藜、蒿,烧炼以制作炉灰,在此时进行显然非常合适。顺便地,从新制的冬灰中取出一部分,炮制手膏。古人生活那种随着四季循环而自然地相应改变生存方式的、天成的节奏感与秩序感,在医典里一个不起眼的细节上,再次留下了影迹。

另外,宋代的《太平圣惠方》中,有一款"治面黑鼾黯、皮皱皴"方:

益母草灰(五升)、落藜灰(三升)、石灰(一斗)

右件药各细罗了。于盆内先着石灰,上用纸盖,渐入热水。候湿透石灰,于纸上留取水五升。已来将此水煮稀糯米粥,拌前件一(《普济方》作"二")味灰,作球。于炭火内烧令通赤。取出,候冷,捣罗为末。依前将粥拌,更烧,如此七遍后,更以牛乳拌,又烧两遍。然后捣罗为末。每夜,先洗面了,以津唾调少许,涂之。平旦,以热浆水洗面,去斑皱鼾黯,极妙。

这也是用冬灰制作美容用品的例子。用今天的话说,这是一款"美白产品",有去除黑斑以及皴冻皱纹的妙效。制作过程相当复杂,因为要用到腐蚀性很大的石灰,所以处理非常小心——

把石灰放在盆里,上面盖上纸,然后慢慢注入热水,让石灰隔着纸,向盆中水释放有用成分。然后,始终小心地用纸遮盖着石灰,把盆中水倾出，这样，所得到的石灰水里就不带星点的石灰粉，避免日后皮肤直接受到石灰的蚀害。为了进一步减缓石灰水的烈性，还要加入糯米，煮成稀糯米粥。接下来则是将益母草灰、落藜灰也掺入粥中调匀，做成球团，入炭火中烧红。离火冷却之后，将灰球捣成细末，筛过，然后再掺入糯米粥拌匀，作成球团，入火重烧……如此反复折腾七遍，这还不算结束，要把第七遍捣、筛的细末改用牛奶拌和，如此重复再烧两遍。最终捣细、筛过的成品如何使用呢？——

"每夜，先洗面了，以津唾调少许，涂之。平旦，以热浆水洗面"，就寝之前，经过净面的程序之后，用唾沫调湿，涂在脸上，第二天早上再仔细洗净。古人相信，如此坚持一阵，可以通过灰的腐蚀性，将面庞上的黑斑、黑色慢慢销蚀掉。不可忽视的一点，这一款美容制品同时具有两项互不相干的功能，一项是消除黑斑，一项是解除皮肤因皱干而产生的皱纹。第二项功能恰恰暗示，这也是一款专为冬季设计的美容品。医典中记载的去黑斑制品五花八门，大多并不同时带有防皱的性能，所以，如此一款制品的设计显然是有着专门的目的，就是满足特定的季节——冬季的美容需要。虽然配方中没有如《千金方》中那样明确指示"至三月以后勿用"，但是，一旦天气转暖，皮肤皱干的问题肯定就不复存在，所以，这一款制品的季节性不言自明。反过来说，从这个配方也可见出，传统医典中缤纷驳杂、目不暇接的种种美容品配方，都指向各自特定的目的，并非无端的故弄玄虚。

更引人兴致的是，落藜灰乃是"上等白者"，石灰、糯米、牛奶同样呈白色，益母草灰也是如此，因此，制成品也应该是"上等白"之物，配方中特别强调要仔细捣成粉末,再经过罗筛,所以最终所成一定是非常细洁的白色粉末。古代女性有夜晚入睡之前在脸上涂白粉的习惯,一方面作为夜间的淡妆,一方面保养皮肤。此粉恰恰是用唾沫液调湿,涂在脸庞上,然后躺倒睡觉,但在第二天起床以后一定要仔细加以清洗。因此,可以断定,这一"治面黑黯黯、皮皱敛方"的制品,其实就是一种用几种白灰制成的、特殊的、非常高档的化妆白粉,代替一般的铅粉用于夜妆,同时完成化妆、保养、美白、去除皱敛的多项功能。

所以,烧制炉灰的工作可谓一举多得,雪白的藜灰烧制出来之后,一部分用作冬灰,一部分则用于制作过冬专用的美白化妆品,当然,此外还有着多种的、为现代人所难以想象的巧妙用途。在整个冬季,人们也可以随时从地炉中取出少许经火灼而燥烈异常的冬灰,用于洗衣、洗头洗脸洗澡、去黑痣乃至发面、染青布……

近效则天大圣皇后炼益母草留颜方

冬灰的特点是"性烈",腐蚀性强,因此,在医典中,特别用于侵蚀掉黑痣、肉瘤,《大观本草》(安徽科学技术出版社,2003 年)所录陶弘景之言即已指明:

> 欲销黑痣、疣赘,取此三种灰(即蒿、藜、荻之灰——作者注)和水蒸以点之即去,不可广用,烂人皮肉。(153 页)

具有强烈侵蚀性的草木灰,如果长期用于美容,必然会对皮肤造成伤害。也许正是出于这一考虑,人们通过长期的生活实践,最终确定,唯有益母草灰既能承担美白去黑的任务,又对皮肤无害。

益母草灰的登场可谓异常闪亮,在盛唐年代的《外台秘要》中,就已经被与著名的女皇帝武则天联系在一起,神乎其神地被吹嘘为"近效则天大圣皇后炼益母草留颜方"。在列出具体工艺之前,这个配方很咋呼地大肆渲染其神妙性能:

> 用此草,每朝将以洗手面,如用澡豆法,面上皯䵟及老人皮肤兼皱等,并展落浮皮,皮落着手上如白垢。再洗,再有效。淳用此药已后,欲和澡豆洗,亦得,以意斟酌用之。初将此药洗面,觉面皮、手滑润,颜色光泽。经十日许,特异于女面。经月余,生血色,红鲜光泽,异于寻常。如经年久用之,朝暮不绝,年四五十妇人如十五女子。俗名"郁臭"。此方仙人秘之,千金不传。即用药,亦一无不效。

也许武则天当初真的用过这一款制品吧,据文中的吹嘘,它不仅美白,而且还能消除老年皮肤的皱纹,所以对于中年以上的女性具有返老还童的神效。另外,还能侵蚀掉皮肤上衰老粗糙的角质层,让死皮脱落。至于本品的去死皮功能有多强大?你用它之后,面上的皮肤碎屑会扑簌簌地随手向下落!皮肤既无黑斑,又清除了老旧角质,自然会色泽光润,"红艳光泽"。这段文字值得反复品味,让人越读越笑,呵呵呵,公元七世纪,杨贵妃正风光的年代,美容用品的推销用语,居然已经与今天那些巴黎的、米兰的号称高档的美容护肤品的策划文案一模一样了！看来，所谓"现代"的美容工业实在没我们想象的那样，相比"古代"有多么巨大的质变性的飞跃，鼓吹的无非一样的是消除皮肤中的黑色素沉淀，平复皱纹，延缓皮肤衰老，去除粗糙角质，让少女尽展青春，让中老年妇女重现娇颜。即使最后找补的"此方仙人秘之，千金不传"一句，在现代文案中也不过对应地转换为"此乃本公司特别设立的专业科学研究室，集中世界最优秀的科学家，最新研究而成的独家发现"之类说法而已。

其实，"此方仙人秘之，千金不传"一句话，基本上可以视为"此乃本公司特别设立的专业科学研究室，集中世界最优秀的科学家，最新实验而成的独家发现"的古代对语，因为所谓"仙人传方"，实际总是意味着道家中人在"炼丹术"中长期实践的发现成果，炼丹道士恰恰是中国古代非常独特的"科学家"，他们对世界文明所作出的巨大贡献至今没有得到最基本的尊敬。话归正题，配方在一通"白唬"之后，总算正经介绍制法了：

> 世人亦有闻说此草者，为之皆不得真法，今录真法如后，可勿传之：
>
> 五月五日收取益母草，暴令干，烧作灰。——取草时勿令根上有土，有土即无效。——烧之时，预以水洒一所地，或泥一炉。烧益母草良久，烬无取，斗罗筛此灰。干，以水熟搅和，溲之，令极熟，团之如鸡子大，作丸。于日里暴，令极干。讫，取黄土泥，泥作小炉子，于地四边各开一小孔子，生刚炭上下俱着，炭中央着药丸。多火，经一炊久，即微微着火烧之，勿令火气绝，绝即不

好。经一复时，药熟。切不得猛火，若药镕变为瓷巴黄，用之无验。火微，即药白色细腻。一复时出之，于白瓷器中以玉搥研，绢筛，又研三日不绝。收取药，以干器中盛，深藏。旋旋取洗手面，令白如玉。女项颈上黑，但用此药揩洗，并如玉色。秘之，不可传！如无玉搥，以鹿角搥，亦得神验。

不难看出，虽然使用了诸般精巧、独特的工具，在火候上也有非常微妙的掌握技巧，但是，整个过程就是把益母草设法烧成细腻的白灰而已，其工艺在总体上与制香灰炉、制藜灰等冬灰并无区别。大致过程是，先用水把一片平地清洗干净，或者干脆砌个泥炉，把端午节这一段日子采摘的益母草在平地上或泥炉中烧成草灰。然后单做一个形制特别、非常小巧的泥炉，取一把草灰，加水均匀搅拌，团成鸡蛋大的灰丸，放到小炉的中心，不过，灰丸的上下都要衬有优质生木炭。炉壁的四面各开有一个小孔，在炉周围通通地点起火，烧一顿饭的工夫，改成小火慢烤，让火气通过炉壁的开孔、通过灰丸上下的生炭，传导到丸体上。如此烧出的灰丸，"白色细腻"，放在白瓷钵中，用玉槌或鹿角槌细捣，中间筛罗一次，然后把筛下的细粉再捣三天。就这么一个鸡蛋团再一个鸡蛋团地耐心慢慢制作，一个鸡蛋团经过四天多的折腾，最终所能化出的灰粉，一定是数量很少的一点吧？

如此慢工出细活而成的益母草灰，其用法则是如同澡豆，在盥洗的时候，随时取出少许兑成灰水，涤洗面庞、脖颈与双手等人体各部位。说起来，这个配方仍然是在利用草木灰中的碱性可以去油污的功能，不过，古人相信，益母草灰还有一种奇效，就是去除皮肤中的黑

88

色素沉淀。配方中说,它最初要单独使用,但是,在用过一阵,美白效果已经有了成效之后,为了节省,也可以与澡豆混合着用——这不是与今天化妆品柜台小姐鼓动女顾客购买昂贵高档精品时候的抚慰性诱惑说辞完全一样么?似乎,我们在此可以感受到,在唐代三教竞争的局面当中,道士们是如何向世人争取自己的地位与影响。甚至,道家在与释、儒的争斗之中,拥有着怎样独特的手段——当时的"科学"——因而在整个唐朝始终影响力巨大,在此短短文字中,我们也获得了感性的体验。

在这个配方中,一方面满布着道士为了博取世人的敬信而炫词夸耀的色彩,另一方面,却又处处闪烁着道家炼术中特有的"科学性"的严谨,比如最后一道程序一定要用玉槌或者鹿角槌,这就不是故弄玄虚,而是有着充分的道家独有的理论依据。可惜的是,对于所有这类在长期"化学"实践中获得的经验,今人没有加以重视。在这个言辞花哨的配方中,映出了道士们在唐代之时与世界的复杂而活跃的关系,映出了人类科学史上的重要一章,在等待着重新从历史的深处浮出,进入现代人的视野。

宫女打开金花盒,把盒内雪洁的细粉倒入一小盂米汤里,仔细搅匀。然后,这只金盂被捧到武则天面前,女皇帝伸手从盂内舀起一捧浓稠的粉浆,涂到脸上,轻轻揉搓着,仔细地清理皮肤。"近效则天大圣皇后炼益母草留颜方"这个颇有吸引力的配方名称,所暗示的正是如此的场景。收录此方的《外台秘要》成书于天宝十一年(753年),距离女皇帝生活的年代并不遥远,这也就意味着,在武周时期,这一美容方法确实有可能已经在流传了。据方子的预告,如果长期坚持用益母草灰洗脸,能让五十岁的女人看去像十五岁的青春玉女!配方一再强调针对中老年女性的美容效果,也许,登上帝位之后的武则天真的用过这一款制品呢。另外,《外台秘要》问世之时,也正是杨贵妃最风光的年头,因此,这位著名的胖美人曾经以该方来修护皮肤,倒确实是很有可能的事情。

玉女粉

造型独特的小炉,玉槌或者鹿角槌,也许都能够让益母草灰的质量更上层楼,不过是很繁琐的、常人无法应付的折腾。古代医家——其中很多人本身就是道士,或者呼吸在道家的知识体系之内——很快就明白到这个道家配方的实质其实多么单纯,于是,相应的简化制法便被发明出来,并久传于世。现藏法国巴黎国立图书馆的敦煌出土唐代医书残本《头、目、产病方书》(编号 P·3930,载于《敦煌中医药全书》,丛春雨主编,中医古籍出版社,1994 年)中,"治面上黑䵟"诸方之一即为:

又方:取益母草,烧,取汁,澄清,洗头(疑应为"面"——作者注),即差(瘥)。(605 页)

"治面上一切诸疾方"中则有:

又三四月,益母草花盛时,收取,令浥浥,勿令绝干,烧作灰,

以水泮,作团,大如拳。(605页)

这一重要的文献资料表明,用益母草烧灰,作为一种美容清洁粉,在唐代是广泛推行的办法,其实际的制作工艺也走上了简单明快的路子,很容易就可以掌握。

在《外台秘要》出世大约五个世纪之后,南宋末年的《事林广记》是如此呈现同一配方的:

> 益母草不拘多少,烧灰,煮糯米,和如球子大,炭火烧通赤,细研,依常法用,光泽滋润颜色。

工艺的简捷直接继承了敦煌出土唐代医书所呈示的路数。《事林广记》的预设服务对象是富裕平民阶层,在此给出的配方也确实是"近效则天大圣皇后炼益母草留颜方"的平民版,特殊工具全部减免,工序也简化到最低,只需采来益母草,烧成灰,再加入米粥中煮一过,然后连粥捏成团,到炭火中煅烧一番,取出,待凉后研成细粉,就大功告成了。任何一个平民妇女凭借自家的火炉或烧饭灶就可以顺利地 DIY。

《事林广记》中还有一款"玉女桃花粉",也是用到益母草灰,配方在一开始特意给出了关于这种植物的极为详细的指示:

> 益母草亦名火炊草,茎如麻,而叶差小,开紫花。端午间采,晒,烧灰,用稠米炊,搜(溲)团如鹅卵大,熟炭火煅一伏时,勿令焰。取出,捣碎,再搜(溲)、炼两次……

这段文字的意旨,无疑是向有心自己动手的消费者提供帮助。

每年的端午前后,是益母草生长最茂旺、花开得最盛之时,按中医的提倡,采摘、制粉的工作在此时完成最有效率。古人的生活总是随着四季的轮转而循序进行,在不同的时节,根据大自然的安排,而从事特定的人生内容。今人提起端午节的传统风俗,往往想到赛龙舟,吃粽子,浴兰汤等等。其实,对于唐宋时代的人来说,"重五"这个日子还标志着一项重要的事情,那就是到野外去采摘大量的鲜益母草,然后精心制作各种美容用品。在节日前后,晨露未干的碧绿田野上,总是会出现勤劳、聪慧的女性的身影,手携着竹篮,在百草中灵巧地撷摘着紫花盈盈的益母草,也许,还会伴有婉转的民歌声随风飘过那些翠丛成茵的日子吧。

益母草(《植物名实图考》)

干益母草(《和汉药百科图鉴[Ⅱ]》)

更有意思的是,《事林广记》中在简易版之外,却也开具了益母草灰的高级版本:

洗面去瘢疮:

茯苓(二两,去皮),天门冬(三两),百部(三两),香附子(三两),土瓜根(五两),冬瓜子(半升),瓜蒌(三个),甘草(三两),草乌(半两),杏仁(二两),皂角(二斤,酒涂,炙,去黑皮),清胶(四两,火炙),大豆(十两,蒸,去皮),益母草(一斤,烧灰,用浆水和成,九煅过)

右合,焙干,捣、罗为末,早晨如澡豆末用,其瘢疮自去也,甚悦择(泽)颜色。

这一款制品带有"药皂"的性质，除了日常洁面之外，还能够治疗疮病，修护皮肤，因此配料非常丰富。对于益母草的处理也更为精工，要煅烧九次。寇宗奭在阐释"冬灰"之时，恰恰谈到了高档益母草灰的加工之精细：

> 今一蒸而成者体轻，盖火力劣，故不及冬灰耳。若古紧面少容方中，用九烧益母灰，盖取此义。

他首先批评当时医人普遍地不注意"冬灰"的严格限定性，把一般的灶灰与冬灰相混。灶灰未经火焰充分煅烧，所以其性力远远比不上冬灰。随后，这位医学家告诉我们，唐代以来的美容方子强调将益母草反复煅烧九次，就是为了通过充分的烧灼，而使得草灰具备冬灰一般的特性。《事林广记》"洗面去瘢疮"方则证明，在唐宋时代，当相关到比较高档的、讲究品质的美容品之时，"九烧益母灰"的做法确实得到严格与广泛的贯彻。

《事林广记》这样一本通俗百科书中，居然有三个牵涉到卫生、美容的配方都用到益母草灰，实在让人印象深刻，足以说明，在唐宋两朝，这种草灰作为一种获得巨大成功的优秀发明，在社会上极受推崇。在与《事林广记》性质相近的元代《居家必用事类全集》中，这一配方在配料上还得到了小小的完善：

> 治粉刺、黑斑方；
>
> 五月五日收带根天麻——白花者为益母，紫花者为天麻——晒干，烧灰。却用商陆根，捣自然汁，加醋酸作一处，绢绞

净，搜（渡）天麻作饼，炭火煅过，收之。半年方用。入面药，尤能润肌。

多加入了两味同样并不昂贵的配料——商陆根捣出的汁液，还有醋，用这两种汁液代替水或米粥来将天麻（益母草）灰调成团，其他工艺则并无异样，而用法则为"入面药，尤能润肌"。

实际上，直到明代的《香奁润色》中，也还收有一款"治美人面上粉刺方"：

> 益母草（烧灰，一两）、肥皂（一两）
> 共捣为丸，日洗三次，十日后粉刺自然不生。须忌酒、姜，免再发也。

这里是把益母草灰与肥皂结合，制成固体皂来使用了，药性则改为去除粉刺。

《事林广记》三个方子中，"玉女桃花粉"的名号因为艳丽而逗惹遐想。与之形成对证，在明代的《普济方》中，有"玉女粉，治面上风刺、粉刺、面䵟、黑白班驳"方：

> 用益母草不拘多少，剉、捣，晒干，烧灰，汤和，烧数次，与粉相似。每用，以乳汁调，先刮破风刺，后傅药上。一方，洗面用之。又以醋浆水和，烧通赤，如此五次，细研，夜卧时，如粉涂之。

原来，益母草灰被叫做"玉女粉"！这个方子实际介绍了对于益母草灰的三种不同用法，配方中强调，反复细炼过的益母草灰"与粉相似"，可以"如粉涂之"，直接当做化妆粉来涂脸，说明这种草灰也是

"上等白者"，如"一片晴雪"，其得名"玉女粉"正是因此吧。《事林广记》的"玉女桃花粉"以益母草灰为主要原料之一，但加有少许胭脂粉，染成淡红色，名称中的"桃花"自应是指成品所呈现的娇嫩艳色，因此，"玉女桃花粉"实际就是"染成浅红色的玉女粉"之意。由此可知，玉女粉乃是宋人赋予益母草灰的倩称。

《三朝北盟会编》卷二百三十八有这样一笔：

> 刘汜，锜之侄也，锡之子也，性骄傲，不晓兵事，唯习膏粱气味，如痴騃小儿。每洗面，用澡豆、面药、玉女粉之类不下六七品，凡奉其身者皆称是。

这位刘汜是个"唯习膏粱气味"、无能误国的蠢蛋，做不了男人的事业，却在专注个人仪表、专注于满足一己之私的物质享受上放射着不倦的精力。仅仅洗脸一道程序，就要用上六七种材料不同的洗洁品，其中就包括玉女粉也就是益母草灰。在当时的人眼里，他这样的行为"如痴騃小儿"，似乎脑子有问题，按今天的理论，这家伙可能是患有强迫症性质的洁癖。不过，如此一笔却也反映出，宋代"膏粱子弟"们的"臭美"劲儿绝对不容小视。在两宋及其前后时期，有教养男性对于个人卫生与仪容的重视，还真是远远超过我们的想象。

玫瑰碱

任何产品，一旦进入产业化、规模化的制造，就要朝着工艺简化以节省成本的方向发展,也会向着不惜降低质量以争取更多顾客的方向发展,这是一种必然规律吗? 在草木灰的利用上,似乎就应验了这一条规律。《本草纲目》"冬灰"一条的"集解"谈道:"今人以灰淋汁取碱,浣衣,发面令皙,治疮蚀、恶肉,浸蓝靛染青色。""今人以灰淋汁取碱"一句,所说的不是齐如山介绍的"灰水"、那种一家一户用灰水筐临时制作的碱液。"以灰淋汁取碱",是指明代制作"碱"这种产品的工艺,对证《本草纲目》中"石碱"一条就可明白:

释名:灰碱、花碱。时珍曰:状如石类碱,故亦得碱名。

集解:时珍曰:"石碱出山东济宁诸处,彼人采蒿、蓼之属,开窖浸水,漉起,晒干,烧灰。以原水淋汁,每百引入粉面二三斤,久则凝淀如石。连汁货之四方,澣衣发面,甚获利也。他处以灶灰淋浓汁,亦去垢、发面。"

这一条实际谈论了当时的两种社会现象。最末一句"他处以灶灰淋浓汁,亦去垢、发面",指的乃是民间广泛使用的私家制作灰水的习惯。但是,与此同时,行业化的制作"石碱"也即固体碱制品,却在山东济宁等地大为兴盛。原料亦然是"采蒿、蓼之属",不过,作坊化的生产掘有专门的地窖,窖里灌满水,把大量的蒿、蓼扔入其中浸泡。待得泡够了功夫,再捞起晾干,烧成草灰。然后用窖中水淋到灰上,将灰淋湿,再按比例在每百斤湿灰中兑入两三斤白面,加以静置,待其慢慢地自然沉淀、凝干,形成硬块。硬块形式的固体碱当然可以很方便地运输到四方。碱不仅用于洗衣,而且也用来发面——"发面令皙",让面团发酵时变白;又能治疗恶性皮肤病;以碱泡成的碱液还可以萃取干蓝靛中的蓝色成分,是染青布所必需的材料之一。可以想象,这样一种用途多样的产品有着多么广泛的市场。在制碱过程中产生的副产品——淋灰而得的碱液,也一样要作为商品就近销售掉,供家庭主妇们洗衣、发面之用,中国人富于商业头脑的特点于此得到了再一次的体现。

由于需求巨大,用植物烧碱的这一产业在中国大地上处处兴旺,明末清初人屈大均《广东新语》(中华书局,1985 年)记载广东的相关情况即为:

> 广人以山蕉豆枝或黄花莓,烧而沃之,而熬其灰以为碱。熬深则成沙,曰"碱沙";熬浅则成水,曰"碱水"。以碱沙为角黍,光莹而香;以碱水浣衣,去油腻,色转鲜好。(395 页)

《中国固有的化学工艺》"碱"一节则提到,山西、河北、山东等地炼碱,有的地方是以含卤之土为原料,有的地方则是利用碱蓬等植物。汪曾祺的小说《熟藕》中也顺笔谈及,在传统生活中,"洗大件的衣被都用碱,小件的才用肥皂",而"碱块"则在县城的"南货店"也就是杂货店里出售;另一篇小说《大淖记事》还写道,女主人公、挑夫的女儿巧云,会"上街"购买一些生活基本用品,其中就包括"石碱、浆块",作为很有价值的线索,透露了固体碱在往昔岁月中的作用。

随着固体碱的出现,直接使用碱的美容卫生制品也很快发展起来,如《香奁润色》里的"涤垢散":

> 白芷(二两)、白敛(一两五钱)、茅香(五钱)、三柰(一两)、甘

松（一两）、白丁香（一两）、金银花（一两）、干菊花（一两）、辛夷花（一两）、羌活（一两）、蔷薇花（一两）、独活（一两五钱）、天麻（五钱）、绿豆粉（一升）、石碱（五钱）、马蹄香（五钱）、樱桃花（五钱）、雀梅叶（五钱）、鹰条（五钱）、麝香（钱）（此处漏字——作者注）、孩儿茶（五钱）、薄荷叶（五钱）。

右共为细末，以之擦脸、浴身，去酒刺、粉痣、汗班（斑）、雀班（斑）、热㾦，且香身不散。

这是一款相当华丽的高档澡豆，除各种辅助配料之外，主要角色是绿豆粉，加入少量石碱，显然是为了增强去垢的效力。

到了清代，出现了以石碱为主要原料、同时配以多种辅助性材料

二十世纪初北京宣武门外"庆福芳香烛店"的店面外观。两扇店门的蓝布棉门帘上分别贴补"胰皂"和"香烛"二字，两门之间的地上则树立一个长方形"官碱"碱皂的醒目模型。（引自王树村编著《中国店铺招幌》）

的固体皂，并且应用广泛，成为物美价廉的日常用品，如齐如山《中国固有的化学工艺》所谈的"片碱"：

> 亦曰桃碱，是把原来碱溶开，加香料，更加以一两种其他的材料，以减少其浸蚀力，使其能去泥垢而于皮肤无损。（329 页）

《老北京的民俗行业》一书在介绍老北京著名香蜡铺之一"庆成轩"时提到："煤铺多用其碱皂"（13 页）。可见碱制的固体皂在去污能力上比较显著，煤铺灰大尘多，就特别依靠这一种清洁品。另外，《北京三百六十行》"工艺部"专门列有"玫瑰碱作"一项：

> 将碱化开，澄净，加香料等铸成各种形式之块，发往各处出售。从前亦系一大行，近来销项也差多了。（76 页）

从这些记载来看，由专业作坊生产出来的碱皂，反而没有了当初"九炼益母灰"的精工。不过，传统的碱皂也自有一种讲究。不知何故，碱皂在造型上最为精致，猪胰皂只是简单地做成圆球形，而碱皂却会制成桃形、扇面形、蝙蝠形。（《老北京的民俗行业》，25 页；《北京的商业街和老字号》，王永滨著，240 页）开创于清末的苏州化妆品名店"月中桂"，产品以玉兔为标记，于是还把其所产碱皂的造型塑成一只玉兔。（《百年观前》，姜晋、林锡旦编著，苏州大学出版社，1999年，129 页）这些形状精美的皂品有着玫瑰碱、桂花碱的称呼，显然是加入了玫瑰、桂花作为香料。

从小米汤到造型精巧、散发着花香的固体碱皂，中国传统美容清洁用品，应该说是完成了一个悠长的、丰富的、近乎美满的征程。

胡粉

和闺友阿竞一起在香港铜锣湾逛街,由她来给我普及当代化妆品的最粗浅入门知识,出得这家品牌专卖店,转个街角,便又望见另一家美容品连锁铺子,条条狭窄的街巷构成了最能激发女士们购物欲的乐地。倾听着导购小姐用微带粤音的普通话介绍一种粉底的优点,忽然,我有点恍然,在穿着时尚秋冬装、散发着淡淡香水气、各自专注于架上货品的女性人群当中,似乎瞥见了一位中年母亲的身影。

她衣着华贵,也很有些气度,只是苍白憔悴。混身在顾客群中,没有人注意到她双眼中隐隐燃烧着悲哀与愤怒。出了这家店再进那家店,在每家化妆品店里,她只买一种东西——化妆粉,并且只买一包。然后,她会立刻离开,在街头寻觅下一家店铺的踪迹。就在当天的早上,她唯一的、视同珍宝的儿子,被发现暴毙在卧室当中。前一天,他还是健康的,活泼的,快乐的。忽然降临的灾难并没有让这位母亲丧失冷静,满带着疑惑,她与丈夫对儿子的卧室彻底加以搜寻,结果,居然发现了上百包的化妆粉。这无疑是个难以解释的疑点。

熙来攘往的闹市当中,又一家出售化妆品的小店,异常美丽的售货女郎熟练地包好一包粉。毕竟，这位母亲所处身的场景，不是二十一世纪初的铜锣湾，而是五世纪的东晋市坊，因此，化妆粉不是事先在流水线上灌入扁圆的小盒，而是于出售时临时打成小包。看着一双纤手娴熟的动作，母亲的眼光直了——眼前少女包粉的手法，与儿子卧室中的粉包一模一样。

"为什么你要杀死我的儿子?!"

在母亲的劈面质问下，卖粉女孩先是愣住，然后就哭了出来，一边呜咽着一边说出真相：

当初，这家的男孩在市坊中游逛，见到正在卖粉的她，一见钟情。他不知该如何表达，就天天跑来店里买一包粉。日子一久，卖粉女孩不由得要感到奇怪，便询问男孩，这是在做什么？

"我爱上了你，但不敢说出来，可我渴望着天天看到你，所以借口买粉，就为了看你一眼！"

这一片痴心任哪个女孩也要被打动，更何况不得不天天面对顾客、看尽世人俗滑的卖粉女郎。照例地，在中国的传统爱情故事中，永远是女性更为热情、坦率与主动，女孩听到表白之后，竟大胆地提出：今晚，我来你家，和你一尽欢情！男孩想不到梦想成真，大喜过望，于是回到家痴等。入夜，女孩果然没有爽约，不料，男孩过于激动，欢会当中，忽然暴毙！女孩被这意想不到的突发情况吓坏了，很自然地，她的第一个念头就是逃离。

这个故事像成功的现代通俗小说一样，把爱情、人性与侦探因素完美地结合起来，充满悬念，又赚人眼泪。然而，它却是六朝志怪小说集《幽明录》（相传为南朝宋刘义庆所作）中的一则故事。是的！早在公元五世纪,我们的小说就已经这么成熟了!当然,不能说今天的小说家较之古人就全无进步和发明。《幽明录》成书的时代,人们还不会"倒叙"手法,这个故事当初是按照"一天,男孩去市场上游玩……"的正叙方式展开。但是,我们今天认为一部通俗小说所应该具备的一切因素,在这个故事里都已齐全。正像所有采用同一模式的侦探作品一样,情节的发展,一定是闹到"法庭"上去。被认定为凶手,注定无法逃脱死刑的命运,女孩反而镇定了,坚强了,慷慨了,她对审案的县令说:"事情到了这个地步,我还怕什么死呢?只是请允许我去看一眼死者!"被感动的县令居然答应了她的请求,女孩径直来到死者前,抚尸痛哭:"我的不幸命运已经注定了,假如你能够复活,我即使死了又有什么遗憾呢?"这时候,奇迹出现了——死去的少年居然在哭声中苏醒过来。用今天的理论来解释,大约是由于某种体质上的特殊原因,在他身上发生了现代医学所说的"假死",爱人的泪水与呼唤则让他忽然恢复了意识。咳咳,如此让主角死而复生的情节设置,至今可都是被商业文艺捧在手心里的宝贵遗产,在言情作品中尤其是屡用不厌呀。

除了文学的意义之外,这个故事还有着社会史与经济史的意义。男孩猝然撞见他的宿命式的爱情的一刻,他正在"游市",在市场上游逛看热闹,结果于熙攘往来之中蓦然"见一女子美丽,卖胡粉"。后来,他的母亲为了解开疑团,不得不进入一家又一家店铺寻找线索,最后才在一家"粉店"当中找到了当事人。由此,我们了解到五世纪中国城市的商业贸易状况,城市居民的生活状况。

"胡粉",在小说中多次出现,成了推动情节峰回路转、花上开花的中心线索。这东西并不神秘，乃是汉唐时人对于化妆用铅粉的流行称呼。相传晋人葛玄所著的《抱朴子》"内篇·论仙"即明言："黄丹及胡粉，是化铅所作。"另外，《神农本草》中列有"粉锡"、"解锡"，大约是关于铅粉的比较早期的"专业学名"，如陶弘景就辨析道："即今化铅所作胡粉也，而谓之粉锡，以与今乖。"对此，李时珍有非常精彩的解释："铅、锡一类也，古人名铅为黑锡，故名粉锡。"在《神农本草》成书的时代，铅被称为"黑锡"，所以用铅炼成的粉就被叫做"粉锡"、"解锡"，至于真正的锡，却是无法制作化妆粉的。

明末人宋应星所著《天工开物》中具体地列有"造胡粉"法，与《本草纲目》所介绍的以铅炼化铅粉的工艺完全一致。据出版于崇祯十年(1637)的《天工开物》，明时"造胡粉"的工艺为：

> 凡造铅粉，每铅百斤，熔化，削成薄片，卷作筒，安水甑内，甑下甑内各安醋一瓶，外以盐泥固济，纸糊甑缝。安火四两，养之七日。期足启开，铅片皆生霜粉，扫入水缸内。未生霜者，入甑依旧再养七日，再扫，以质尽为度。其不尽者留作黄丹料。每扫下霜一斤，入豆粉二两、蛤粉四两，缸内搅匀，澄去清水。用细灰按成沟，纸隔数层，置粉于上。将干，截成瓦、定(锭)形，或如磊块。待干收，货。此物古因辰、韶诸郡专造，故曰"韶粉"(俗误"朝粉")。今则各省直饶为之矣。其质入丹青，则白不减；揸妇人颊，能使本色转青。

大致是把熔化的铅削成薄片，密封在甑中，甑嵌置在水锅之上，甑中以及下面的水锅中都要安放一瓶醋，然后生火加热，连续七日，就能得到白色的"霜粉","其生成反应过程是:铅先与醋酸作用生成醋酸铅,它在空气中逐渐吸收二氧化碳而变为碱式碳酸铅"(引自钟广言注释《天工开物》"造胡粉法"之注1,广东人民出版社,1976年10月,373页)。这种霜粉还要按比例配入少量豆粉、蛤粉,一起倾入水缸内,在缸中搅拌均匀,然后澄去多余的水。"水洗的目的是除去少量残存的易溶于水的醋酸铅","蛤粉……白色,起润滑与填充作用。至于豆粉,主要提供胶质,以使造成的白色粉末能凝结成块"(同上)。

接下来的步骤是,在平台或平地上铺垫一层厚厚的草木细灰,灰中刨出一道道长沟,在沟中铺垫几层纸,然后将湿漉漉的粉团沿着长沟,在纸上放成一长条一长条的状态,静置晾干。之所以隔纸置于灰上,是借草木灰能够吸收水分的能力来加速粉的干燥。在将干未干之时,把这些凝成条块的白粉"截成瓦、定(锭)状,或如磊块,待干收货",因此,铅粉成品呈现为瓦形、锭形等形状。

《天工开物》认为,"此物古因辰、韶诸郡专造,故曰'韶粉'——俗误'朝粉'。今则各省直饶为之矣",依此观点,在明代之前,只有广东辰州、韶州才会出产铅粉,到了明代,则是各地都能制作了。这种推测大约不太符合历史实情。化铅造粉的技术一旦掌握,只要拥有原料与相应的工具,在哪里都能够进行。从文献来看,历代铅粉名品的生产地可分为两类,一类是盛产铅原料的地方,典型如南宋周去非《岭外代答》中"铅粉"一条所介绍:

> 西融州有铅坑,铅质极美,桂人用以制粉。澄之以桂水之清,故桂粉声闻天下。桂粉旧皆僧房匽造,僧无不富,邪僻之行

多矣。厥后经略司专其利,岁得息钱二万缗,以资经费。群僧乃往衡岳造粉,而以下价售之,亦名"桂粉"。虽其色不若桂,而桂以故发卖少迟。

在两宋时代,桂林西融州的铅矿出产质量极好的铅,于是促成了当地人制造铅粉的产业。据同为南宋时人的范成大《桂海虞衡志》(《范成大笔记六种》,中华书局,2002 年)记载,"桂林所作"的"桂粉",是"以黑铅着糟瓮罨化之",而《岭外代答》"酒"一节则提到:"广右无酒禁,公私皆有私酿。……静江所以能造铅粉者,以糟丘之富也。"原来宋时桂粉的制造是依靠酒糟!无独有偶,《本草纲目》"粉锡"条"集解"引录:

> 何孟春《冬余录》云:"嵩阳产铅,居民多造胡粉。其法:铅块悬酒缸内,封闭四十九日,开之则化为粉矣。"

比较简单的一种技术,就是把铅块悬吊在酒缸里,"酒糟久置,能出醋酸,可供制铅粉用"(杨武泉《岭外代答校注》"酒"之注十,中华书局,1999 年,234 页),通过长时间的密封静置,让酒糟产生的醋酸与铅块渐渐发生化学作用,产生白粉。如此说来,在宋代,桂林等地的人们就是用这种比较简单的方法来制铅粉。《岭外代答》与《天工开物》在造铅粉工艺上的截然差距,无疑显示了科学技术大约五个世纪当中所取得的巨大进步。

据李时珍的看法,《天工开物》所记载的造粉法,仅仅是辰州等地制造铅粉的方法,所成产品称为"辰粉",在他所生活的年代,是质量最好的妆粉，"其色带青"。与李时珍的说法形成应证，卒于明代弘治九年（1497年）的陆容所著《菽园杂记》（中华书局，1985年）中记载，龙泉人掌握了韶州制造"韶粉"的工艺，而这一工艺在原理相同的基础上，要比辰粉的工艺精致、复杂得多，最重要的是，韶粉的工艺通过技术细节以及工具的改良，形成作坊化或者说规模化的生产方式，每一次入料、制作、出品都是成批量地进行，这无疑在降低成本、提高效率、形成生产规模、扩大产量等方面都形成了优势：

> 韶粉，元出韶州，故名。龙泉得其制造之法，以铅熔成水，用铁盘一面，以铁勺取铅水入盘，成薄片子。用木作长柜，柜中仍置缸三只，于柜下掘土，作小火，日夜用慢火薰蒸。缸内各盛醋，醋面上用木柜，叠铅饼，仍用竹笠盖之。缸外四畔用稻糠封闭，恐其气泄也。旬日一次开视，其铅面成花，即出敲落。未成花者，依旧入缸，添醋，如前法。其敲落花，入水浸数日，用绢袋滤过其滓，取细者别入一桶，再用水浸。每桶入盐泡水并焰硝泡汤，候粉坠归桶底，即去清水。凡如此者三，然后用砖结成焙，焙上用木匣盛粉，焙下用慢火薰炙，约旬日后即干。擘开，细腻光洁者为上。其绢袋内所留粗滓，即以醋酸入焰硝、白礬泥、礬盐等，炒成黄丹。（177页）

铅与醋酸发生化学反应形成铅粉，是一个逐步的缓慢过程，针对这一实际情况，明代龙泉的作坊相应地制定了一整套专门的工具与生产程序，以提高生产效率与生产能力——

首先是把"每铅百斤，熔化，削成薄片，卷作筒"的环节改进为制

制胡粉图(《本草品汇精要》)

作薄薄的铅饼,具体方法则是把熔化的铅水倾入圆盘之中,凝成如烙
饼一样的薄饼,尽量扩大铅料接触醋酸的面积,同时,在炼粉程序中,
又可以在有限的空间内将铅饼叠放数层。至于主要工序"炼粉",更
是创制了一套非常独特的设备:在一只长木柜内,安置三只缸,缸内
盛满醋,缸上则是木柜所设的承料架,错叠地安放几层铅饼。柜上盖

以竹笠,缸四侧塞满稻糠以避免醋酸泄露,柜下则挖有火炕,内燃慢火,对整座木柜加以日夜不停的熏烤。

接下来的十天,只需留心控制坑火的恒定,静待柜内悄然进行化学反应。到了第十天,打开笠盖,铅饼上已经结满白色的霜花了。将铅饼取出,一一敲落饼面上的霜花,然后,把尚未化尽的铅饼重新入柜,再向缸里添满醋,重新开始又一轮的化铅过程。

敲下来的霜花,也就是最初步的铅粉结晶,还要经过水浸、过滤等细致的反复加工。最后的成粉也不是依靠自然晾干,而是经微火烘焙将水分蒸发。至于霜花在过滤环节中淘汰下来的粗渣,则可以回炉制作另一种重要的铅制品——黄丹。

如果将《菽园杂记》记述极详的这一整套工艺与宋代"桂粉"制造法相对照,对于其间从技术到生产方式、经济制度等方面的巨大进展,就尤其让人有非常明晰的感受。即使与一百几十年后《天工开物》中介绍的"造胡粉法"相比,龙泉在十六世纪所采用的"韶粉"制造技术似乎也更胜一筹,不知,这是否反映出,以中国疆域之大,各地的技术发展往往并不在同一的进度,或者说,往往是因缘际会的形成带有地方性特点的工艺,一种技术活动并不是在中国乃至东亚的空间内呈现为全然匀质的分布。

再说回宋代"桂粉"的制造,除了当地有好铅、多酒糟的两大优势之外,还有一个天赐的好条件——桂水特别清澄,用这种水来进行铅霜出炉后的泡、澄加工程序,效果非常之好,粉白而细。于是,融州铅与桂水、当地酒糟合力制成的化妆品名满天下。最有意思的是,这一拥有全国性市场——甚至可能拥有异域市场、海外市场——的赚钱行业,居然是被当地的佛寺所把持。佛寺经济一向是学者们所关心的学术课题,"桂粉"无疑是个非常有说明性的例子。结合另外一个例子——直到清末,苏州的花露产销业中,还有佛寺僧人制造的花露成为远近闻名的品牌——佛门出家人制造名牌化妆品,而且在历史上还非止一例,难道不是一个很有意思的现象吗? 在桂粉的案例里,女性化妆粉的产销两旺居然导致了很多和尚富翁出现,这些空门里的企业家一旦有钱,也一样不肯清净——当然,这或许是官方为了夺取这项产业的掌控权而硬推出来的理由。总之,到南宋乾道初年(据《黄氏日抄》),负责西南事务的安抚经略司硬是把该项非常之有利可图的产业收为官办。和尚们的聪明对策是转战到衡山一带,虽然因为自然条件变差了,导致新产品的质量比原产稍逊一筹,但是他们仍然打着"桂粉"的名号,并且降低价格,打价格战。在这一案例中,官办经济也没有能够打败集体制经济(显然寺院经济不能完全说成是私有经济),和尚们利用廉价的仿制"桂粉",让地方当局控制下的正宗"桂粉"遭遇了滞销的局面。

在铅材料产地的优势之外,作为经济商贸中心、物流集散地的大中城市,也会成为上等好铅粉的生产地。典型如明代的杭州,应该是继承了南宋时代从事商贸与奢侈品生产的传统,所出产的"杭州粉"算得上全国知名的优质产品,《金瓶梅》第二十五回,西门庆家仆来旺儿受主人之命,前往杭州定制为蔡太师贺寿的织造衣料,事毕归来,"私己带了些人事",其中,送给孙雪娥的礼物中就有"四匣杭州粉、二十个胭脂"。《本草纲目》中提到"俗呼吴越者为官粉",其实就是"杭州粉"。《醒世姻缘传》第八十五回曾提到"搽着杭州宫粉"这样一个细节,应该是由于历史上杭州产品会进贡宫中,所以被冠以"官粉"、"宫粉"这种夸耀性的命名。

另外如清代北京的大香料铺(脂粉店),也是自制铅粉。王永滨所著《北京的商业街和老字号》(北京燕山出版社,1999年)中,关于清代的"花汉冲香粉店"有这样的介绍:

> 花汉冲位于前门外珠宝市路西,是开业于清代初年的老字号。最初是卖香串的店铺,后来增添了脂粉等商品。
>
> 花汉冲是前店后厂,自产自销。由于花汉冲自产的各种香粉选料精良,制作认真,香气持久,味正,白的洁白,红的鲜红,因之,驰名京城,在光绪年间,花汉冲的胭脂饼和窝头粉等化妆品曾供应清皇宫内使用。(240页)

齐如山《中国固有的化学工艺》一书也谈道,"宫中所用之脂粉"在晚清时期"有些时归商家承办,如前门外珠宝市路花汉冲香料铺,即是一家,他用宫中制粉方法来制作,最细者名滴珠宫粉"。再如清人李静山于同治十一年(1873年)所作的《都门竹枝词》,咏及当时最为知名的化妆品店"桂林轩":

> 桂林轩货异寻常,四远驰名价倍昂。官皂鹅胰滴珠粉,新添坤履也装香。

桂林轩制造的各种化妆品因为质量特别精良,甚至可能是有着其他商家无法比拟的配方与工艺,因而名扬各地,价格也格外昂贵。

据姜晋、林锡旦编著《百年观前》(苏州大学出版社,1999年)一

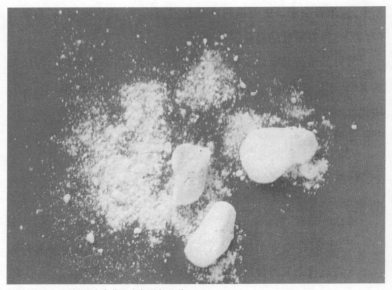

铅粉（沈连生主编《神农本草经中药彩色图谱》）

书的介绍，创立于清代晚期的苏州著名香粉店"月中桂"，则是创办人吴慎生因为曾经到北京做官，"获取了清廷配方，并聘带一位香粉师傅回苏"，"生产的香粉曾为清廷贡品，又称为'宫粉'"（129 页）。这些记载说明，作为政治、文化、商业中心的大中城市，都有可能成为铅粉的产地。显然，只要把最重要的原料——铅块运到销售地，再聘请到具有技术的工人，就地成立作坊，生产并不是难事。较之于在铅原料出产地做好精细的化妆粉，然后风尘仆仆地向销售地运输，就地生产、就地销售的策略应该更为节省成本，也更容易保证产品不会因长途运输而质量受损。于是，历朝的首都以及其他具有中枢地位的都

112

会城市，便成为有着优质化妆品可供享受的好地方，成为女性们的向往之地：

司马正彝者，始为小吏，行溧水道中，去前店尚远，而饥渴甚，意颇忧之。俄而遇一新草店数间，独一妇人迎客，为设饮食，甚丰洁。正彝谢之，妇人云："至都，有好粉、胭脂，宜以为惠。"正彝许诺。至建业，遇其所知往溧水，因市粉、脂诣遗之，具告其处。既至，不复见店，但一神女庙，因置所遗而去。

赶路的旅人投宿到荒野中的小旅店，受到女主人殷勤的招待，并且，这陌生的女子不要任何报酬，只请旅人在到达建业之后，为她买些唯在首都才有出售的优质妆粉、胭脂。遵嘱买到女子所要的化妆品，又托朋友代为送去，结果发现，当初的旅店不见了踪影，却有一座神女庙矗立在那里。按照《太平广记》中的这个故事，即使灵幻莫测的女神也难免会恋恋于人间都会的繁华，乃至不惜暂时化身成凡女，托请路人到首都去代购"好粉、胭脂"。

粉店

奇特的是,学者们论述胡粉的历史时,不可避免要引用的乃是这样一条资料:南朝范煜所撰《后汉书》"李固传"中记载,东汉时代的名臣李固遭到政治对手们的造谣污蔑,而硬栽到他头上的罪名之一是:

> 大行在殡,路人掩涕,(李)固独胡粉饰貌,搔头弄姿,盘旋偃仰,从容冶步。

虽然是无中生有的污蔑,但却反映出,东汉时代的花花公子们像女人一样喜欢在脸上擦白粉,让自己显得白皙俊俏。同时,这条资料也证明胡粉在汉代是广泛使用的化妆品。相应地,文学作品里出现了"铅华"这一在后世使用率相当之高的词称,典型如曹植《洛神赋》中夸赞宓妃的美丽:"芳泽无加,铅华弗御。"说自己的梦中情人美得无需铅粉修饰,这样的措辞,当然是恰恰反映了铅粉在东汉、三国时代的上层社会生活中极为普及,是人人——女人以及相当一部分男人——都离不开的基本化妆品。另外,据高春明先生研究,秦兵马俑已经用铅粉涂刷底色,而在西汉墓出土文物中,也屡屡有铅粉实物留存在铜、漆粉盒内,这就意味着,在西汉时期,人们就普遍地利用铅粉化面妆了。(参见高春明《妆粉》,《中国服饰名物考》,上海文化出版社,2001年,336—342页)

《幽明录》中"卖粉女郎"的故事则让我们了解到,至晚在南北朝初期,对于平民来说,胡粉也已是生活中的寻常事物;在繁华城市里,售卖胡粉的化妆品店"粉店"已经出现,而且往往不止一家。至于传统社会中的化妆品店的具体形态,比较生动的例子如明人冯梦龙所编《警世通言》中《小夫人金钱赠年少》一篇。小说开篇说,宋代东京汴梁,有个叫张士廉的商人开着家"线铺",不过,稍后又提到,"这张员外门首,是胭脂绒线铺,两壁装着橱柜","门前两个主管""各轮一日在铺中当值",可见,化妆品会与女性常用的物品如绒线之类一起售卖。类似的绒线铺,直到清代也还是很常见、很重要的一种店铺形式,常人春、高巍所著《京都百行》中就列有"绒线铺"一节:

> 老北京将小百货行业分得很清楚,大的店铺叫做"百货线店",小的则谓之"绒线铺"。清光绪年间以前,凡专卖女工零星物品的都称之为"绒线铺"。

> 该行从业者常说"不怕不卖钱,就怕货不全",货全才能拢着常客。所以,绒线铺从未开业,先要将货上齐。如妇女绣花和做衣服用的绣花针、大小钢针、顶针、剪子,各色棉线、绒线、绦子边,各种纽扣;妇女梳洗用的猪胰皂球、玫瑰碱、梳子、篦子、桂花梳头油、刨花、红绒绳、胭脂、锭粉、疙瘩针、头网、假发;还有烟袋、荷包、布袜子、手帕等。诚以全、杂而取胜。不怕利薄,但力

争多销。（119页）

另外，同书还记载，到了晚清，北京的香蜡铺"为填补淡季收入，大多兼营些老式化妆品"，则是又一种灵活的经营方式吧。在近代作家汪曾祺以故乡江苏高邮为背景的小说《岁寒三友》中，也提到了一家"绒线店"，与《小夫人金钱赠年少》、《京都百行》所介绍的状态非常接近，这些线索表明，在前现代的社会，社会消费能力尚不能支持纯粹以化妆品为销售内容的专门店，相关店铺是以"女性用品专卖店"的形式存在。上述这些记述也透露出，与花汉冲、桂林轩等大店"前店后厂"的形式不同，一般的绒线铺只从事经营活动，把包括化妆品在内的各种物品批发上货，然后零售卖出，自身并不拥有生产作坊。

《小夫人金钱赠年少》之中，两个主管之一张胜在离开张士廉的胭脂绒线铺之后，曾打算重拾父亲的旧业，挎着货篮沿街兜卖"胭脂绒线"，做个游动小贩。据《梦粱录》，在南宋临安街巷间挑担售货的小贩，"粉心、合粉、胭脂"确实是其货担中的品种。《武林旧事》介绍临安游动小贩的情况为：

> 都民骄惰，凡买卖之物，多与作坊行贩已成之物，转求什一之利。或有贫而愿者，凡货物、盘架之类，一切取办于作坊，至晚始以所直偿之。虽无分文之储，亦可糊口。此亦风俗之美也。（"作坊"）

当时，生产与销售往往分离进行，游动小贩并不从事生产，而是从生产者——作坊那里趸买各种货物，然后上街转售。作坊为了扩

116

大销售额,甚至向一无所有的贫者免费提供货物与货担,到了晚上,再与这位"分销者"作账务结算。如铅粉一类在当时算"高技术含量"的产品,一般人根本无法自行制造,因此,如张胜父亲这样的零售小贩,只能向作坊或者商铺小量地趸买,然后向一家一户转售。为了让琐碎生意也能有足够的赢利,货担上的品种就一定要丰富、齐全,能够满足预想客户——广大女性的一切生活细碎所需,"不怕利薄,但力争多销"。对于这类游动小贩最生动的表达,出现在元杂剧《鲁智深喜赏黄花峪》中。剧本居然让李逵假扮货郎,到水南寨寻找刘庆甫之妻李幼奴,高声吆喝的是:

> 买来,买来,卖的是调搽宫粉,麝香胭脂,柏油灯草,破铁也换!

货担上则是"也有挑线领戏,也有钗环头篦",正是备足了各种女人需要的首饰、衣服饰件之类的零碎东西。游动小贩在传统生活中有着非常的重要性,他们不仅把各种生活必需品送到城镇的街巷深处,更让商品的流通渠道直通散布在乡野当中的村落,如费孝通先生《江村经济》(敦煌文艺出版社,2000 年)一著中所描绘的民国时代太湖东南岸开弦弓村的情况:

> 小贩卖的货可以是他们自己制作的,也可能是从市场上零买来的……从城镇来的有两名固定的小贩:一个卖缝纫和梳妆用品,一个卖小孩吃的糖果。女人由于有家务在身,还需照顾孩子,因此到城里去的机会比男人少。缝纫和梳妆等用品是专为

妇女的消费品。此外，对这些商品的需求与个人喜好有关。妇女不愿托别人或丈夫替她购买，这才使小贩有他的市场。……卖缝纫和梳妆用品的小贩每隔二至四天到村里来一次，而卖糖果的则几乎每天都来。（184—187页）

从《鲁智深喜赏黄花峪》的戏文可以看出，李逵所假扮的正是此类行走乡野的乡村小贩。不过，以黑旋风的雄莽形象而居然吆喝宫粉和胭脂，还要向女性一样一样展示劣质廉价首饰以及其他各种"低档奢侈品"，想一想都让人发笑。这就是剧作家的才华，通过剧情设计而为演员创造了富有张力的表演空间。李逵卖胭脂！没有留下姓名的这位元代剧作家实在是太有手笔了！可以想象，在当年的舞台上，一个富有表演激情的演员在演绎这段情节时会是怎样的浑身出戏，平添许多的二度创造，引得满场笑声。

按照传统风俗，李逵作女人的买卖，不能进入顾客的院门，只能在人家院门外吆喝，女性客户闻声走出院门，就在院门前进行交易：

（宋蕙莲）或一时叫："傅大郎，我拜你拜，替我门首看着卖粉的。"那傅伙计老成，便惊心儿替他门首看，过来叫住，请他出来买。玳安故意戏他，说道："嫂子，卖粉的早辰过去了，你早出来，拿秤称他的好来。"婆娘骂道："贼猴儿！里边五娘、六娘使我要买搽的粉，你如何说拿秤称二斤胭脂三斤粉，教那淫妇搽了又搽。看我进里边对他说不说！"玳安道："耶哝，嫂子！行动只拿五娘吓我！"一回又叫："贲老四，我对你说，门首看着卖菊花梅花的，我要买两对儿戴。"那贲四误了买卖，好歹专心替他看着卖的叫住,请他出来买。妇人立在二层门里,打门厢儿拣,要了他两对鬓花大翠,又是两方紫绫闪色销金汗巾儿,共该他七钱五分银子。(《金瓶梅》第二十三回)

在城镇里,还有一等女性小贩,虽然所售货品在数量、质量方面未必赛得过男性游动小贩,但是,她们具有可以直接进入内院闺房的优势,对于女性顾客来说更为方便。如《醒世恒言》《陆五汉硬留合色鞋》中"惯走大家卖花粉的陆婆",其做生意的方式是"手提着个小竹撞(竹编多层提盒)",直接进入有钱人家的闺房里开张。对于这类走门串户的女性小贩,当时的社会观念是带有偏见的,小说中的陆婆就被描绘成"以卖花粉为名,专一做媒作保,做马泊六,正是他的专门",一边做生意,一边为男女奸情搭桥牵线,是败坏社会风气的分子。

此外,同样没有留下作者名字的宋元南戏剧本《张协状元》里有这样的搞笑台词:

(净)小二便做东村店头去。(旦)买甚底?(净)买五百钱粉,五百钱胭脂,怕张状元寄镜来。(末)你也买忒多。(净)忒多!我搽个搽了,光光搽,光光搽。

从这样的对白来看,在元代,也有村头小店会售卖白粉、胭脂等化妆品。

实际上,铅粉所参与的贸易网络还有很多值得探究之处。《铁围山丛谈》一书中谈道:"东都顺天门内有郑氏者,货粉于市,家颇瞻给,俗号'郑粉家'。"在北宋东京汴梁,专营妆粉的商人凭着这一项生意足以发财致富,闯出名号,并且供养出一个"当春末,携妓,多从浮浪人,跃大马,游金明(池)"的阔少爷。与之情况相同,《梦粱录》中"铺席"一节,列举了杭州城中各种"有名相传"的著名老店铺,"冯家粉心铺"、"徐家绒线铺"、"柴家绒线铺"也包括在内。这些老店铺有一个共同的特点,即专门经营某一项产品或某一方面产品的业务,至于其交易状况,是"客贩往来,旁午于道,曾无虚日。至于故楮羽毛,皆有铺席发客,其他铺可知矣"——在南宋临安,大店铺的主要功能,一是组织专项货品的生产,或者负责将某种专项产品从其产地大批进货,转运到临安这个商业中心;二是进行该货品的批发业务。各地的客商云集到临安,把各种优质产品成批量地趸买,然后运往其他地方销售。而在成书于元末时期的《老乞大》一书中,朝鲜商人到北京之后,要批发花色繁多、数量甚大的货物带回国转售,其中就有:"面粉一百匣,绵胭脂一百个,蜡胭脂一百斤。"可见,小到偏远农村的村头,大到东亚区域的空间,铅粉作为一种市场广大的商品,参与到很活跃的商贸循环之中。

《幽明录》中"卖粉女郎"故事提到,少年男主人公买回家的是"百余裹胡粉",这似乎说明,在六朝时代,胡粉呈散末状,在出售的时候打成小包裹。到了后世,应该是为了运输与收贮的方便,铅粉成品都是制成固体的小块,"截成瓦、定(锭)状,或如磊块,待干收货",一般会做成瓦形、锭形等形状,也或者干脆采取不规则小疙瘩的形状。《本草纲目》"粉锡"一条列举古代文献中对于铅粉的缤纷叫法时即解释道:

释名：解锡（"本经"）、铅粉（"纲目"）、铅华（"纲目"）、胡粉（"弘景"）、定粉（"药性"）、瓦粉（"汤液"）、光粉（"日华"）、白粉（"汤液"）、水粉（"纲目"）、官粉……定、瓦言其形，光、白言其色，俗呼吴越者为官粉，韶州者为韶粉，辰州者为辰粉。

由于化妆粉在日常生活中角色重要，所以相关的俗称就特别多。其中，"定、瓦言其形"，定（锭）粉、瓦粉两种称呼就是因其成品形制而来。就是在这样一个细节上，北京特有的粗犷性格也暴露无遗，在清代，京城化妆品店铺所卖的化妆铅粉，除"锭粉"之外，另一种常见的形式就是"窝窝粉"（据《北京三百六十行》"脂粉作"），也叫"窝头粉"：

锭粉是用锡粉（应为铅粉——本书作者注）加香料，和水调成糨糊状，用一个小漏斗，漏在纱布上，晒干，做成比荸荠还小的窝头形。因此，锭粉俗称"窝头粉"。用水泻开，涂于脸上，既白又香，为旧时北京妇女化妆的佳品。清皇宫的妃嫔和有地位的贵夫人，是用奶调泻窝头粉，并加冰糖，这样擦在皮肤上，显得滋润和光彩。（《北京的商业街和老字号》关于"花汉冲香粉店"的介绍）

粉块呈小窝头的造型，不就是最不讲究的"磊块"也就是土坷垃么！这种成品是由漏斗中下落形成，造型下圆上尖，想来，"滴珠宫粉"或"滴珠香粉"这一很玲珑的称呼乃是由此而来。实际上，清代有一种小银锭就叫"滴珠"，也或者，由于京产铅粉的饼块非常小巧，"比荸荠还小"，就借用小银锭的称呼来命名这种产品吧。

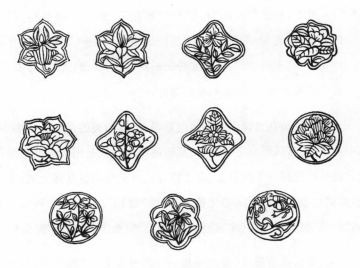

黄升墓出土粉锭纹饰图（福建省博物馆编《福州南宋黄升墓》）

　　到具体化妆的时候，这些粉锭在使用之前，要用水、牛奶液等泡软，调成湿糊。福建南宋黄升墓中出土的漆妆奁，就很好地反映了古代女性梳妆用品的状态，其中第二层套奁当中放置有三个漆粉盒，粉盒内尚有少许粉末，其中一个粉盒内还放有粉扑；粉盒之间则散放着20个粉锭；在奁盒同层，另外放着又一只粉扑，上沾白粉。特别要提的是，黄升妆奁中的20个粉锭，是像做月饼一样，用花模脱印成圆、方、菱花等形状，锭面还模印有兰花、菊花、牡丹等等浮雕纹饰。在这一个小细节上，烁烁闪光的是宋代商品意识的发达，是那个时代手工艺制作的出奇精致。

英粉

"前画工画望卿舍，望卿袒裼，傅粉其旁。"这是公元前一世纪一个年轻女人对另一个年轻女人的诬陷之词。

不知道为什么还没有人注意《汉书》中的《广川缪王传》？那里的变态和黑暗即使不是超越萨德与帕索里尼，也绝对与这两个败德者并肩，让人读着头皮发麻——并且还不止是头皮发麻。恐怖的虐待情节居然那样的花样层出，每个让人恶心的细节却偷偷眨动着文学性的幽光，广川缪王这个男主角对彻底的淫恶似乎无法自拔的沉浸，都让人琢磨，是怎样的历史意识驱动班固在一部国史中写下如此的内容。比如恶鬼般的王后阳成昭信在接连除掉两个竞争对手之后，对第三个眼中钉、脩靡夫人陶望卿无中生有的恶告，一句话，却勾勒出一幅浮世绘式的画面——在备受宠爱的王姬的住房中，卑贱的画工受命为墙壁绘上绚丽的彩画装饰，无法控制自己淫欲的女人却故意在画工近旁脱光衣服，向裸露的玉体上涂覆香粉，以此来勾引他。

这一句不知为何竟然记入正史的诬陷，却成了化妆史上的重要证据，证明至晚在汉代起，女性就讲究将身体擦满香粉，作为化妆当中的一个组成环节。如此做的直接目的当然是为了增加女性身体的诱惑力，一如千年之后潘金莲的意图所在：

> 原来妇人因前日西门庆在翡翠轩夸奖李瓶儿身上白净，就暗暗将茉莉花蕊儿搅酥油、定粉，把身上都搽遍了，搽的白腻光滑，异香可爱，欲夺其宠。西门庆见他身体雪白，穿着新做的两只大红睡鞋……（《金瓶梅》第二十九回）

在明清时期，女性的身体被层层包裹在高领宽袖的衣装之内，因此，如潘金莲这样浑身搽粉，目的只在闺房卧帐内的春宵一刻，以一具洁白柔腻的身体取悦自家的男人。两汉的风气一样的是用服装把身体加以严密遮蔽，那么，在阳成昭信诬告陶望卿的时代，女性把浑身擦得芳香雪白，应该也仅仅在最私密的情况下才展露在他人的眼光里。

不过，大约自南北朝时期开始，经隋唐，直到宋代，情况却颇为不同。在这个漫长的时段当中，女性的服装样式虽然不断变化，但是，上衣要么采取"低胸"样式，要么采取"敞胸"样式，总之，领襟开敞，显露出前胸的一部分：

> 日高邻女笑相逢，慢束罗裙半露胸。莫向秋池照绿水，参差羞杀白芙蓉。（唐人周濆《逢邻女》）
>
> 两脸酒醺红杏妒，半胸酥嫩白云饶。（唐人李洞《赠庞炼师（女人）》）

在这样的情形之下，化面妆的时候，为了让形象完整，就不仅要把整张面庞匀涂上粉，而且还要连脖颈、前胸也涂成同样的色泽，不然，面部与颈、胸的颜色不一致，会显得怪异和滑稽：

鬓垂香颈云遮藕，粉著兰胸雪压梅。（唐人韩偓《席上有赠》）

唐诗中甚至留下了女性用粉扑沾满白粉向胸部扑打的性感小景：

拂胸轻粉絮，暖手小香囊。（白居易《江南喜逢萧九彻因话长安旧游戏赠五十韵》）

似乎唐代中晚期的女性尤其明白胸部对异性眼球的强大刺激力，所以，这一时期的风气，是故意在此部位加量使用妆粉，制造出一片耀目的雪白，让旁人的目光不由自主地被牵引过来，想忽视都做不到：

漆点双眸鬓绕蝉，长留白雪占胸前。（唐人施肩吾《观美人》）

胸前瑞雪灯斜照，眼底桃花酒半醺。（唐人李群玉《同郑相并歌姬小饮戏赠》）

粉胸半掩疑晴雪，醉眼斜回小样刀。（唐人方干《赠美人》四首之一）

常恐胸前春雪释，惟愁座上庆云生。（唐人方干《赠美人》四首之二）

二八花钿、胸前如雪脸如花。（唐人欧阳询《南乡子》）

因为有着这样的化妆风气,才会出现让白居易痛惜与痛恨的浪费:

> 昭阳舞人恩正深,春衣一对直千金。汗沾粉污不再著,曳土踏泥无惜心。(《缭绫》)

由于脖颈、胸、肩、双臂等部位都涂有厚厚的粉,一旦"汗沾粉污",汗液与粉相混,会在缭绫的春衣上浸染出一片又一片明显的白色汗渍,于是风头正盛的如花妃子不肯再将其穿上身。浓浓掺着粉的汗水沾污了衣服,这情形对于唐宋时代的人来说并不稀奇:

> 罗襟粉汗和香渑。(宋人贺铸《木兰花》)

实际上,唐宋美人只要一出汗,结果总是香粉与汗液合在一起而成的粘腻混汤,所以诗词一向称之为"粉汗":

> 筝弦玉指调,粉汗红绡拭。(唐人元稹《寄吴士矩端公五十韵》)

·也因为化妆是如此全方位地进行,结果,每一次普通的洗脸,场面都变得十分的壮观:

> 舞来汗湿罗衣彻,楼上人扶下玉梯。归到院中重洗面,金花盆里泼银泥。(王建《官词》)

在君王面前上演热烈的舞蹈之后,汗水湿透了舞衣,回到宫院中的住处,当然要赶紧清理残妆。说是"洗脸",但是,脖颈、袒露的前胸乃至双臂之上原本匀涂的厚厚粉层,此刻已印上了道道汗水的溜痕,自然也要顺带着加以一番洗洁,于是,从脸上、身上洗下的大量妆粉,竟让洗脸盆中的清水变成了一盆银色的泥汤。

《全唐诗》中收有据说为女子赵鸾鸾所作的一组诗作,其中一首《酥乳》,实在是十足的色情黄诗:

> 粉香汗湿瑶琴轸,春逗酥融绵雨膏。浴罢檀郎扪弄处,灵华凉沁紫葡萄。

诗呀文呀以乳房为题材并不奇怪,这首诗的特别之处在于,男性通过眼光以及手指所扪弄的乃是覆有厚厚一层白粉的乳房,并且那白粉还被汗水融湿,近乎"和泥"状态,浮着粉香。至于所获得的快感体验,则被形容为如同在手掌中满捧着膏油一般滋润的初春绵雨,相当的出神入化。

《金瓶梅》中,潘金莲用以擦遍全身的,是"定粉",也就是铅粉,这似乎是明清时代的流行做法,妆身之粉与妆面之粉为同一种物品。但是,在明代之前,情况要更为复杂一些。相传宋人洪刍所作的《香谱》(以下称《洪氏香谱》)中,记有一款"傅身香粉"的专门配方:

> 英粉(另研)、青木香、麻黄根、附子(炮)、甘松、藿香、零陵香各等分。
>
> 右件除英粉外,同捣,罗为末,以生绢袋盛,浴罢,傅身。

配方点明了,"傅身香粉"专门用于浴后擦敷到"身"上。必须注意的是,这款香粉当中并无铅粉的成分,而是以"英粉"为主料。英粉,乃是用米研制成的精细白粉,贾思勰于六世纪上半叶著成的《齐民要术》中，对此有明确的定义："英粉，米心所成，是以光润也。"

至于英粉的具体制法，《齐民要术》，这一北朝时代的大众生活知识用书，也是予以了极其详尽的介绍：

作米粉法：

粱米第一，粟米第二。（必用一色纯米，勿使有杂。）晒使甚细，（简去碎者。）各自纯作，莫杂余种。（其杂米——糯米、小麦、黍米、穄米作者，不得好也。）——于木槽中下水，脚踏十遍，净淘，水清乃止。大瓮中多着冷水以浸米，（春秋则一月，夏则二十日，冬则六十日，唯多日佳。）不须易水，臭烂乃佳。（日若浅者，粉不滑美。）日满，更汲新水，就瓮中沃之，以酒杷搅，淘去醋气——多与遍数，气尽乃止。

稍稍出着一砂盆中，熟研，以水沃，搅之。接取白汁，绢袋滤、着别瓮中。麤沉者更研，水沃，接取如初。研尽，以杷子就瓮中良久痛抨，然后澄之。接去清水，贮出淳汁，着大盆中，以杖一向搅——勿左右回转——三百余匝，停置，盖瓮，勿令尘污。良久，清澄，以杓徐徐接去清，以三重布帖（"帖"意为"包裹"之意——作者按）粉，上以粟糠着布上，糠上安灰。灰湿，更以干者易之，灰不复湿乃止。

然后削去四畔麤白、无光润者，别收之，以供麤用。（麤粉，米皮所成，故无光润。）其中心圆如钵形，酷似鸭子白、光润者，名曰"粉英"。（英粉，米心所成，是以光润也。）无风尘好日时，舒布于床上，刀削粉英如梳，曝之，乃至粉干。足（将住反）（此为"多"

之意——作者按)手痛挼勿住。(痛挼则滑美,不挼则涩恶。)拟人客作饼,及作香粉,以供妆摩身体。

工艺相当的繁琐,费时费力,但大抵是选取粱米或粟米(小米)中的任何一种,仔细淘洗干净,再用水泡,待其完全腐烂成泥之后,再淘洗掉酸臭气,然后进行研磨、过滤、沉淀程序。最后,把米粉在水缸中的沉淀物用三重布包成团,埋在糠灰中,利用灰来吸收掉粉中的水分。待沉淀干成硬粉团,将周围的粗糙部分削掉,只剩中心最为细、白、光、滑的精华,就叫"粉英"或"英粉"(宋时也称为"粉心")。这英粉还要再经最后的加工程序,靠人手揉成细腻、不滞涩的白粉。

据学者们研究认为,在铅粉技术发明之前,米粉就是女性们所依赖的化妆粉,如汉末时人刘熙所著《释名》中云:"粉,分也,研米使分散也。"(《释首饰》)同为东汉人的许慎在其《说文解字》中更明确道:"粉,所以傅面者也。从米,分声。"这就难怪发展到《齐民要术》的时代制作米粉的技术会如此成熟与严谨。就是在《齐民要术》之中,也还可以看到米粉制作化妆粉的配方——书中的"胭脂"与"紫粉"都是用白米粉染红而成。不过,当此之际,即使染红的化妆粉也要添加少量"胡粉"在其中了,如"做紫粉法"以"白米英粉"为主料,但是以米粉与胡粉三比一的比例,将两种粉兑和在一起,原因在于:"不着胡粉,不着人面。"原来,胡粉——铅粉更容易黏着在皮肤上,而米粉则缺乏这样的性能。对于化面妆来说,妆粉能够黏附在皮肤上,不至于动辄掉落,是非常重要的一个优势,也因此,自东汉以来,铅粉便取代米粉,成为最主要的面部化妆用粉。

那么，在铅粉盛行于世之后，米粉还能有什么用处呢？"拟人客作饼，及作香粉以供妆摩身体"。这是"细粮"，最适合在招待客人的时候，以之做饼，隆重待客(同书"粉饼法"便传授用"英粉"做水煮粉条的方法，与今日"饸饹面"的程序颇为接近)；另外的一个功能，则是进一步加工成香粉，"妆摩身体"。清代学者段玉裁《说文解字注》中因此认为："按，据贾氏说，粉英仅堪妆摩身体耳，傅人面者固胡粉也。"也就是说，到了贾思勰生活的年代，形势早已发展为，白色的胡粉用于化妆，白色的米粉改而用于修饰、保养身体的肌肤，二者具有清楚的功能区分。

至于何以会有这样的功能分别，第一个可能的原因是，在明代以前，铅粉的生产技术还处在比较初级的阶段，生产效率低，产量有限，于是自然会造成售价比较高昂的局面。在身上涂粉，用量太大，所以，用铅粉来修饰身体，是一般人都承受不了的消费行为。于是，化妆的最重点部位——面部，就用铅粉来打粉底。至于将身体肌肤涂白，则退而求其次，还是使用传统的米粉。第二个原因则可能在于，晋唐时代的人已经认识到了铅粉的潜在危害性，因此尽量降低这种化妆品的使用几率。

不管究竟是出于上述两个原因中的哪一个，总之，用米粉作为修饰身体的妆粉，在魏晋南北朝时代是蔚然成风。在唐人王焘的《外台秘要》中，有"辟温粉"一方：

川芎、苍术、白芷、藁本、苓陵香(各等分)。

右五味，捣筛为散，和米粉，粉身。若欲多时，加药，增粉，用之。

稍后又有一款"辟温病，粉身散方"，与"辟温粉"基本一致，只是中草药成分去掉了苍术和零（苓）陵香。这两个方子的意图也一样，在米粉之内加入特定的草药粉，涂傅在身上，据说可以避免春季容易流行的"温病"即瘟疫（《温病论病源二首》）。然而，"辟温病，粉身散方"实际是抄自《肘后备急方》卷八的"姚大夫辟温病粉身方"：

> 芎䓖、白芷、藁本。
>
> 三物等分，下筛，内粉中，以涂粉于身，大良。

《肘后备急方》卷二"治瘴气疫疠温毒诸方"中，其"赤散方"中也提到"以内粉，粉身，佳"。向米粉中加入中草药成分，然后以之擦遍全身，用这个方法来防避瘟疫，乃是从汉晋时代流传下来的古老方法。医家之所以会发明这样的卫生防疫手段，必然是因为当时有着以粉涂身的化妆风气。

今人来看《肘后备急方》的"粉身方"，会觉得不解：女人固然可以通过在身上涂粉来防疫，那么男人怎么办呢？男人和女人一样面临着瘟疫的威胁，医生怎么会研究出专门只对其中一个性别有意义的卫生手段？实际上，"粉身方"产生的前提恰恰是，在东汉魏晋南北朝，上层社会的男性也普遍有着用化妆粉为身体作美容的习惯。

汉代以来，贵族男子流行在脸上涂脂抹粉，一直是让后人觉得非常好玩的话题。在《后汉书》"李固传"透露的消息之外，相传何晏"粉白不去手"，也是常常被引用的证据，另外还有《颜氏家训·勉学》

所云：

> 梁朝全盛之时，贵游子弟，多无学术……无不熏衣剃面，傅
> 粉施朱……

不过，后人提到这一炽张的化妆风气，往往只注意到，汉代以来的"贵游子弟"会"剃面"而"傅粉施朱"，让一张面庞堪与女性的妩媚争锋。然而，除了化面妆之外，像女人们一样浑身涂粉，让皮肤白皙如雪、光润似玉，也是这个时期的美男子们不肯荒废的功课。典型如南朝初年裴松之为《三国志》"王粲传"所作注中，引录《魏略》云：

> （曹）植初得（邯郸）淳甚喜，延入坐，不先与谈。时天暑热，植因呼常从取水自澡讫，傅粉。遂科头拍袒，胡舞五锥锻，跳丸击剑，诵俳优小说数千言讫，谓淳曰："邯郸生何如耶？"于是乃更着衣帻，整仪容，与淳评说……

这里发散的放诞风情，真是把现代人的拘谨乏味烛照得格外可怜。邯郸淳的到来让曹植满心欢喜，但是，面对心仪的人杰，贵为王侯的曹植首先所做的却是一番大大的自我表演。先洗干净身体，擦上香粉——不会是在邯郸淳面前进行吧?! ——然后，露着乌发，故意将涂得洁白芳香的身体半裸着，在陌生的客人面前跳舞，玩杂耍绝技，又半唱半讲地表演了多段民间文艺作品。在如此一番的多角度自我展示之后，才忽然换上漂亮衣装，恢复尊贵仪态，与邯郸淳正式展开思想的交锋，比试在高等学问上的见识。

这段轶事多半只是魏晋人创作的小说故事吧，读来实在不大像

是真事。不过,此类故事演绎了魏晋士人对于"风流潇洒美男子"、对于"风度"的独特定义,那是后代人所不能理解的、历史上一声孤兀的绝响。所放浪的其实是雕琢得非常精美的形骸,外表的风华光芒必须与内心的崇高境界相匹配,那西沙斯式的自恋也因而在这个时代具有了美学乃至道德的价值。

为了表里如一,为了容貌足以构成灵魂的一尘不染的准确镜影,汉晋南北朝的士大夫们"熏衣剃面,傅粉涂朱",那个时代用以"妆摩身体"的"香粉",也就绝对不仅仅限于女性使用。在这样的风气之下,在"妆摩身体"的香粉当中加入草药成分,通过日常的化妆行为同时达到保健、养护的效果,对于上层社会的男性成员一样是可以随时实践的方法,因此,才会催生出《肘后备急方》"姚大夫辟温病粉身方"这类方子。

啊,壮起胆量试想一下吧,魏晋南朝的名士贤达们,如何晏、谢灵运,曾经纷纷地像潘金莲一般,用掺了研细香料的、以油脂或者牛奶调好的精细米粉,"把身上都搽遍了,搽的白腻光滑,异香可爱"……

唐宫迎蝶粉

翻阅宋词，不难得出这样的印象：夏天，宋人，至少是有教养的阶级，是天天都要洗澡的，特别是到黄昏的时候，一般都要洗一次澡，洗去白天的汗水。女性在洗澡之后，向身上涂香粉，也是最日常的做法。词人们特别爱写这样一个题材：在美人陪伴下消夏，以及由此而来的，在消夏的场景中美人的具体情态。轩敞的厅堂临池照水，绿荫四围，这当然很美妙。但更美妙的是有个迷人的女性，黄昏时刚刚洗过了澡，浑身涂了细腻、洁白、芳香的妆粉，显得肌肤如雪，在月下乘凉，消遣着夏夜的悠闲：

> 露下菱歌远，萤傍藕花流。临溪堂上，望中依旧柳边洲。晚暑冰肌沾汗，新浴香绵扑粉，湘簟月华浮。长记开朱户，不寐待归舟。（宋人张元幹《水调歌头》"过后柳故居"上阕）

实际上，"香绵扑粉"，在宋代，是夏日最基本的生活习俗之一，以致人们一想到漫长的炎炎夏日，会把粉扑也列为避暑时不可缺的小道具：

疏疏数点黄梅雨。殊方又逢重午。角黍包金，菖蒲泛玉，风物依然荆楚。衫裁艾虎。更钗袅朱符，臂缠红缕。扑粉香绵，唤风绫扇，小窗午。（宋人杨无咎《齐天乐》"端午"上阕）

依照我们残存的对于传统生活的记忆，恐怕会以为，既然是暑夏时节使用的粉，那自然就是"痱子粉"。然而，宋人贺铸一首追忆"璧月堂"故居的《小重山》词，却直接点明了，"香绵"所扑之粉乃是"英粉"：

梦草池南璧月堂。绿阴深蔽日，啭鹂黄。淡蛾轻鬓似宜妆。歌扇小，烟雨画潇湘。　　薄晚具兰汤。雪肌英粉腻，更生香。簟纹如水竟檀床。雕枕并，得意两鸳鸯。

由这首词提供的线索来看，配制考究的"傅身香粉"出现在宋时成书的《洪氏香谱》之中，方中并且言明"以生绢袋盛，浴罢，傅身"，显然与当时正在被人们进行中的生活现实相关连。傅身香粉是以英粉为主，在配粉之前，还要进行二次加工，再次加以细研；附加麻黄根、附子两味中草药；香料则为青木香及甘松、藿香、零陵香四种。把六种辅料都捣成细末，筛过，再与研细的英粉相拌，然后盛在绢袋里，专用于洗浴之后涂覆身体。

一旦知晓，在传统美容当中，有着傅身香粉这样一种护肤专品的存在，《事林广记》中所记载的一则"东宫迎蝶粉"，其意义也就自动地彰显出来了。"东宫迎蝶粉"的制作基本沿袭了《齐民要术》所介绍的古老方式，而又加以灵活的简化：

粟米随多少，淘淅如法，频易水，浇、浸，取十分清洁。倾顿瓷钵内，令水高寸许，以用绵盖钵面，隔去尘汙，向烈日中曝干。研为细粉，每水调少许，着器内。随意摘花，采粉覆盖，薰之。人（此或为"久"字之误——作者注）能除游风，去瘢黯。

这里介绍的似乎是一个让女性可以在家庭范围内亲手自制的简易方法，把小米反复洗净，倾倒在瓷钵里，加入清水，让水面高过粟粒一寸多的程度，以丝绵蒙住钵口，免得落入尘土、秽物。把这瓷钵放在烈日之下，静待钵中的水慢慢蒸发掉。然后，把经过充分浸泡又晒干的粟米研成细粉，就是成品了。再顺手摘来香味浓烈的鲜花，对粉进行薰香。随时取出少许粉用水调成湿糊，放在盛器内，一旦需要的时候，打开盛器，就有现成湿粉可供使用。这种粉纯粹以小米粉构成，显然与"英粉"属于同类物品，更准确地说，是"英粉"这个类项当中的一款低档品。按照《齐民要术》以来的功能区分，纯以米粉做成的"东宫迎蝶粉"的意义在于"妆摩身体"，只用于涂在身上，将身体的肤色妆成雪白细腻，同时，还对皮肤起"除游风，去瘢黯"之类的修护作用。

米粉制作的、用于擦在身上的化妆粉，既收入以文人士大夫为知音的《洪氏香谱》，也出现在针对普通民众的《事林广记》里，足见它曾经具有的重要意义。据《福州南宋黄升墓》（福建省博物馆编，文物出版社，1982 年）一书，黄升墓出土的、内置粉扑的粉盒中所残留的粉末，"经上海纺织科学研究院射线衍射图谱分析，确定其主要成分为二氧化硅"；同墓所出的印花粉锭，"经复旦大学化学系光谱分析，粉块含钙、硅、镁者为多，并含有微量的铅、铁、锰、铝、银、铜等"（77页）。该墓所出的宋代化妆粉实物居然几乎不含铅成分，这似乎可以理解为，它们并不是铅粉产品，而是米粉甚至其他材料制成。实在让人感到好奇的是，黄升墓出土妆粉是否可以当作"英粉"重要性的一个例证呢？

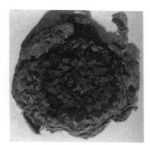

黄升墓出土的宋代粉盒，内有白粉实物及精致的粉扑。

与前代不同，入唐以后，男性用口红、白粉化妆的风气基本消失，自此，"香绵扑粉"便是只属于女性的动作，也成了另一性别所喜欢观赏的一个小小题材。如晚唐诗人韩偓的《昼寝》一诗就写道：

碧桐阴尽隔帘栊，扇拂金鹅玉簟烘。扑粉更添香体滑，解衣唯见下裳红。

夏日的午后，碧桐树影投荫在密垂的竹帘上，以这帘影为背景的她，先是在扑粉时展露"香体"，然后在褪去外衣时现出红色"下裳"，对男作者构成了一波又一波的甜美挑逗。

对于唐宋女性来说，一到夏日，就有必要时时地向身体上遍扑

"傅身香粉"，还有着"时代的原因"。这一时期，高档的女性夏服，一律采用半透明的纱罗上衣，肩、胸、双臂都在轻罗浅纱中隐隐显露。五代花蕊夫人《宫词》中写及西蜀宫中的暑夏：

> 薄罗衫子透肌肤，夏日初长板阁虚。独自凭阑无一事，水风凉处读文书。

一位独自在水阁上倚栏读书乘凉的宫妃，所穿的罗质上衣是如此之薄，以致身体的肤色在罗彩中清晰可见。再如欧阳修的一首《阮郎归》：

> 去年今日落花时，依前又见伊。淡匀双脸浅匀眉，青衫透玉肌。

宋人晁端礼《舜韶新》中也有云：

> 映绛绡、冰雪肌肤，自是清凉无暑。

既然"玉肌"会从衫色里透映出来，落在他人的眼光里，那么，在身上仔细擦粉，让轻罗浅纱下的"肌肤"与裸露的脖、胸一样莹洁如"冰雪"，对于形象的完整就有很大的意义了。唐宋女性所采取的实际策略，是尽可能地厚厚上粉，从而让肤色白得耀眼。在晚唐李珣的《浣溪沙》中，一位"晚出闲庭看海棠"的美人形象，是"缕金衣透雪肌香"；张泌《柳枝》则描写一位睡后初醒的美人为："腻粉琼妆透碧纱，雪休夸。"宋人张先的一首《菊花新》更是如此咏道：

> 衣缓绛绡垂，琼树袅、一枝红雾。

女性穿着宽松的深红色轻罗衣,宽袖长襟之中,是雪样洁莹的身影,宛如一株琼玉的树笼罩在片段的红雾里。另外,一首作者不明的宋词《丑奴儿》,也展示了类似的形象:

晚来一阵风兼雨,洗尽炎光。理罢笙簧,却对菱花淡淡妆。

绛绡缕薄冰肌莹,雪腻酥香。笑语檀郎,今夜纱厨枕簟凉。

腻白而无瑕的纤体如雪似冰,在碧色或绛色的、甚或有金线闪烁绣纹的薄罗衫色中,既清晰又朦胧,大概会产生一种很特别的性感吧。

炎热的夏季是出汗的季节,特别是到了黄昏时分,一次晚浴是绝不可少的清洁程序。洗去了白天的汗水,可是同时也洗去了早先时分仔细化好的容妆,于是,还要重新给身体上一次粉,把肌肤涂成雪白。炎阳西落,马上就是夜晚乘凉的时刻了,因此,面上可以是"淡蛾轻鬓"的"淡淡妆",甚至可以干脆取消画眉、点唇的步骤,但是,对于皮肤的修饰,作为美容的最基本一步,却仍然不能忽略:

避暑佳人不著妆。水晶冠子薄罗裳。摩绵扑粉飞琼屑,滤蜜调冰结绛霜。　　随定我,小兰堂。金盆盛水绕牙床。时时浸手心头熨,受尽无人知处凉。(宋人李之仪《鹧鸪天》)

半解香绡扑粉肌。避风长下绛纱帷。碧琉璃水浸琼枝。

不学寿阳窥晓镜,何烦京兆画新眉。可人风调最多宜。(贺铸《最多宜》)

"半解香绡扑粉肌",扑粉的时候,要把"薄罗裳"半松半褪,怪不得惹人兴趣呢！由于免去了对脸庞细部的描画（"何烦京兆画新眉"），所以贺铸《最多宜》一词中的女性没有支起镜子（"不学寿阳窥晓镜"），但见她坐在一袭垂地的红纱帷之前，专心地向身上反复扑粉，在她身畔，一只淡绿色玻璃大缸里满盛清水，浸着大把的白莲花束。当然，更具性刺激的体验在于这一动作所造成的结果——"冰肌近著浑无暑"，涂满香粉的女人身体，给男性以清凉之感。

　　不知道为什么，在今天，宋词给人的印象是板着面孔很郑重很不好玩，至少我个人曾经的印象是如此。其实，《全宋词》里，什么样的作品都有（包括用佛教开玩笑的黄段子），写的对象更是五花八门。在宋人手里，无事不可入词。像贺铸《小重山》一类的词作，其实并不少见，共同描写着同一个题材：士大夫消夏之乐。这类作品中，有一些基本的"构件"组织起消夏的具体场景：架在水池上的堂阁，满庭的绿荫，低垂的帘幕，纱厨，藤床，竹席，瓷枕。此外，还有若干变换不定的因素可以灵活拆装，如匆匆下过的雨，荷丛中吹来的风，或者初升的月。另外，一个必备的、标志性的"物件"，就是一个刚刚洗浴过的、扑满香粉的年轻女人：

　　　　荷气吹凉到枕边。薄纱如雾亦如烟。清泉浴后花垂雨，白酒倾时玉满船。　　　　钗欲溜，鬓微偏。却寻霜粉扑香绵。冰肌近著浑无暑，小扇频摇最可怜。（周紫芝《鹧鸪天》）

　　想象一下词中所写的场景，就不由要佩服宋人对词的控制能力，如此"情色"的内容，却写得如此清雅，不猥亵，让人轻易察觉不到其中所弥漫的低级与无聊。夏天，这样一个自然的季节现象，在这类词作中,忽然具有了性别,有了阶级性——我们看到的,是属于有钱和有权的、居于社会统治地位的男性们的夏天。其他的一切,无论是吹过荷面的风,还是刚洗了澡的女人,都是处于供其役使的地位,是供"他们"获得"丰满人生"之体验的"物"。

当然,这些词都是写实之作,词人们很自得但也很实在地反映了他们真实的生活状态。词中的细节都采自现实,比如"却寻霜粉扑香绵"——炎热催人不停地出汗,晚浴以后涂好的粉层很快即遭汗水销蚀,于是,女人再次拿出"傅身香粉",用丝绵做的粉扑沾上如霜一样洁白、也如霜一样细润的粉,向浑身上下轻轻扑打。如果女性这样反复地出汗,补粉,再出汗,再补粉,那么肌肤上的白粉不免越堆越厚。于是,"依依香汗浥轻罗"(晁端礼《浣溪沙》),汗水与妆身粉融在一起,在薄薄的夏服上浸出渍迹,便是挺常见的现象,如晏殊《浣溪沙》词云:

玉碗冰寒滴露华,粉融香雪透轻纱。

盛夏,尽管瓷碗中盛放着降温用的冰,在悄悄融化着冰水,可是闺中女性还是流汗不止,以至身上的香粉被汗融湿,渍透了身上的轻薄纱衣。被汗流冲残的粉层,竟然让人联想到白雪融化的景象,可见是怎样地使粉呀。热溢在这样厚涂香粉的身体上的汗水,自然也就变成了诗词中常说的"粉汗",因混带着妆粉而变得黏腻,也染上了粉的气息。杨无咎《齐天乐》"和周美成韵"一词甚至出具了这样的细节:

纱帏半卷。记云鬏瑶山,粉融珍簟。

睡觉时大量的妆粉随涔涔汗水淌下,滞在竹席上,在最为闷室的夏夜,在编竹篾纹如粼粼水波的席面,演出了白露为霜的戏码。

对男性文人来说,"雪肌英粉腻,更生香"的化妆习惯不仅不让他们反感,反而构成了他们相关体验的一部分,让他们很觉得享受:

白玉堂前绿绮疏。烛残歌罢困相扶。问人春思肯浓无。

梦里粉香浮枕簟,觉来烟月满琴书。个侬情分更何如。(范成大《浣溪沙》)

先是在竹帘清润的厅堂上饮酒听歌到夜深,然后还被善解人意的女性搀扶到寝处。因为身边睡了个浑身浓擦香粉的女人,所以,梦里都漂弥着傅身香粉的腻馥。半夜偶然醒来,却见月光如烟雾四漫,象征着士大夫人格之独立、精神之自由的古琴与书卷,被霁辉拂亮,像是浮在夜的水面。这等的清福极大地满足了男作者的虚荣心,不禁整个人从里到外的得意洋洋。

"觉来烟月满琴书",好像是被身边人的粉香给呛醒的。诗词等文献中提到傅身香粉,最爱强调的特点之一,就是"香",芳芬触鼻。早在《齐民要术》里就谈道:"作香粉以供妆摩身体。"古代的妆粉,无论是用于涂面,还是用于傅身,都永远是散发着鲜明的香气。贾思勰并且介绍了当时的"作香粉法":

唯多着丁香于粉合(盒)中,自然芬馥。(亦有捣香末、绢筛、和香者,亦有水浸香以香汁溲粉者,皆损色,又费香,不如全着合中也。）

向粉盒中放入很多的丁香，通过"熏"的方式，让英粉染上香气。

虽然贾思勰认为，"捣香末、绢筛、和香"的方式并不高明，但是，历代的高档香粉制作恰恰普遍采用了这一方法。即使在"香粉"的加工制作上，似乎也仍然是以唐代为奢侈与精致的无可企及的高峰，这一点显证于《千金翼方》"熏香沮香方"中的"香粉法"：

> 白附子、茯苓、白术、白芷、白敛、白檀（各一两），沉香、青木香、鸡舌香、零陵香、丁香、藿香（各二两），麝香（一分），粉英（六升）。

> 上一十四味，各细捣，绢下。以取色青黑者，乃粗捣，纱下，贮粉囊中，置大合（盒）子内，以粉覆之，密闭七日后取之，粉香至盛而色白。如本欲为香粉者，不问香之白黑，悉以和粉，粉虽香而色至黑，必须分别用之，不可悉和之。粉囊以熟帛双纫为之。

从配料无胡粉、只用英粉来看，所介绍的恰是唐代上层社会女性用于擦涂身体的"傅身香粉"哟。这一款妆身粉要比目今所见的其他历代同类制品都更为讲究，而其讲究的功夫恰恰全部用在了香料的使用上。白色的香料及中药成分，与青黑色的香料，被分别处理，"熏"与"捣香末、绢筛、和香"也被一并用上。

——白色配料与英粉都加以细捣，然后拌和在一起，制成细腻的白粉。

——青黑色的香料则盛裹在绢袋中，用一只大盒，先将这只香料袋放在盒心,再倒入混和后的白粉,堆覆在绢袋之上,然后密封盒盖,静置七天,绢袋中的香料气息由此一点点熏入粉中。为了防止青黑香料混入白粉,盛香料的绢袋要用上过浆、捣槌过的熟绢制作,并且缝成双层。如此,就可以保证粉的洁白度,同时熏香充分,"粉香至盛而色白"。

从目前所见宋代的两款妆身粉配方来看,其制作相比唐代反而更为简单。"傅身香粉"采用了贾思勰所反对的方法,把青木香及甘松、藿香、零陵香四种香料捣成细末,掺入英粉之中,此外甚至麻黄根、附子两味中草药也以如此的方式加以处理。至于"东宫迎蝶粉"则是"随意摘花,采粉覆盖,熏之"——只有参考《齐民要术》的"唯多着丁香于粉合(盒)中,自然芬馥",以及《外台秘要》所说把青黑色香料"贮粉囊中,置大合(盒)子内,以粉覆之,密闭七日后取之,粉香至盛而色白",才能真正明白这一处表述的意思。"随意摘花,采粉覆盖,熏之"应该是"每水调少许,着器内"之前的一环程序,其内容则是,将任意一种香花的花瓣乃至整朵花摘下,用纱囊包盛,放在粉盒中,埋沉在"研为细粉"的米粉之中,用这种方法把花香传递到粉上。如此熏过的粉才会进入下一环,用水调湿,放在瓶罐内备用。

也许,该合掌惊奇的是,甚至于"东宫迎蝶粉"一类妆身粉具体是用什么样的鲜花熏香,宋词都给我们留下了确切的线索:

> 月鞞琼梳,冰销粉汗,南花熏透。(吴文英《醉蓬莱》"夷则商·七夕和方南山")

被汗水冲销的白粉,事先被"南花"充分地熏过。所谓南花,据

《东京梦华录》、《武林旧事》等文献，在宋代专指素馨、茉莉、桂花、瑞香、含笑、栀子等"闽、广、二浙"特有的、香气浓烈的花品。（参见《香发木犀油》一节）各种南花在两宋期间使用以及引种的情况，是个非常复杂的话题，其中，比较容易寻踪的乃是茉莉花，如生活于两宋之间的张邦基在其所著《墨庄漫录》（中华书局，2002 年）中留下了如此重要的信息：

> 闽、广多异花，悉清芬郁烈，而末利（茉莉）花为众花之冠。岭外人或云"抹丽"，谓能掩众花也。至暮则尤香。今闽人以陶盆种之，转海而来，浙中人家以为嘉玩。然性不耐寒，极难爱护，经霜雪则多死，亦土地之异宜也。（卷七）

直到南宋初年，在江南地区，茉莉还没有真正地实现种植的"在地化"，但却作为一种新时尚而受到临安等地人们的热烈追捧。于是，一项有利可图的生意应运而生，在福建大量种植茉莉花，并且，为了便于运输与出售，茉莉花是栽种在一只只陶盆里；到了花季，则把植有活花的陶盆成批装船，走海路运到浙江一带。与之相印证，《梦粱录》记载，临安的夜市上，在夏秋季节以"关扑"形式售卖的货色中就包括"茉莉盛盆儿、带朵茉莉花朵"，而南宋词人张镃的一首《菩萨蛮》竟直接以乘船远来的茉莉花为主题：

> 层层细剪冰花小。新随荔子云帆到。一露一番开。玉人催卖栽。　　爱花心未已。摘放冠儿里。轻浸水晶凉。一窝云影香。

白色的茉莉与荔枝一道,作为福建的特产,随着风帆高挂的海船千里而来,而词人身边的女性简直等不及地催他掏钱买上几盆,养护在家中。不仅如此,这位"玉人"是如此地喜欢当时视为名贵花品的茉莉,竟想到摘下花朵,堆放在头上的冠子里。她的这顶头冠应该是鱼鲵骨制成,因此有着半透明的质感,令人联想到水晶的质地,填入"冰花"般的茉莉碎花,冠壁上便微微映出碎花的浮影,让旁人看着都如沐凉风。并且,扣在冠中的一绾乌髻也就被花儿熏香了,倒省免了睡前应涂的头油或掠发水。

词中女子的神来一笔,足以让我们领略,茉莉花在南宋人的风雅生活中有着怎样的活跃,其实,这是一个值得专文探讨的极其有情味的话题。至少,吴文英《醉蓬莱》的"冰销粉汗,南花熏透"明白无误地指出,把远来自福建的盆栽茉莉买回家之后,可以从事的情调之一,就是随时采摘些新开的花朵,放在粉盒里,为妆身粉熏上既幽凉又浓郁的茉莉芬气。

另外,《西湖老人繁盛录》中列举临安城中盛行的"盆种"观赏花卉,为:"荷花、素馨、茉莉、朱槿、丁香藤。"最受宋人重视的香料花卉、特产于广东的素馨,也一样的是采用"以陶盆种之"的形式,长途运输到江南地区。南宋人杨泽民有一首《浣溪沙》,旨在咏"素馨、茉莉":

> 南国幽花比并香。直从初夏到秋凉。素馨茉莉占时光。
> 梅花正寒方著蕊,芙蓉过暑即空塘。个中春色最难量。

素馨、茉莉的花期很长,在庭院中置上几盆,可以从初夏一直开花到仲秋,这是梅花、荷花等花种无法相比的优势,因此,虽然不免远路运输的麻烦,但是这种麻烦即使从成本的角度来衡量也很值得。

词人张鎡则以《风入松》与《蓦山溪》两首词咏栀子花,其中如《蓦山溪》一词道是:

> 抚莲吟就,檐蔔(通常写作"簷蔔",即栀子花——作者注)还曾赋。相伴更无花,倦炉熏、日长难度。柔桑叶里,玉碾小芙蕖,生竺国,长闽山,移向玉城住。　　　池亭竹院,宴坐冰围处。绿绕百千丛,夜将阑、争开迎露。煞曾评论,娇媚胜江梅,香称月,韵宜风,消尽人间暑。

"生竺国,长闽山,移向玉城住",洗练地勾勒了栀子花的身世——原生在印度,成功引植到福建,在宋代,则是以盆栽的形式广泛出现在富有人家的夏日庭园中。栀子花可以几十、上百盆地陈设于消夏的场所,环绕成围阵,可知这一花品在宋时江浙地区的引植相比茉莉要更为成功。

还可以看到的是,宋人王十朋有一组题为"咏十八香"的《点绛唇》词,品咏当时生活中常见的十八种花卉,其中,除了"妙香檐卜(栀子)"、"艳香茉莉"之外,还有"南香含笑"以及"瑞香",这四种南花与牡丹、海棠、腊梅等花一起列在"十八香"中,说明栀子、茉莉、含笑、瑞香都是宋人习见的花品。因此,宋代女性实际上可以从自家庭院中,或者游街花贩的花担上,采得非止一种的"南花"。

具有参证意义的是,《事林广记》卷四提到"脑麝香茶"的制法,则为:

好茶不拘多少，细碾，置小合（盒）中，用壳麝置中。吃尽，再入之。

随后则列出了"百花香茶"的做法：

木犀（樨）、茉莉、橘花、素馨花，收，曝干，又依前法薰之。

宋人使用的熏茶方式真是极度的便捷与廉惠。准备一个小盒，放入最不需要多花钱的香料，然后随时将碾好的茶叶末倾倒于其上。一旦盒中的茶叶末被熏足了香气，就可以取出煎茶。如果盒中熏茶已经用尽，那么再加以补充即可。若是想喝"脑麝香茶"，就在盒中放一枚麝香囊的空壳，至于制作"百花香茶"，则恰恰是讲究用桂花、茉莉、素馨以及橘花这四种在宋代最受追捧的"南花"。无论其中的哪一种，只要把鲜花摘下，晒干，就可以收贮起来，然后随时取出一些用以熏茶。

非常不难明白的是，傅身香粉"随意摘花，采粉覆盖"、"南花熏透"，在方法上与"百花香茶"全然相通，其实就是同一种技巧被应用在粉与茶两个不同的对象上而已。因此，桂花、茉莉、素馨以及橘花想必也正是熏粉的主力。不过，宋人的生活中绝非仅仅只有南花，此外还有着多种的香花如莲、豆蔻等怒放在那时的夏天，所以，一如《事林广记》所指示的"随意摘花"，女性真的可以通过自家种植或者向花贩购买的途径，获得多种多样的素材，不断变换粉盒中的天赐香料。一旦换一种熏香的花品，那么盒中的妆身粉也就会携带上不同的薰息。这也就意味着，她身上飘弥的花香有可能幻化不定，今夕何夕，恍兮惚兮。

苏轼在《四时词·秋》中,竟有"粉汗余香在蕲竹"的句子——"蕲竹",即"蕲簟",蕲竹所编的凉席——经过一夏天之后,女人混着身粉的汗水居然把凉席染得残香隐隐!细味苏轼的这首作品,"粉汗余香在蕲竹"可能暗示着更深的意思。大家都清楚,在床上,什么样的时刻、什么样的状况最让人热汗交流:

> 玉炉冰簟鸳鸯锦,粉融香汗流山枕。帘外辘轳声,敛眉含笑惊。　　柳阴烟漠漠,低鬓蝉钗落。须作一生拌,尽君今日欢。
> (五代牛峤《菩萨蛮》)

"薄晚具兰汤。雪肌英粉腻,更生香。簟纹如水竟檀床。雕枕并,得意两鸳鸯",其实是在表达一样的情节。女性的化妆习惯,却成就了男性特殊的快感体验,唐宋文人处理这类场面,总能做到又宛转又露骨,极见才情:

> 三扇屏山匝象床。背灯偷解素罗裳。粉肌和汗自生香。
> 易失旧欢劳蝶梦,难禁新恨费鸾肠。今宵风月两相忘。(贺铸《减字浣溪沙》)

茉莉香的竹席,含笑香的汗水,桂花香的情动,素馨香的喘息,栀子香的月光,橘花香的夜……

利汗红粉

贵妃每至夏月,常衣轻绡,使侍儿交扇鼓风,犹不解其热。每有汗出,红腻而多香。或拭之于巾帕之上,其色如桃红也。

美人也会出汗,杨贵妃胖,尤其怕热。不过,五代王仁裕《开元天宝遗事》(中华书局,2006 年)中讲述了一个奇特的"红汗"现象:到了夏天,这位胖美人出汗的时候,她的汗水竟是"红腻而多香",用手帕擦汗,帕子还会被那"红汗"染成桃红色。有很长一段时间,这条文字都让我十分的困惑。就算是绝色的美人,也不该平白无故地流出红色的汗水呀?一个女人,浑身往外渗流红色的汗液,那不成恐怖片了吗!直到有一天,读到明人周嘉胄《香乘》"涂傅之香"一节中所介绍的"利汗红粉香"("香"当为衍字,乃指《香谱》——作者按):

滑石一勉(极白无石者,水飞过)、心红三钱、轻粉五钱、麝香少许。

右件同研极细,用之。调粉如肉色为度,涂身体,香肌、利汗。

150

以滑石粉为主,作用又在于"涂身体,香肌、利汗",这是一款专用于夏天、去除体味、防汗的爽身粉,也就是俗称的"痱子粉"。很清楚的是,传统上一般所用的夏季爽身粉,与女性们专用于妆饰、保养身体的"傅身香粉"并不一样。如《居家必用事类全集》有"石灰粉方",专用于"治大人、小儿夏月痱子疮及热毒疮":

蛤粉(三两)、石灰(一两,炒)、甘草(一两,为末)。

右件同和,拌匀,以绵子揾扑之。

再如《竹屿山房杂部》介绍的"辟汗香身方":

蛤粉(三两)、青木香、麻黄根(各二两),甘草(一两),甘松、藿香、零陵香(各五钱)。

右为绝细末,浴毕,绵扑子揾之,亦以扑面汗。

清代的《随息居饮食谱》"绿豆"条也教示:

暑月痱疮,绿豆粉、滑石和匀,扑。

上述三款配方,或用于治痱子,或为暑日的止汗、祛味,都是用粉扑沾满粉,向身上扑拍,辟汗香身粉也可以扑到脸上。"利汗红粉"无疑属于这一制品系列。与带有化妆性质的傅身香粉不同,利汗红粉、石灰粉和辟汗香身粉这三种夏日爽身粉既不用铅粉,也不用米粉,而是使用滑石粉、蛤粉等材料。中医典籍中认为,蚌蛤磨成的粉"能清热利湿"(《本草纲目》"蛤蜊"条);至于滑石所磨的粉,据研究,在铅粉流行之前,也曾经作为化妆白粉使用,但在铅粉流行以后,这种粉就主要用于爽身粉或保养用粉了。(参见孙机《汉代物质文化资料图说》"盥洗器,化妆用品"一节,文物出版社,1990年,262页。)

"利汗红粉"与普通爽身粉的差异,在于有一味配料"心红"。所谓"心红",是质量上好的银朱,从水银中提炼而成的一种重要的传统红色颜料。正是由于少量地加入了这种红色颜料,利汗红粉能够"调粉如肉色为度",呈现一点淡淡的红色,接近女性的皮肤本色,所以得名"红粉",以示与一般的爽身粉相区别。

实际上,元代的《居家必用事类全集》中已然记载了这个方子,名为"利汗红粉方",也就是说,在元代甚至更早的时代,这种粉就是广为流行的美容品了。更神妙的是,南宋时代的《事林广记》中记有一款"玉女桃花粉":

> 益母草亦名火炊草,茎如麻,而叶差小,开紫花。端午间采,晒,烧灰,用稠米炊,搜(溲)团如鹅卵大,熟炭火煨一伏时,勿令焰。取出,捣碎,再搜(溲)、炼两次。每十两,别煅石膏二两,滑石、蚌粉各二两,胭脂一钱,共碎为末,同壳麝一枚,入器收之。天(应为"久"——作者注)能去风刺、滑肌肉、消瘢黯、驻姿容,甚妙。

在此方中,是将益母草灰与石膏粉、滑石粉、蚌粉掺在一起,再细研成粉。唐宋时人相信,益母草灰具有特别显著的美容效果,甚至将其发展为涂擦在身体上的保养型妆粉。而在"玉女桃花粉"中,又加入了石膏粉、滑石粉、蚌粉三种成分,因此,它应该是结合了保养功能的一款爽身粉,方中称其具有去除风刺、光滑皮肤、消除斑痕与黑色素、保持体貌年轻的妙效。最为特别之处,在于成品中加有很少量的胭脂,对混合而成的白粉加以染色。依文义来推测,此处所说的"胭脂"应是指"胭脂粉",即现成的化妆红粉。从红粉一钱与十两益母草灰、二两石膏粉、二两滑石粉、二两蚌粉的比例来看,最后的结果也应该是着色极浅,"似肉色为度"。此款制品有个异常妍丽的名字"玉女桃花粉",益母草灰在宋时得名"玉女粉","桃花"自然是指这一种玉女粉被染上了淡红色,令人联想到娇艳的桃花,因此,名字的意思实际就是"色如桃花的玉女粉"。另外,这一款粉同样不缺少熏香的环节,很特别的是,其熏香原料竟是"壳麝一枚"。同书卷三关于"脑麝香茶"的制法中写明:

> 取麝香空壳,置茶锥底下,其馨气自然透入,尤妙。或用麝肉,以纸裹,安锥底,亦佳。

原来"壳麝"就是"麝香空壳",也就是麝香囊的外壳。本来,雄麝香囊中的分泌物,也就是麝香,是被一向珍视的重要香料,但是,在宋人那里,囊中的麝香取尽之后,空壳也不丢弃,而是利用壳上所沾带的余薰,熏香茶叶或妆粉。

同书卷四再次提到"脑麝香茶"的制法,则为:

> 好茶不拘多少,细碾,置小合(盒)中,用壳麝置中。吃尽,再入之。

宋人饮茶的风格与后世颇为不同,所制的茶品花样百出,往往气息浓烈,于是竟然喜欢用麝香空壳熏茶,品尝荡漾着麝香的茶水。具体的方法,则是在小盒里放上一枚"壳麝",然后碾出一部分茶叶末,覆盖在壳麝之上,密封静熏。一旦盒中的茶叶末用尽,就随时添入,随时熏香,既简单,又方便。玉女桃花粉正是采用了与制脑麝香茶相同的办法,胭脂粉、益母草灰、石膏粉、滑石粉、蚌粉混拌而成的肉色合粉,与一枚壳麝共同密封在盛器里,"其馨气自然透入"。

总之,原本用于保养皮肤的益母草灰,添加了爽身粉所用的原料,又被染成微红色,熏上麝香的芬气,看起来,这是一款与"利汗红粉"属于同类的制品,也是女性夏天涂在身上的淡红色爽身粉。从另一个方面来说,这个方子也证明了,在唐宋时代,女性使用专门为她们设计的淡红色爽身粉,是一种很广泛的风气。

"如肉色"的爽身粉掺有银朱或胭脂粉,在这种情况下,女性在向身上扑粉的时候,要不断用粉扑沾满红粉,时间长了,粉扑就会被染成红色,这一点,也被唐宋男性诗人们注意到了:

朱唇素指匀,粉汗红绵扑。(白居易《和梦游春诗一百韵》)

于是,宋词中,在香绵所扑的白色化妆粉"傅身香粉"之外,间或也会出现向身上扑打红粉的景象:

浴罢华清第二汤。红绵扑粉玉肌凉。娉娉初试藕丝裳。

凤尺裁成猩血色,螭奁熏透麝脐香。水亭幽处捧霞觞。(陆游《浣溪沙》"南郑席上")

这首词的主题,其实无非就是讴歌浴后扑满红粉的身体,在薄罗

154

明代佚名画家仿照宋画风格创作的《夏日冷饮货郎图》中的女性形象。

服装中隐映的性感。一位年轻的艺妓洗过了晚浴,用肉色的爽身粉扑遍了身体,然后穿上了新做的夏衣。夏衣的罗料纤细如藕丝织就,染成最浓艳的鲜红色,在上身之前,又在熏笼上细细熏得了麝馥。新鲜的身体衬在新鲜的服装里,就这样袅娜娉婷地出现在文人们的雅集上。

如果薄纱罗的半透明衣裳不是猩红一类的重色,而是浅淡颜色,那么效果便如唐代诗人元稹《杂忆》诗中所云:

> 春冰消尽碧波湖,漾影残霞似有无。忆得双文衫子薄,钿头云映褪红酥。

诗人看到,刚刚解冻的湖面上漾映着似有还无的淡淡霞影,由此联想到了曾经爱过的女性"双文"(可能是崔莺莺的原型),想起她穿着半透明薄衫的形象。所谓"褪红",一般写作"退红",是唐、五代非常流行的一种时髦颜色,陆游《老学庵续笔记》中有研究云:

> 唐有一种色,谓之退红。王建《牡丹诗》云:"粉光深紫腻,肉色退红娇。"……盖退红若今之粉红,而髹器亦有作此色者,今无之矣。

退红,是粉红,很浅淡、娇嫩的红色。唐人王建《题所赁宅牡丹花》一诗中,更形容牡丹花是"肉色退红娇",似乎退红的色泽浅而柔,接近"肉色",也就是肌肤之色。联想到"利汗红粉"是"调粉如肉色为度",以及"玉女桃花粉"这样的粉名,我们可以推测:"褪红酥"正是指双文涂满淡红香粉的、如红酥一般腻润的身体,而"钿头云"则是指薄衫上的花纹。因为"衫子薄",所以,淡红的、莹腻的肌肤在花纹朵朵的薄纱色中隐映——诗人元稹看到湖水映霞,想到的就是这个。

最为根本的是,那轻罗浅纱的夏衣可以被全然褪去,淡红的娇体尽呈眼前,并且随着男性的兴风作浪而逐波起伏:

苹末风轻入夜凉。飞桥画阁跨方塘。月移花影上回廊。
粲枕随钗云鬓乱,红绵扑粉玉肌香。起来携手看鸳鸯。(蔡伸《浣溪沙》"仙潭")

花柳荫蔽的水塘,跨水而立、四面通透的亭阁,月色,还有,一个香喷喷的、肌肤滑腻的很肉感的美人。不得不承认,这无聊小词意境很美,很有趣,很有吸引力。

涂着淡红香粉的身体,一旦出汗,汗水当然会被染成淡红色,并且,"利汗红粉"总是用香料精心熏过,因此染红的汗水还带着淡淡的香气。这,就是杨贵妃"每有汗出,红腻而多香"的秘密。轶事中有一个细节不可忽视,就是她在暑热天气"常衣轻绡",正是穿着半透明的轻纱上衣,将身体涂成淡红,透过纱色闪烁着女性肌体的鲜嫩诱人。也许,在开元、天宝之时,夏天用淡红的香粉作为扑遍身体的止汗爽身粉,尚是宫廷或大贵族中新兴的风气,因此,杨贵妃的"红汗"才会让唐人感到惊奇,并成为逸事而流传后世。当然,还有一个可能性是,这位胖美人为了追求性感,所以身上香粉涂得格外厚,因此把汗水搞得红色鲜明、香气浓烈,并且由于粉多而"腻"——和泥了。这样的汗水,一旦用手帕去擦,帕子也自然地会染成桃红色。南唐后主李煜在一首悼亡诗《书灵筵手巾》中就写到:

浮生共憔悴，壮岁失婵娟。汗手遗香渍，痕眉染黛烟。

此诗应当是为怀念其早逝的大周后而做。其中"汗手遗香渍"一句，应当是指"利汗红粉"染红、染香的汗水在手帕上的浣痕，也就是"拭之于巾帕之上，其色如桃红也"。

唐代诗人薛能的一首《吴姬》诗，甚至描写了这样的情形：

退红香汗湿轻纱，高卷蚊厨独卧斜。

一位女性夏日午寝，熟睡中的她，流出的汗水是淡粉红的，带着香气，悄悄染湿了薄纱的夏装。

夜容膏

夜筹已竭，晓钟将绝，窗外明来，帷前影灭。阶边就水，盘中先映，讶宿妆之犹调，笑残黄之不正。欲开奁而更饰，乃当窗而取镜……

梁朝人刘缓的《镜赋》，以极端自然主义的笔调，讲述女性早晨醒来、起床、准备梳洗的整个过程：标志夜间时刻的长筹完全没入了刻壶，报晓的远钟也已敲过，窗上亮起了晨光，夜影从床前消退。被钟声唤醒的女主角起床了，第一件事当然是拿着水盆到房阶前的井边取水。从盆中水面的倒影，她有点惊讶地发现，前夜临睡前所化的"宿妆"居然还没有完全凌乱，同时也自嘲地看到，贴的黄色花钿已经在睡眠中歪斜了。不喜欢自己这幅仪容不整的样子，她急忙回到房中，打开盛满梳洗用品与首饰的套盒，取出镜子安放上镜台，着手"晓妆"的程序。

在刘缓创作《镜赋》的年代，也就是公元六世纪之时，"宿妆"俨然是日常生活中最普通不过的现象，所以作者才会如此自然地信手写来。在以后的文学作品中，"宿妆"也是个出现频率非常之高的概念，如：

> 宿妆残粉未明天，总立昭阳花树边。（王建《官词》）

晚唐的宫女在天亮时分会带着"宿妆"，会一脸残粉，那是因为，有一定经济实力的女性，在夜晚临睡前，都要上一层薄妆，然后就带着这妆容过夜：

> 深处麝烟长，卧时留薄妆。（温庭筠《菩萨蛮》）
> 氤氲帐里香，薄薄睡时妆。（韩偓《春闺》）

经过一夜休息，前晚临睡前所上的"薄妆"，到天明起床的时候，不免变得残乱，成了"残妆"：

> 无语残妆澹薄，含羞鬈袂轻盈。几度香闺眠过晓，绮窗疏日微明。（五代毛熙震《河满子》）

在今天看来，女性的脸妆被破坏，描画狼藉，是很不雅观的现象，但是，古代文人偏偏觉得这样的尊容娇俏惹怜：

> 逗晓看娇面。小窗深、弄明未遍。爱残朱宿粉云鬟乱。最好是、帐中见。（宋人周邦彦《凤来朝》"佳人"）

说来也是好笑，传统文人唯一能够交往的异性就是青楼中人，可是妓女们出于媚客的需要，总是时时刻刻地保持在化妆状态，因此，反而是在睡眠当中，在不经意粉落妆残的时刻，男性文人才有机会约略窥得这些女性的本来面目：

去岁迎春楼上月,正是西窗,夜凉时节。玉人贪睡坠钗云,粉消妆薄见天真。(五代冯延巳《忆江南》)

周邦彦《凤来朝》词中提到"残朱宿粉云鬟乱",说明"宿妆"包括画口红与擦粉,另外,欧阳修有一首《阮郎归》写道:

浓香搓粉细腰肢。青螺深画眉。玉钗撩乱挽人衣。娇多常睡迟。　绣帘角,月痕低。仙郎东路归。泪红满面湿胭脂。兰芳怨别离。

词中的艺妓在夜晚也要画眉、利用胭脂粉涂颊红,可见,至少对青楼女子来说,寝前的淡妆包括化面妆的全套程序。"宿妆"既然将"打腮红"的环节也包括其中,那么,第二天早晨,睡枕上就难免会有红粉散落,一如元人赵善庆《小桃红》所描绘的"佳人睡起":

宝枕轻推粉痕渍,印胭脂,雕阑强倚无情思。

也于是,《莺莺传》中,作者元稹所作的《会真诗》便推出了这样的细节:

华光犹苒苒,旭日渐瞳瞳。乘鹜还归洛,吹箫亦上嵩。衣香犹染麝,枕腻尚残红。

崔莺莺乘着夜色前来与张生欢会,又不得不在天亮之前由红娘陪伴着悄然离去,留下衣香的余韵在书生的寒室内逗留徘徊,以及散落在枕上的胭脂粉艳色微微,供张生独自咂摸品味。

由于普遍有上"宿妆"的习惯,从《肘后备急方》开始,医典中就记

载有各种结合"宿妆"进行面部、身体护养的方法。其中,《备急千金要方》的"泽悦面方"直接动用珍珠,是用料最惊人的一例:

> 雄黄(研)、朱砂(研)、白僵蚕(各一两)、珍珠(十枚,研末)。
>
> 上四味,并粉末之,以面脂和胡粉,纳药和搅,涂面作妆。晓,以醋浆水洗面讫,乃涂之。三十日后如凝脂。五十岁人涂之,面如弱冠。夜常涂之,勿绝。

每天夜里,向面脂中加入胡粉,再加雄黄、朱砂、白僵蚕、珍珠的细末,搅和均匀,然后用这种调和的脂糊来化妆。这里介绍的恰恰是一种以朱砂来涂染颊红的方法。如果不论日妆、夜妆都用此一混成品来代替红粉,那么三十天后就能亲证肤如凝脂的奇效。五十岁的人用了它,会恢复成如同二十岁一样的年轻状态。至于让其长期发挥功能的秘诀,则在于坚持——坚持每天夜里以之涂面不懈。

诗词描写涉及"宿妆"的时候,强调最多的总是"粉",如"浓香搓粉"之类。对于临睡前的上妆,绝对不可缺少的一环乃是擦粉,粉的用量也很大,因此,睡起美人们在男性诗人心中种下的最深刻的印象,就是一脸的残粉:

> 锦绣堆中卧初起,芙蓉面上粉犹残。(唐人施肩吾《冬词》)

温庭筠则兴致勃勃地告诉我们,这些残粉主要是白粉:

> 小山重叠金明灭,鬓云欲度香腮雪。(《菩萨蛮》)

"香腮雪",显然是指词中女主人公脸颊上厚涂着白粉,如宋人赵长卿《点绛唇》就更为直接地写道："当日相逢,枕衾清夜纱窗冷。翠梅低映,汗湿香腮粉。"至于"鬟云欲度",也无非是说,经过一夜的睡卧,她的乌云一般的鬟发已经松乱,并且微微沾上了腮颊的香粉。粉残鬟乱,就是蓬头垢面嘛。可是,到了诗人笔下,搽脸粉无意地沾到鬟发上,被用"欲度"两个字来加以形容,便顿时充满了微妙的意趣。

画眉、涂口红、上颊红,是平康美人在客人面前始终保持妩媚的必要手段。但是,睡前厚涂白粉,主要目的却不在化妆,其更重要的意义,乃是利用夜间人体休息的时机对于皮肤加以修护和保养,因此,即使是良家女性,只要有相应的财力,也都会认真完成这一功课。《宫女谈往录》(金易、沈义羚著,紫禁城出版社,2001 年)一书记载晚清宫女对宫中生活的回忆,就道是:

> 我们白天脸上只是轻轻地敷一层粉,为了保养皮肤。但是我们晚上临睡觉前,要大量的擦粉,不仅仅是脸,而且脖子、前胸、手和臂要尽量多擦,为了培养皮肤的白嫩细腻。(93 页)

这样的一种美容观念,在晚清小说《镜花缘》里,被李汝珍以全然反讽的笔触,得到了更详尽的阐述:

> 这临睡搽粉规矩最有好处,因粉能白润皮肤,内多冰麝,王妃面上虽白,还欠香气,所以这粉也是不可少的。久久搽上,不但面如白玉,还从白色中透出一般肉香,真是越白越香,越香越白;令人越闻越爱,越爱越闻:最是讨人欢喜的。久后才知其中好处哩。(第三十三回)

《清俗纪闻》中的清代粉盒

　　从《镜花缘》的叙述可知,古人的观念中,夜晚在面、身上擦粉,可以让粉中的营养成分来滋养皮肤,以使皮肤"白嫩细腻",甚至,在天长日久的坚持之下,香气会浸入皮肤,积贮在皮肤中,于是人体就会自身散发香气。对于香粉功用的这样一种迷信,在《赵飞燕外传》中有着最精彩的呈现。故事说,作为皇后的赵飞燕,与其妹、昭仪赵合德争宠,"后(即赵飞燕)浴五蕴七香汤,踞通香沉水坐(座),潦降神百蕴香",而赵合德"浴荳蔻汤,傅露华百英粉"。汉成帝两相比较的结论却是:赵飞燕虽然身上通过洗浴而有了"异香",但是,比不上合德"体自香也"。通过这样一个神话般的情节,小说作者所宣扬的,正是"久久搭上,不但面如白玉,还从白色中透出一般肉香,真是越白越香,越香越白;令人越闻越爱,越爱越闻"的观念。

　　至于具体的实践,清宫所藏的医籍之一、佚名清人所著《卫生汇录》(海南出版社,2002 年)中记有"白肌肤法":

　　　　鸽子蛋,不拘多少,取清,调真杭粉,如搭粉状,不可见风。

164

如此十日后,肌肤莹白如玉,此乃内宫之秘方也。(158页)

鸽子蛋的蛋清,优质的杭州粉、也就是好铅粉,调和在一起,涂在皮肤上,坚持一阵,就能让皮肤洁白光亮。

如果皮肤的状态不是很好,需要特别加以修护,那么还应该在妆粉中调入药料,如《居家必用事类全集》就开具了一款"涂面药":

白附子、蜜陀僧、茯苓、胡粉、香白芷、桃仁(各一两)。

右件为细末,用乳汁,临卧,调涂面上。早辰(晨)浆水洗。

十日效。

蜜陀僧、茯苓、白芷被认为有去黑斑、消瘢迹的功效,桃仁则能"去风",把这些药的细粉与铅粉掺和在一起,每天临睡前,用奶液调湿,然后擦涂在面庞上,第二天起床以后洗去。如此实行十天,皮肤的状态就能见到很大的改善。

不过,古代的夜妆绝不止于这么简单,传统美容的观念与法术可是丰富得很呢,对于夜妆用粉的实践,还有着非常富有想象力的发挥。其中一个最为普遍的探索,便是试图以其他材料代替铅粉。即以《备急千金要方》"治面黑黯黶、皮皱皴,散方"来看:

白附子、蜜陀僧、牡蛎、茯苓、芎䓖(各二两)。

上五味,为末,和以殺羊乳。夜涂面,以手摩之,旦用浆水洗。不过五六度,一重皮脱,黯瘥矣。

其配方与《居家必用事类全集》的"涂面药"非常相近,但是,却是"牡蛎"研成的细末代替铅粉。"牡蛎"是一种大海贝;用各种海、河所

165

出的贝壳煅烧研粉,作为妆粉,乃是中国美容与卫生史中一个长久的习惯做法。(参见《本草纲目》"牡蛎"、"蛤蜊粉"条)按这个方子的思路,所谓"牡蛎"煅烧而成的细粉,与白附子等药物粉和在一起,用羊奶调成糊,夜间涂在脸上,并且用手指加以按摩,能够发生蜕换皮肤的神效。

以某些种类的贝壳磨成细粉,代替铅粉用于夜妆,至少在唐代,是并不罕见的一种方法,按照唐代医典特有的夸张奢华作风,在这一方面的实践上,也生出了一种超越常规的配方:

> 治面䵝黵、乌皯,令面洁白方:
>
> 马珂(二两),珊瑚、白附子、鹰屎白(各一两)。
>
> 上四味,研成粉,和匀。用人乳调,以敷面,夜夜着之,明旦,以温浆水洗之。(《备急千金要方》)

马珂是一种纹路美丽的海贝(参见《本草纲目》"珂"条),把它研成粉,自然是利用贝壳制妆粉的又一种表现而已。配料表中更为珍罕的原料是珊瑚,似乎,只有在唐代医典中,曾经认真地将这种颇为贵重的珍宝开列为护肤、养颜的药材。至于调粉竟是用人奶,则完全地显示出,此一配方并非针对普通人而设,不管其是否真能奏效,反正目标客户群肯定是为数不多的后妃贵妇。

但,一个绝对且重要的事实是,不论实际发生的医学实践或者说科学实践,还是记录这些实践成果的官、私医典,都并不仅仅只锁定贵妇为服务的目标,而是把关心的对象平等地设为一切人。对于普通女性来说,传统的发明也提供了至为廉价的材料,供她们用以替代铅粉。成书于北宋政和年间（1111—1117 年）的官修医书《圣济总录》（人民卫生出版社，1982 年）中，列有"治面黑䵝䵞，令光白润泽，益母草涂方"（卷一○一）：

> 益母草灰（一升）。
>
> 右一味，以醋和为团，以炭火煅七度后，入乳钵中研细。用蜜和匀，入盒中，每至临卧时，先浆水洗面，后涂之，大妙。

把益母草灰用醋和成团，反复煅烧七遍，然后研成雪白的细粉，用蜜调成稀糊状态，放在瓷盒中保存。到每晚临睡前，净面之后，涂于脸上。

在唐代，益母草灰最初被开发出来，是在洗面、洗手时作为去污的洗洁粉使用。让人难以置信的是，这种可以精细加工成雪白细粉的草灰，居然被发展成夜妆时使用的保养型化妆粉。《太平圣惠方》中，也有"治粉刺、面䵝、黑白班驳宜用此"方，与《圣济总录》的载方大同小异：

> 益母草（不限多少，烧灰）
>
> 右以醋浆水和作团，以大火烧令通赤，如此可五次，即细研，夜卧时，如粉涂之。

益母草先烧成粗灰，然后用高度发酵的酸浆水和作团，反复锻烧五次，最后研成细粉，在夜晚代替铅粉化妆，实行皮肤的保养。配方中直接提到，反复细炼过的益母草灰是"如粉涂之"，可见古人确实是把这种草灰粉当做一种替代性的化妆粉。

《圣济总录》、《太平圣惠方》均为北宋时代的医典,而在可能是成书于南宋末年的《事林广记》中,是如此呈现同一配方的:

面药益母散:

益母草不拘多少,烧灰,煮糯米,和如球子大,炭火烧通赤,细研,依常法用,光泽滋润颜色。

虽然方中没有具体说明"依常法用"究竟是如何使用,不过,考虑到,同书中,明确列有用于"洗面去瘢疮"的、加有益母草灰的洗面药,那么,列于其后的"面药益母散",应该就是有着不同的功用,是赋予了妆粉的角色。

最重要的是,时代更晚的《居家必用事类全集》中,明确列有一款"夜容膏","治黡黚、风刺、面垢":

白茯苓、白牵牛(头、末)、黑牵牛(头、末)、白芷、玉女粉、白丁香、白蔹、白芨、蜜陀僧、白檀、鹰条。

右件各等分,为细末,鸡清和为丸,阴干。每用,唾津调,搽面,神功。

将玉女粉(益母草灰)与其他一些配料拌合在一起,用鸡蛋清调成丸,在阴凉处晾干,就得到了"夜容膏"。上夜妆的时候,则是把"夜容膏"丸用唾液调湿,据说,对于美容具有"神功"。从这一专名为"夜容膏"的配方中可以看出,益母草灰用于夜间保养性妆粉的观念,是多么的广泛流传,多么的深入人心。

按照《齐民要术》的理论,应该制作精细米粉,再以之作成香粉来

"妆摩身体"，至于铅粉，只在化面妆时才使用。想来，类似的观念也延伸到了夜妆之道上。不仅如此，人们甚至会把益母草灰这样的草木灰粉转化成上夜妆时所用的保养型妆粉，美容传统的内容之丰富，真是不可小觑。夜晚擦脸、涂身的白粉由米粉或者草木灰作成，缺乏铅粉的黏着性，所以，才会出现诗词中所咏及的那种严重掉粉的情况吧。

鹿角膏

有迹象说服我们相信,在化妆史的持续发展当中,到自然界中去寻找各种具有营养或治疗功效的材料,以之代替铅粉,乃至代替米粉,是一直活跃的、并且颇富成绩的努力。在这方面,相比益母草灰,还有一个更为奇异的例子,鹿角。

在王羲之、谢灵运们生活的世界,鹿角就被引入化妆之道,君不见《肘后备急方》中有"疗人皯,令人面皮薄如莞华方":

> 鹿角尖,取实白处,于平石上以磨之,稍浓,取一大合(盒)。干姜一大两,捣,密绢筛,和鹿角汁,搅使调匀。
>
> 每晚先以暖浆水洗面,软帛拭之。以白蜜涂面,以手拍,使蜜尽,手指不粘为度。然后涂药,平旦还以暖浆水洗。二三七日,颜色惊人。涂药不见风日,慎之。

像研墨那样,在一块平滑的石面上洒上水,把鹿角发白的尖部在石面反复研磨,慢慢形成"鹿角汁",然后与姜汁兑和在一起,搅拌均匀,就可以用于夜间保养。这个方子真正有意思的地方,是展示了晚

170

间美容保养程序在公元四世纪前后时期的细致、发达,与今天相比,也并不逊色:先要仔细清洗皮肤,再用柔软、干净的面巾擦干。然后,在整个面庞匀涂一层白蜜,并要用手轻轻地、反复地拍打,让蜜汁充分地渗入皮肤之中。直到手指上没有黏意了,才把鹿角浆涂到面庞上。第二天早晨,还要将前宿所上的这一保养液清洗干净。

《肘后备急方》出世的年代,正是贵族男子热衷美容化妆的时代,因此,这一款"鹿角保养液"应该是男女通用的高档护肤品。同一个办法在《备急千金要方》的"鹿角散"、《千金翼方》的"鹿角涂面方"中得到继承,又大有发展,不过,到了唐代,男性已经不时兴擦粉,《千金翼方》也就将"鹿角涂面方"特意列在"妇人"部了:

> 鹿角(一握),芎劳、细辛、白蔹、白术、白附子、天门冬(去心)、白芷(各二两),杏仁(二七枚,去皮、尖),牛乳(三升)
>
> 上一十味——鹿角先以水渍之百日,令软——总纳乳中,微火煎之,令汁竭。出角,以白练袋盛之,余药勿收。至夜,取牛乳,石上摩鹿角,涂面。晓,以清浆水洗之。令老如少也。(一方用酥三两)

先把鹿角泡软,然后与各种美容养颜的草药一起放在牛奶中,小火慢熬,直熬到水分收干。随后把鹿角单取出来,盛在白绢袋中保存。作夜妆时,还是采用类似研墨的办法,不过,是将牛奶洒在平滑的石面上,然后手持煮得酥软的鹿角在石面上耐心研磨,研成牛奶调成的、浓浓的鹿角液,擦到面孔上。

《太平圣惠方》中的"令百岁老人面如少女、光泽洁白,鹿角膏

方",将前代的"鹿角涂面"美容法又做了进一步的发展:

> 鹿角霜(二两)、牛乳(一升)、白蔹(一两)、芎藭(一两)、细辛
> (一两)、天门冬(一两半,去心,焙)、酥(三量)、白芷(一两)、白附
> 子(一两,生用)、白术(一两)、杏人(一两,汤浸,去皮、尖、双人
> [仁],别研如膏)
>
> 右件药捣罗为末,入杏人膏,研令匀。用牛乳及酥,于银锅
> 内,以慢火熬成膏。每夜涂面,旦以浆水洗之。

先把杏仁泡水,研成浓浆,然后将"鹿角霜"以及其他中药粉倾入
杏仁浆中,再与牛奶与酥油混合,盛在银锅里,用小火缓缓熬至膏态,
"鹿角膏"便制成了。用法则依然是每夜就寝前用这种膏涂在面上,
第二天晨起以后洗掉。宋代的这一新方法无需临时现磨煮软的鹿
角,在便捷方面当然是优于前代的"鹿角涂面方"。

"鹿角膏方"当中一个重要的因素,是直接使用"鹿角霜"。鹿角
所做的粉被美名为"鹿角霜",历代文献中相关的加工方式也不一而
足。(参见《本草纲目》"鹿"条)从文献介绍来看,只要有足够的耐心,
把鹿角煮软到"角白色,软如粉"(雷敩《炮炙论》),再焙、研成粉霜,并
不是很难做到的事情。并且,制作鹿角霜还与熬鹿角胶结合在一起,
一如李时珍所总结:

> 今人呼煮烂成粉者为"鹿角霜";取粉熬成胶,或只以浓汁熬
> 成膏者,为鹿角胶。

明末清初学者刘若金所著的《本草述》(中医古籍出版社,2005

年)中则录具了详细的工艺过程：

> 取鲜角，锯半寸长，置长水中浸三日，削去黑皮，入砂锅内，以清水浸过，不露角，桑柴火煮，从子至戌时止，旋旋添水，勿令火歇。如是者三日，角软，取出，晒干成霜。另用无灰酒入罐内，再熬成胶，阴干。……有入药及黄蜡同煎者，非古法也。

将鹿角在水中煮酥，在这一熬煮过程中，角内的胶质成分会融入水中。因此，把煮软的鹿角取出磨粉之后，对罐中的胶液继续加热，就可以熬成鹿角胶，真是一举两得。

早在宋代的《梦溪忘怀录》与《云笈七籖》中，已记有制作"麋角粉"的工艺。尤其是沈括所著《梦溪忘怀录》中的"麋角粥"一条，讲述煮制"麋角粉"与"麋角胶"的具体过程，与《本草述》以鹿角制粉制胶的方法基本一致。联系到《太平圣惠方》中对于鹿角霜的使用，可以肯定，宋人对于鹿角粉、鹿角胶的制作同样掌握熟练。

事实则是，鹿角胶也在宋代被开发为美容原料，如《太平圣惠方》的一个"令人面色润腻、鲜白如玉，面脂方"：

> 白附子（半两，生用）、鹿角胶（一两）、石盐（一分）、白术（一斤）、细辛（一两）、鸡子白（一枚）
>
> 右件药各细剉。先以水一斗五升煎白术，以布绞取汁六升。于银锅中以重汤煮取二升，后下诸药，更煮至半升，又以绵滤过，收于瓷合中。每夜临卧时，洗面了，干，拭涂之。

这个配方竟是直接以鹿角胶代替油脂、蜂蜡作为面脂的滋润剂，同时,也是利用这种胶中的胶原质来恢复皮肤弹性吧。

同一医书中还收有一款"永和公主药澡豆方",也是充分利用了鹿角胶的特质:

> 白芷(二两)、白敛(三两)、白及(三两)、白附子(三两)、白茯苓(三两)、白术(三两)、桃人(半升,汤浸,去皮)、杏人(半升,汤浸,去皮)、沉香(一两)、鹿角胶(三香)、麝香(半两、细研)、大豆面(五升)、糯米(二升)、皂荚(五挺)

> 右件药,先煎好浆水三大盏,销胶为清。即取糯米净淘,和胶清煮作粥,薄摊,晒之令干。和……细罗为散……令匀。又用酒半盏、白蜜二两……上销之,令蜜销,即……豆内拌之,令匀,晒干。常用洗手面佳。(文中省略号为原文模糊不清部分——作者注)

是用煮热的浆水把鹿角胶化开,然后倒入洗净的糯米,煮成稀粥。将稀粥薄摊在浅盘中,于阳光下晒干,再与多种配料一起捣成细末。另外还要调入酒和蜂蜜,再次和匀、晒干、捣粉,才制成为适宜于洗手、洗面的优质澡豆。

至于以鹿角制作的美容膏,到了明代《普济方》的"面膏"一节,有"鹿角散"方,在忠实照录《千金方》的"鹿角散"、"鹿角涂面方"之余,又对《太平圣惠方》的"鹿角膏方"做了一点修改:

> 一方:用牛乳及酥于银锅内慢火熬成膏,夜涂面上,良。仍以浆水洗之。一名"鹿角膏"。

174

没有使用鹿角霜，而是仍旧以鹿角为加工材料。不过，工艺的过程是直接用牛奶和酥油浸泡鹿角在锅内，小火熬成膏，作为晚妆时的保养膏。无论从制作还是从使用的角度，显然都是这个方子最为方便。

在玉女粉、鹿角散之外，历代医典中还记载有多款夜间保养美容的配方，有些非常简单，如利用桃仁、杏仁、李仁美白、去黑。《备急千金要方》所列"治人面皯黯黑，肤色粗陋，皮黑状丑"诸方，其中之一就是：

> 杏仁（末之）、鸡子白。
>
> 上二味，相和，夜涂面，明旦以米泔洗之。

再如《本草纲目》"李"条引"崔元亮海上方"：

> 用李核仁去皮，细研，以鸡子白和如稀饧，涂之。至旦以浆水洗去，后涂胡粉。不过五六日，效。

更多的配方则相当的复杂与讲究，如《备急千金要方》的"去粉滓、皯黯、皱、疱及䵟毛，令面悦泽光润如十四五时方"：

> 黄耆、白术、白敛、萎蕤、土瓜根、商陆、蜀水花、鹰屎白（各一两），防风（一两半），白芷、细辛、青木香、芎藭、白附子、杏仁（各二两）
>
> 上十五味，为末，以鸡子白和作铤，阴干。石上研取，浆水涂面，夜用，旦以水洗。细绢罗如粉，佳。

是把黄耆、杏仁等十五种草药及香料研成细末，最好能够将所有原料都研磨到极细的程度，并且用细绢加以罗筛，使得成品形态如粉。然后把这些药粉用鸡蛋清调匀，并且做成如墨铤一样的长条状，在背阴无风处晾干。使用的时候，在石面上洒浆水，像研墨一样，将"粉铤"研化，于临睡前涂在面上，第二天晨起后洗掉。这一种美容品不仅能祛黑、去皱、消痘，甚至还能除掉面上的茸毛。

又如同书一款"治粉滓䵟黯方"：

> 白敛（二铢），白石脂（六铢）。

> 上二味，捣、筛，以鸡子白和。夜卧涂面，旦用井花水洗。

让人好奇的是，类似这种配方所成的制品，是一种护理性的妆粉，抑或仅仅是在夜间使用的治理面部皮肤缺欠的药物？或者如此提问：这些制品涂到面上之后，效果更接近化妆白粉，还是更接近面膜？也许，今人只有通过实践，通过对古代配方加以复制，才能搞清相关的真相吧。

另外一个同样困扰的疑问是，这些医典中记录的林林总总的配方，究竟在实际生活中起到多大的作用？与普通人究竟有什么样的关系？它们只是些纸上的花样？还是另一种情况，人们真的曾经利用这些配方制作各种美容用品来修饰自身？有个例子可以非常清楚地说明历史上的情况。作者佚名的宋人笔记《枫窗小牍》中有这样一则资料：

> 汴京闺阁妆抹凡数变……膏沐芳香，花靬弓履，穷极金翠；

一袜一领，费至千钱。今闻虏中闺饰复尔。如瘦金莲方、莹面丸、遍体香，皆自北传南者。

此段话明显写于南宋时期，说北宋首都汴梁的女性时尚变幻迅速，错彩缤纷，无论卫生用品、化妆品、美容品，还是服装佩饰，都是不惜工本，造价昂贵。甚至在北宋灭亡以后，流风不灭，仍然是北方地区引领着时尚的演变，不断把新风气、新花色、新品种传送到南方。文中具体罗列了三种从江北传到江南的重要时髦用品——瘦金莲方、莹面丸、遍体香。其中，瘦金莲方、遍体香分别与《事林广记》的"西施脱骨汤"和"透肌五香圆"相对应。"西施脱骨汤"是用特制的药汤熏足，据说能让双脚的肌骨"软若束绵"，变绵软之后，自然也便更容易将之缠小。元人《居家必用事类全集》中则有"宫内缩莲步捷法"，所用药料与"西施脱骨汤"不同，熬出的药汤则是用于洗足，但目的一样，是通过药汤的作用，让双足"自然柔软易扎"。大约刊行于明初的《多能鄙事》中则有"女儿挼脚软足方"，也是用药料煮汤，将女孩的双足先熏后浸。三个方子都是专门为缠足发明的方法，"瘦金莲方"顾名思义正是同一类的特效配方，其名称都与"宫内缩莲步捷法"有着一致的意思。"透肌五香圆"则是来自于唐代的"五香丸"，是专用于含在口中、去口臭、生香爽齿的合成香丸，类似于今天的"口香糖"，据说是"频含咽，半日后口体间镇存香气"，所谓"遍体香"，显然正是"透肌五香圆"的更为通俗的、夸饰性的叫法。

《枫窗小牍》与《事林广记》互相形成对证，有力地显示，古代文献中记录的各种美容用品配方，绝不是仅仅停留在纸面上的死文字，而是实实在在地曾经被人们应用过。《枫窗小牍》中提到的第三种美容用品——莹面丸，在《圣济总录》中也可以找到完全对应得上的制品配方：

> 治面皯疱、令光白，涂面，白芷膏：
>
> 白芷、白敛（各三两），白术（三两半），白附子（炮，一两半），白茯苓（去黑皮，一两半），白芨、细辛（去苗、叶，各三两）。
>
> 右七味，捣罗为末，用鸡子白搜（溲），和匀，丸如弹子大。瓷盒中盛。每卧时先洗面，后取一丸，以浆水研化，涂面。明旦井华水洗之，不过七日，大效。

这种白芷膏，目的在于让面庞"光白"，形态则是做成"弹子"形的圆丸。这不正是"莹面丸"吗？并且，列在医典中的这款白芷膏，所取的草药成分便宜易得，制作也很方便，一般富裕家庭都能购买甚至自制。它其实与《事林广记》中的"钱王红白散"在原理上一致，只是后者甚至制作更为简单，用料更为便宜，并且，白芷膏用于夜妆，而钱王红白散用于晓妆；前者做成圆丸，使用时用米汤泡化，而后者是用酒浸泡成糊。但二者其实都是代替妆粉涂在面庞上，同时还对皮肤进行修护。

笔记中所记"莹面丸"与医典内的"白芷膏"互相吻合，医典内的"白芷膏"又与通俗生活百科书中的"钱王红白散"理路一致，这种种信息都说明着，便宜、廉价但同时疗效良好的种种美容护理用品，在宋代，以及在其前后的年代，很实在地被人们在生活中加以应用。

清末人王韬所著《海陬冶游录》(《香艳丛书》[二十集]，人民文学

出版社,1994 年)中记述了晚清上海青楼风气的种种,其中,关于化妆品,说道:

> 闺中香品,别有妙制。粉奁脂盝,必非市肆所陈乃佳。若能得内宫秘方,手为配合,则久用之后,肌理色泽,自觉光悦异常……学官西,张汉师家,著名已久,凡口脂、面药、澡豆、香囊,亦颇精巧。每当浴后茶余,芳馨袭人;留髡送客,薄解罗襦,令人心醉。

这段话一方面点出,传统社会中不乏"张汉师家"这样的专业美容化妆品商铺;另一方面则揭示,亲自动手自制所用的各种美容用品,是"闺中"一向普遍的风气,似乎青楼中对此尤其讲究。按当时人的观念,"市肆"上所出售的营利性质的美容用品一定质量可疑;最好是能够得到从皇宫中流传出来的、为后妃们所用的"内宫秘方",然后私家依方炮制,才能真正实现美容养颜的目的。看来,《事林广记》一类通俗生活知识书确实地发挥过传播化妆品制作方法的实际作用,另外,当然肯定还存在着心口相传等其他的流传途径。

女人的面庞与身体,如果坚持用各种各样的美容用品精心加以修饰、保养,其所散发的魅力,据说,简直就足以夺三军之帅,甚至,还不止于夺三军之帅呢:

> 洪武中,欧阳驸马挟四妓饮酒。事发,官逮妓急,妓分必死,欲毁其貌以觊万一之免。一老胥曰:"上神圣,慎不可欺。"妓曰:"何如?"胥曰:"若须沐浴极洁,仍以脂粉、香泽治面与身,令香远

彻而肌理妍艳，首饰衣服尽金宝锦绣，虽私服不可以寸素间之，务能当目夺志则可。"妓从之。比见，上曰："掳起杀了！"群妓解衣就缚，自外及内备及华烂，缯采珍具堆积满地，照耀左右。至裸体，装束不减而肤肉如玉，香闻远近。上曰："这小妮子，使我见了也当惑了。"遂叱放之。（《尧史》"脂粉门"引《稗史汇编》）

驸马女婿嫖妓，惹火了皇帝老丈人，这多半亦然是好事者编排的轶闻吧，不过，故事倒是风趣十足。久在人事当中翻滚、混成了精的老胥吏确实掌握到朱元璋的性格特点，面对这位既英敏又酷暴的雄主，绝对不能指望激发怜悯，但可以尝试用"世理"来加以征服。果然，洁白如玉、香随风传的年轻肉体，让朱元璋无可奈何，他马上明白到，对着如此的诱惑，任何一个正常的男人都会被"夺志"。身居九五之尊，男人身与男人心恰恰是最基点的那一块础石，如果居然冲着这样白而且香的异性身体发火生气，未免会在世界面前成了个笑话。所以，也便挥挥手，收敛起了那在史册中如此有名的暴躁。

玉簪粉

正式的化妆,对于有闲人家的女性来说,一天要进行两次。清晨起床之后,上一次妆,叫做"晨妆",如南朝梁武帝有《美人晨妆》诗;更多的情况,是称为"晓妆":

疏疏帘幕映娉婷。初试晓妆新。玉腕云边缓转,修蛾波上微颦。　　铅华淡薄,轻匀桃脸,深注樱唇。还似舞鸾窥沼,无情空恼行人。(宋人赵师侠《朝中措》)

此外,在大约傍晚时分,还要重新上一次妆,称为"晚妆":

月蛾星眼笑微频,柳夭桃艳不胜春,晚妆匀。(五代阎选《虞美人》)

幽香闲艳露华浓。晚妆慵,略匀红。(晁端礼《江城子》)

叶底蜂衔催日晚。向晚匀妆,巧画宫眉浅。(赵长卿《蝶恋花》)

无论晓妆还是晚妆,都至少有四个基本程序绝对不能减免:"铅华淡薄,轻匀桃脸,深注樱唇"以及"巧画宫眉"。

最基础的一步,用细粉为整个面庞匀涂上一层白色,就普遍的情况来说,必须是利用"铅华",即铅粉。按照医典与生活知识用书的提倡,对于从商家手里买来的铅粉,应该再做进一步的加工,如此而提高妆粉的最终品质,取得更好的化妆效果。《千金翼方》"妇人面药"一节便记有"炼粉方":

> 胡粉三大升,盆中盛水,投粉于水中熟搅,以鸡羽水上扫取。以旧、破鸡子十枚,去黄,泻白于瓷碗中,以粉置其上,以瓷碗密盖之,五升米下蒸之。乃暴干,研,用傅面,百倍省,面有光。

看起来,晋唐女性在买到胡粉成品之后,完全可以一如方中所示,自己动手提升质量——

第一步"投粉于水中熟搅,以鸡羽水上扫取",把铅粉倒在水中,大力搅拌,再用鸡毛来扫取浮起在水面上的粉,其作用应该是相当于"除去少量残存的易溶于水的醋酸铅"的"水洗"程序,也许,彼时生产的铅粉在质量上还比较粗,所以需要用户自己进行这一道加工吧。

然后,对破鸡蛋或陈鸡蛋巧加利用,打碎后,将蛋黄挑出,而把蛋清全部盛在一只瓷碗中,再将扫取而得的精粉倾倒在蛋清上,然后拿一只碗倒扣过来,将盛粉碗盖合严密。

接下来,把粉碗安置在饭甑当中,再在其上按比例倒入生米,让碗深深埋覆在生米之下。然后向灶中燃柴加热,待到米熟之时,便意味着加工完毕了。

最后一步,蒸过的粉下火,令其自然晒干,并加以细研。

如此的方式使得铅粉中加入鸡蛋清的成分,并让二者充分融合,其成品在化妆时使用,又省粉,又能让面庞倍显光泽。不过,为何非要把盛粉的瓷碗埋在生米中加热,却是个待解的疑问。《外台秘要》"苏澄去面奸及粉皵方"中也提到,将鸡蛋"泻着瓷器中,以胡粉两鸡子许,和研如膏,盖口,蒸之于五斗米下,熟,药成。封之,勿泄气"。实际上,把某种药料放在容器中,安置在生米中加热,在唐代医学中是很实用的一种加工方法,不仅限于胡粉的精炼。不过,值得注意的是,《千金翼方》的一款"面脂方",关于胡粉的使用,有提示为:

> 以帛四重裹,一石米下蒸之,熟,下,阴干。

是把铅粉用布帛重重包裹,然后放在饭甑中,用一石生米将其堆埋于下,再将饭甑盖合,起火加热。当米蒸熟之时,便可停火,让粉在阴凉处慢慢干燥。按照这个方子,同样是要把铅粉埋在米中加热。究竟其目的何在?

或许,《事林广记》中的"法制胡粉方"揭晓了谜底:

> 胡粉不拘多少。以鸡子一个,开窍子,去清、黄令尽,以填胡粉,向内令满,以纸泥口,于饭甑上蒸之。候黑气透鸡子壳外,即别换,更蒸,候黑气去尽。取用搽,经宿,永无清黑色,且是光泽。

在这个方子中,是把鸡蛋磕开,倒出其中的蛋清与蛋黄,然后满满填入胡粉,再用纸将壳上的窍口蒙覆起来,糊住。将这个蛋壳放到饭甑里蒸,看到鸡蛋壳变黑了,就将其取出,倒出其中的胡粉。随即,以同样的方式,把这些蒸过一次的胡粉再放入另一只空蛋壳里,入锅

江西德安南宋周氏墓中出土的银粉盒,内置一把荷叶造型的银粉匙,匙上仍然沾着宋时的白色妆粉。

进行二次蒸制。如此反复,直到鸡蛋壳不再泛现黑色为止。富有价值的一点提示在于,配方说明,成品"取用搽,经宿,永无清黑色,且是光泽"。由此可知,这个方子里潜含的观念是:通过加热,把铅粉中的毒素转移到鸡蛋壳中。经过如此加工的铅粉,其有毒成分被清除掉,即使长期使用,也不会对皮肤造成损害,不会导致皮肤变成"清黑色"。

在明代的《天工开物》中,"胡粉"一节明确地谈道:"揸妇人颊,能使本色转青。"铅粉是一种铅制品,本身具有铅毒,长期用来擦涂在皮肤上,会造成轻微的铅中毒,具体表现为皮肤发黑的现象。"法制胡粉方"非常清楚地证明,在宋代,铅粉对皮肤有损害作用,能让肤色变黑,这一事实不仅为人们所认识,而且在社会观念中得到广泛普及。人们想出来的对策,是通过加热的方法,消除或者至少减轻铅粉的潜在毒性。

由此，再回看《千金翼方》中关于胡粉的奇特加工方式，其意义也就不解自明了。把铅粉裹在几层布帛中，埋在米堆中热蒸，生米所起的作用一如鸡蛋壳，负责吸收粉中的铅毒。至于"炼粉方"中，却是将盛粉碗紧密盖合，再用米覆压在碗上，应该也是当时人以为能够消除铅毒的一种方式吧。

《事林广记》中宋人所用的"法制胡粉方"提供的办法虽然耗时长、效率低，但是非常简单，任何一个女性都可以在自家灶上实行，同时，除了铅粉之外，几乎不需任何成本，甚至鸡蛋的蛋液都被省下来另派用场。因此，这一"法制胡粉方"大约如"唐宫迎蝶粉"一样，是专为中等阶层家庭的女性预备的便捷之道，让她们在平时烧水做饭的灶头上对铅粉施与质量上的改进。《居家必用事类全集》中展示了元时的"鸡子粉方"，遵循着大致相同的路数，但却在配料上更为讲究：

> 鸡子一个，破顶，去黄，止用白。将光粉一处装满，入蜜陀僧半钱，纸糊顶了，再用纸浑裹，水湿之。以文武火煨，候干为度。取出，用匀面，终日不落，莹然如玉。

在鸡蛋的顶部开口，小心地倾出蛋黄，但是留下蛋清。再将铅粉与蜜陀僧拌匀，填到鸡蛋壳里。用纸将蛋壳层层糊住，并用水将糊纸濡湿，然后上火蒸，直到壳中的粉液完全被蒸干，即可下火。用从鸡蛋壳中倒出的成粉"匀面"，黏着性特别好，终日不会掉粉，同时还让面庞发出玉一样润泽的光泽。无疑，此一方法是把《千金翼方》"炼粉法"与《事林广记》"法制胡粉方"合而为一，既加入鸡蛋清作为让成品更加润泽有黏性的一味配料，同时又利用鸡蛋壳作为转移毒素的介质。

把粉包裹起来,放在饭锅里,上火蒸,通过热力的作用,促使铅粉中的毒素转移到包裹物中,这一做法究竟是否有科学的道理?反正古人对其效用很是相信,如《竹屿山房杂部》介绍明人所用的"珠子粉"一方,其中有一环为:

> 用上等定粉入玉簪花开头中,蒸,花青黑色为度。取出,配对(兑)。

把铅粉灌到玉簪花苞中,蒸到花瓣变成青黑色,就算大功告成。竟然想到用玉簪花代替鸡蛋壳,真是令人咋舌的清俏手法。

《竹屿山房杂部》编成于弘治甲子年(1504)。到了崇祯年间,常熟文人秦兰征创作了一组《天启宫词》,其中一首道是:

> 泻尽琼浆藕叶中,主腰梳洗日轮红。玉簪香粉蒸初熟,藏却珍珠待暖风。

诗后并有作者之注云:

> 时宫眷饰面,收紫茉莉实,拣取其仁,蒸熟用之,谓之"珍珠粉"。秋日,白鹤花发蕊,剪去其蒂,如小瓶然,实以民间所用胡粉,蒸熟用之,谓之"玉簪粉"。至立春仍用珍珠粉,盖珍珠粉遇西风易燥,而玉簪粉过冬无香也。此乃张后从民间传入者。又宫眷泻荷叶中露珠调粉饰面。梳洗时,以刺绣纱绫阔幅束胸腹间,名"主腰"。

按照秦兰征的说法,明代宫廷的化妆之道,乃是"秋日,白鹤花发蕊,剪去其蒂,如小瓶然。实以民间所用胡粉,蒸熟用之,谓之'玉簪粉'",正像《竹屿山房杂部》所说的"珠子粉"那样,把铅粉灌在剪去蒂头的玉簪花瓣中,再将这些灌了粉的花苞堆在饭甑内,在灶火上"蒸熟"。

清代的《本草纲目拾遗》中,"花部"之"玉簪花"条,也记述道:

> 《纲目》"玉簪"条载根、叶之用,独不言其花。今人取其含蕊,实铅粉其中,饭锅上蒸过,云能去铅气,且香透粉内,妇女以匀面,无黚黣之患。

看来,明清时代的人真的把铅粉灌在未开(含蕊)的玉簪花蕾当中,在饭锅里蒸,一来去铅毒,女性用这种去过铅毒的粉擦面,就不会再发生皮肤变黑、暗斑增多的现象了;二来能让玉簪花的香气沁透铅粉,等于同时也为铅粉作了熏香。

玉簪花将开未开之时,形状天然的"如小瓶",蕊中又含着持久的、幽独的馨芬,这一点激发了明人的灵感。妆粉一定要披染着香气,如"唐宫迎蝶粉"那样,用随时采摘的鲜花作为熏粉的素材,是宋人开创的清新方式,到了明人这里,又被俏皮地向前推了一步,干脆把初开的玉簪花当做盛粉的瓶儿。明人王路成书于万历四十六年(1618)的《花史左传》卷五"玉簪花"条有云:

> 白者,七月开花,取其含蕊,入粉少许,过夜,女子傅面,则幽香可爱。

当时有一种做法,夏季,从庭院中摘下尚未开放的玉簪花苞,向其中灌进少量妆粉,静置一夜,第二天早上将粉倾出,妆粉一夜间熏上了玉簪花的天香,正好用于上妆。

陈淏子著于康熙年间的《秘传花镜》一书中,卷五"玉簪花"条也记有:

> 取将开玉簪花,装铅粉在内,以线缚其口,令干。妇人用以傅面,经宿尚香。

编成于康熙末年的《御定佩文斋广群芳谱》有着同样的记录,只是字句间微有出入:

> 取未开者,装铅粉在内,以线缚口,久之,妇女用以傅面。经岁尚香。

《花史左传》所述熏粉法,是每次把足够第二天晓妆使用的铅粉灌入玉簪花苞,静置一夜,翌晨便取出使用。《秘传花镜》、《御定佩文斋广群芳谱》的方法则又发展了一步,把铅粉灌进一只又一只的玉簪花苞里,然后用线扎捆其花尖,就可以把粉密封在花房之内。灌入铅粉的花苞被收藏在函盒里,封盖严密,长久静置,花气沁粉,于是,玉簪花既是盛器,又是熏香料,还是长久存放的收贮手段。《红楼梦》"平儿理妆"一节最精确地再现了这一出人意外的熏盛妆粉的策略:

> 平儿听了有理,便去找粉,只不见粉。宝玉忙走至妆台前,将一个宣窑瓷盒揭开,里面盛着一排十根玉簪花棒,拈了一根递与平儿。

所谓"将一个宣窑磁盒揭开,里面盛着一排十根玉簪花棒",正是说宣窑瓷盒里放了十朵天然的玉簪花苞,每个花苞里都灌满了香粉。用的时候,就拿起一朵花,把其中的香粉倾倒出来,于是就有了"拈了一根"、"倒在掌中看时"这样的动作。

想来,是受到玉簪花苞含粉熏香这一做法的启发,明人将之与既有的"鸡子粉"加热去毒的技术加以融汇,从而创造了"玉簪蒸粉"的工艺。玉簪花瓣代替鸡蛋壳用以吸收铅毒,同时,加热之下,花香会迅速被粉吸收,可谓一举两得。

依《天启宫词》的简略诗注,铅粉在玉簪花中热蒸之后,即可用于上妆。然而,"珠子粉"方却指示,这只是加工的最初一环,蒸去铅毒的铅粉,还要"配对(兑)",与各种香料、药料兑和在一起。"珠子粉"的配料中有朱砂,因此实际上是一款高档红粉。《居家必用事类全集》中的"常用和粉方"则透露出,真正高档的白色妆粉,应该是在铅粉的基础上,再配以名贵香料,并且加有几味修护皮肤的药料:

好粉(一两),蜜陀僧(一钱),脑、麝(各少许),白檀(一钱),蛤粉(半两),轻粉(一钱),黄连(半钱,水淘,置纸上,干),黄粉(二钱),白米粉子(二钱)

右件为细末,和匀,用。

大致相同的配方,还出现在明代的《香奁润色》当中:

梨花白面香粉方:

官粉(十两)、蜜陀僧(二钱)、轻粉(五钱)、白檀(二两)、麝香

189

清代后妃所用的金嵌翠玉圆粉盒(北京故宫博物院藏)

（一钱）、蛤粉（五钱）

前三项先研绝细，加入麝香，每日鸡子白和水调，傅，令面莹
白绝似梨花，更香，汉宫第一方也。

从其文义推测，是把蜜陀僧、轻粉、白檀香研成极细的粉，并且加入
麝香，再与铅粉、蛤粉掺匀在一起，作为最终的妆粉成品。化妆时，用清
水滴入鸡蛋清，对其加以稀释，然后用调和得稀稠适度的蛋清液来调粉，
如此形成的湿粉擦到面上，会让面色呈现梨花一般细嫩的洁白。

奢侈品史上永远玩不腻的招数之一,就是挂靠历史上据传为风流华丽的宫廷,把自己打造成出处神秘、来历高贵的传世经典,并且,越是晚出的玩意,越要把自家的身世推溯向遥远模糊的时光深处。"梨花白面香粉方"不仅被冠以娇娆的名称,而且用"汉宫第一方"作包装,说赵飞燕们的时代就使用这样的粉来化妆,这一说法固然漂亮,却找不到任何凭据作为支持。不过,赵飞燕所生活的时代,可能的情况是,轻粉尚未发明,蜜陀僧还没有传入,麝香、檀香也还都是陌生的事物,那么,这位美女所用的妆粉究竟是怎样的构成,倒确实是个大有意义的题目。

珍珠粉

在《天启宫词》中,进一步地,秦兰征诗注还说,用玉簪花蒸过的铅粉乃是专门供冬天使用,原因在于,秋天用玉簪花蒸过的铅粉,经过一冬天之后,所染上的花香就消退掉了。因此,立春以后,明宫中的后妃要改用"紫茉莉实",将其籽实中的白粉取出,在火上蒸熟,这种花籽做成的粉,就叫"珍珠粉"。

也许,在实际的情形上,女性们在作面妆之时,主要就是以白色的铅粉为修容的手段。不过,在文献当中却每每可以读到,为了尽量避免铅粉对于皮肤的损害,人们一直在尽力寻找各种替代品。由此而催生的形形色色的尝试与经验,是前现代的社会对于世界的感受与想象,也沉淀了前现代的社会所特有的质感,那是为我们的身体与心魂所遗失的一种觉悟。

据德龄所著《御香缥缈录》,一天,慈禧太后兴起,曾经亲口讲述其所使用的粉,乃是采用以米粉为主、少用铅粉的做法:

> 现在先说我们所用的这种粉:它的原料其实也和寻常的粉

一般是用米研成细粉，加些铅便得，并且你从表面上看，它的颜色反而尤比寻常的粉黄一些，但在实际上，却大有区分。

第一，它们的原料的选择是十分精细的，不仅用一种米；新上市的白米之外，还得用颜色已发微紫的陈米，如此，粉质便可特别的细软。第二，磨制的手续也决不像外面那样的草草，新米和陈米拣净之后，都得用大小不同的磨子研磨上五六次；先在较粗的石磨中研，研净后筛细，再倒入较细的石磨中去研，研后再筛，这样研了筛、筛了研的工作，全都由几个有经验的老太监担任，可说是丝毫不苟的。这两种不同的米粉既研细了，就得互相配合起来，配合的分量也有一定，不能太多太少，否则色泽方面便要大受影响。第三，我们这种粉的里面，虽是为了要不使它易于团结成片的缘故，也象外面一样的加入铅粉在内，然而所加的分量是很少很少的，只仅仅使它不团起来就得；外面所制的往往一味滥加，以致用的人隔了一年半载，便深受铅毒，脸色渐渐发起青来，连皮肤也跟着粗糙了，有几种甚至会使人的脸在不知不觉中变黑起来；如果在举行什么朝典的时候，我们的脸色忽然变了黑色，岂不要闹成一桩绝大的笑话！

朱家溍先生已经指出，《御香缥缈录》全然是出于迎合西方读者的小说杜撰，其中所叙均与史实毫无关系。因此，慈禧太后大抵不曾说过这番话。况且，文中没有谈到，粉中应添加香料以及中药成分，本身也就可疑。一位皇太后的化妆粉难道会如此简单吗？不过，德龄所杜撰的这一段话，大约是来自于她在当时生活中的见闻，其所提到的以米粉为主、少加铅粉这一配制方式,对于我们了解古代擦脸粉的制作,似乎仍有一定的参考意义。

从文献来看,除了弃铅粉而以米粉作面妆这个可能性之外,传统中还有一项实践长久的经验,就是从自然植物的叶、根、籽中寻找铅粉的替代品。这一类妆粉最初发明出来之时,往往是专门用于夜间保养,但是,随着时间的进程,纷纷被转化成上"日妆"的手段。《千金翼方》有一款"面脂"方,就显得颇富特色:

> 杏仁(二升,去皮、尖)、白附子(三两)、蜜陀僧(二两,研如粉)、生白羊髓(二升半)、真珠(十四枚,研如粉)、白鲜皮(一两)、鸡子白(七枚)、胡粉(二两。以帛四重裹,一石米下蒸之,熟,下,阴干。)
>
> 上八味,以清酒二升半,先取杏仁,盆中研之如膏。又下鸡子白,研二百遍。捣、筛诸药,纳之,研五百遍至千遍,弥佳。初研杏仁,即少下酒薄,渐渐下,使尽,药成。以指捻看如脂,即可用也。草药,绢筛,直取细如粉,佳。

是以杏仁为主要原料,将其与清酒一起盛在盆中,仔细研成膏状。再加入鸡蛋清,细研二百遍。其他材料事先捣成细末,经过筛滤,然后将所得的细粉下在杏仁、酒与蛋清合成的白膏中。同时还要加入生白羊髓,作为面脂所必不可少的膏脂成分。后下的材料中包括珍珠末,说明这是一款高档制品。另外,铅粉事先经过火蒸的加工,而对于研制过程则有着"研二百遍"、"研五百遍至千遍"的严格要求,以及兑和药料要"渐渐下"的嘱咐,让人忍不住猜测,六世纪前后宫廷所设尚药局一类机构为后妃命妇们制作精品面脂的秘密，幸运地留迹在此了。

在这个奢侈的配方中，杏仁所占比例如此之高，并且加有少量胡粉，这就不能不考虑，作为成品的面脂并非透明的油膏，而是呈白色，一旦涂到面上，就等于为脸庞涂上了一层白粉。醒目的是，只使用很少的胡粉，大约是出于"不着胡粉，不着人面"的考虑，也就是说，这里是以杏仁磨成的膏浆来形成对于胡粉的替代。

实际上，彻底摒弃胡粉，以其他直接取于自然、无毒而有益的材料制作妆粉，是历史上人们一直的努力所在。草木灰粉就被尝试直接作为白天的化妆粉使用，如现藏法国巴黎国立图书馆的敦煌出土唐代医书残本《头、目、产病方书》（编号 P·3930）中，在介绍枸杞子、叶治疗头皮白屑的方子后，有一方云：

> 又方，更烧，浑赤即停，使冷。更捣作末，即浆泮之，更烧，如是八遍，以牛乳泮，烧之令赤，出了，捣、研作粉，和蜜浆，涂面甚妙。（604 页）

是将枸杞的籽与叶烧成灰，然后用米汤拌和成团，入炉煅烤，研成末，如此反复八遍。最后一遍则用牛奶拌团煅烤，再研成细粉，当做妆粉来"涂面"。

再如鹿角，最初出现在《肘后备急方》中，很明确地是用于夜间保养。然而，到了盛唐时代的《外台秘要》里，却摇身成了化妆用的红粉，得名曰："鹿角桃花粉"。书中先出具了"崔氏鹿角粉方"：

取角，三四寸截之，乃向炊灶底烧一遍。去中心虚恶者，并除黑皮，讫，捣作末，以绢筛下，水和。帛练四五重，置角末于中，绞作团，大小任意。于炭火中熟烧，即将出火，令冷。又捣碎作末，还以水和，更以帛练四五重，绞作团。如此四五遍烧、捣碎，皆用水和。已后更三遍，用牛乳和，烧、捣一依前法。更捣碎，于瓷器中用玉锤研作末。将和桃花粉，佳。

与水煮加工的方式不同，这里采取的是另一种途径，对鹿角加以反复火烧，一如同书中炼益母草灰的工艺。按初唐人孟诜《食疗本草》（上海古籍出版社，2007 年）的记载，鹿角在煅烧工艺之下，可以化"如玉粉"。具体过程则极为繁琐，把鹿角截碎，先在灶中烧一遍，去掉粗质，再捣成末，加水调成泥，用四五层生绢包起来，将其用力捏成团，然后把这个鹿角泥团再次入火烧。一旦烧透，便出火放凉，重新捣成末，然后重复上述过程。烧、捣四五遍之后，改用牛奶调泥，再反复入火三次，最后捣成细粉，就是鹿角粉的成品。然而，这只是为接下来制作"桃花粉"所作的一步预备而已：

又桃花粉方：

光明砂、雄黄、熏黄（并研末），真朱（疑应为"珠"——作者注）末、鹰粪、珊瑚、云母粉、麝香（用当门子）、鹿角粉（无问多少，各等分）。

右九味，研，以细为佳。就中鹿角粉多少许，无妨。

将光明砂、雄黄、熏黄、珍珠末、鹰粪、珊瑚、云母粉、麝香都研成细粉,越细越佳,再与鹿角粉掺和在一起,就得到了"桃花粉"。值得注意的是,粉中加有朱砂(光明砂),说明这是一款红粉,用于为脸蛋画颊红,因此是日妆所用之粉,其得名"桃花粉",也是由于粉呈红色而来。鹿角桃花粉是利用鹿角制作妆粉的一个最为夸张的例子。如此昂贵的化妆品,一般人怎么可能承受得起,大约当初道士们真的曾经用它去蒙哄杨贵妃、秦国夫人之流的贵妇吧!

不过,不要因为"鹿角桃花粉"用料奢侈到近乎梦幻的地步,就怀疑其可信性。《食疗本草》"麋"条有曰:

> 于浆水中研为泥,涂面,令不皱,光华可爱。

在晋唐时代,麋鹿角也被一样地开发成妆粉,使用方式与《千金翼方》的"鹿角涂面方"大致相同。可见,鹿角、麋鹿角烧、煮成粉、膏,代替铅粉修饰面庞,在鹿、麋成群遍野的古代中国,根本算不上多么奇特的行为。令人吃惊的倒是,这一款制品居然一路流传下来,出现在明代的《香奁润色》中,列在"治美人面上皱路方"一项下,并被特地注明为"妙方":

> 麋角(二两)。
>
> 用蜜水,细磨如糊,常用涂面,光彩照人,可爱。

不知是否真的有人在十六世纪时实践过这一美容方式?

在《事林广记》中,被认为能够为皮肤增白的几味草药也被直接加工成妆粉,唤作"钱王红白散":

> 白及、石榴皮、白附子、冬瓜子、笃耨香各一两,为末,以法酒

紫茉莉（《植物名实图考》）

浸三日，洗去（疑应为面——作者注）毕，傅之。七日面莹如玉，
频用尤佳。

因此，明清时代传诵一时的、紫茉莉花籽做成的"珍珠粉"，正是
缀放在上述这一美容经验的宛曼枝条上的一朵晚花。紫茉莉又叫
"草茉莉"，俗称晚饭花，在今天，是一种很平常的花草，往往可以在庭
院中看到。然而，极其震撼的是，这种毫不贵重的植物"原产美洲热
带"（《中国花经》，陈俊愉、程绪珂主编，上海文化出版社，1990 年，
266 页）。难道，一曲《天启宫词》，其实竟然与哥伦布抵达美洲之后
波澜蒸腾的世界历史暗相关涉吗？

总之，这一不知如何乘着大帆船破风踏浪而来的美洲植物，在明
代的中国获得了栽植的成功，并被民间女性开发为便宜易得的化妆

品材料，一如清初屈大均《广东新语》卷二十五"茉莉"一条所说："又有紫茉莉，春间下子（籽）；早开午收，一名胭脂花，可以点唇；子（籽）有白粉可傅面。"它的花朵可以榨汁做胭脂，所以也得名"胭脂花"，而成熟、变黑的果实中满是细腻的白粉，则是铅粉的最佳替代品，因此，在民间它其实还有个极惹绮想的名字："宫粉花"。

秦兰征在《天启宫词》的相关注文中点明："此乃张后从民间传入者。"依其所说，用茉莉花籽中的白粉制作"珍珠粉"，原本是民间的风气，而明熹宗懿安皇后张氏将其带进了宫中。秦兰征在自序中谈道，他的百首《宫词》作品，是考虑到"国史大书"往往不会记录宫闱细碎，于是"采辑旧闻，谱诸声律"，也就是以民间相传的轶闻作为底本，以诗歌的体裁，为后人保留一些明代宫廷生活的可能的细节。清人杭世骏在为之所作的序中，虽然充分肯定了这组作品的价值，但同时也疑问道："饮食之征，技作之细，宫中行乐秘，少有外人知，楚芳何所据而知之，何所知而歌之咏之？占灯拥髻，有樊通德其人乎？吾不得而知也。"由于不清楚秦兰征的资讯来源，所以也就无法确定其所叙内容的真实度。也许，有意思的是，这组作品有意将张皇后塑造为一个端正、娴静、富有才学的正面人物，从而让一段明人自己都深感羞愧的黑暗历史终究显出一丝亮色。作者在另一首诗注中说：

> 张后性淡静，爱憎稍与众异。客氏教宫人效江南，作广袖低髻，尤为张后所厌薄。春秋佳日，驾幸西苑，坤宁宫侍从多不逾三四十辈，其装束如图画所绘古人像，客氏往往目笑之。

不管当时的真相如何，这里照例采用了一个固定的模式：坏女人

（客氏）喜欢最新出炉的时尚，好女人（张皇后）不为流行风气所动；坏女人只知道追随浅薄粗俗的坏趣味，好女人则能够从古典中汲取灵感——因此，是好女人，而不是坏女人，才真正善于制造迥出常人的"风格"。并且，好女人是通过所坚持的不同流俗的、采自"古典"的妆饰风格，来完成对于内心贞静的坚守，于是，时尚这样一种往往被目为社会道德的负面指标的现象，也因她而获得了救赎。传说张皇后将民间使用珍珠粉的做法带入宫中，也是类似的一笔：好女人并非不懂得时尚，实际上她在时尚的灵感方面远胜于坏女人，只是她在选择时尚之时还有美德的考虑。珍珠粉在性能上，甚至在风雅上，都远胜过铅粉，同时，紫茉莉花与玉簪花都是很容易栽植的花种，因此，制作珍珠粉、玉簪粉的成本很低，这就意味着，张皇后所提倡的风雅同时具有着朴素的风范。同样的都是"民间"的风气，客氏撷取的是靡费丝绸、不惜民生的"广袖"，张皇后却引入了用花籽做的妆粉，甚至妆粉的熏香都舍弃了珍贵香料，巧妙地以玉簪花来完成，二人在智力以及品德上的高下，自然是判然分明了。

大约正是因为张皇后将珍珠粉带入明宫的传说，致使紫茉莉做妆粉这一典故在清初的文献中屡屡被提及。虞山文士王誉昌在康熙年间所作的《崇祯宫词》中，还把这一风气与崇祯皇帝联系在一起：

剪玉研珠按候施，腻和芳泽掩冰姿。只应土偶需涂抹，尽把铅华让与伊。

诗后注云：

　　　　宫中收紫茉莉实,研细蒸熟,名"珍珠粉"。取白鹤花蕊剪去
蒂,实以民间所用胡粉,蒸熟,名"玉簪粉"。此懿安从外传入,宫
眷皆用之。顾上不喜涂泽,每见施粉稍重者,笑曰:"浑似庙中鬼
脸。"故一时俱尚轻淡。

作者相信,也希望其他读到其作品的人相信,珍珠粉虽然是由张
皇后引入,但是,其在明末宫中的流行,却与崇祯皇帝的好尚有关。
崇祯不喜欢浓妆艳抹,由于这个缘故,当时的后妃都放弃了铅粉,用
轻淡的花粉打粉底。

既知得这一段典故,"平儿理妆"那一段至美的情节,也就不难明
白其由来了:

　　　　平儿听了有理,便去找粉,只不见粉。宝玉忙走至妆台前,
将一个宣窑磁盒揭开,里面盛着一排十根玉簪花棒,拈了一根,
递与平儿,又笑向他道:"这不是铅粉。这是紫茉莉花种,研碎
了,兑上料制的。"

近代学者王伯沆早已指出曹公此处描写与《天启宫词》的关系。
不过,怡红院中的妆粉,还不仅仅是依凭秦兰征作品而成。按《天启
宫词》的说法,张皇后带入宫中的妆粉做法非常细致,有着季节之分,
冬天用灌在玉簪花中蒸过的铅粉,季节转暖之后,则改用紫茉莉制的
珍珠粉。到了曹公笔下,却简化成把茉莉籽粉灌在玉簪花苞中保存,
实际上,这一笔法是采用了《秘传花镜》、《御定佩文斋广群芳谱》所介
绍的熏粉法。显然,曹雪芹是将明末清初流行过的几种制作、熏香妆

粉的方法加以了综合,设计出了这样一种程序:

把紫茉莉的花籽研碎,得到其中的白粉。然后"兑上料",也就是将冰片、麝香等贵重原料,乃至轻粉等修护皮肤的药料,各个研成细末,与紫茉莉的白粉兑到一起。再摘来将开未开的玉簪花,把成品灌到花苞中。将这样的花苞以一盒十只的形式,盛放在宣窑瓷盒内,免得走漏香气。这样,在密封性能很好的瓷盒中,香粉裹在玉簪花苞内"养"一阵,慢慢就熏得了玉簪的花香。具体使用起来,则是随时将一只宣窑瓷盒放在妆台的抽屉里,每次取一只花苞,倾出苞中之粉到掌中,用水或花露之类濡湿,扑到面上。

紫茉莉花种的白粉,是从植物中获得的纯天然制品,不会有伤害皮肤的副作用,当然更加有利于肌肤健康。这样的制品由平儿具体感受起来,不仅"摊在面上也容易匀净",而且有着"润泽肌肤,不似别的粉青重涩滞"的奇妙效果,其形态则是"轻白红香,四样俱美"。不过,如此奢侈到极点的擦脸粉,在当时,即使是真有其事,也一定很少见、很珍罕,并非普遍使用之物。《红楼梦》第五十六回,"敏探春兴利除宿弊"一节就在无意中说明,当时贾府的奶奶、小姐们的脂粉,都是由"买办"或者奶妈的儿子从"铺子里"购买。对于日常生活来说,怡红院中的珍奇,似乎,是一等折腾不起的例外。

蔷薇硝

> 一日清晓,宝钗春困已醒,搴帷下榻,微觉轻寒,启户视之,见苑中土润苔青。原来五更时,落了几点微雨……湘云因说两腮作痒,恐又犯了杏斑癣,因问宝钗要些蔷薇硝来。(《红楼梦》第五十九回)

好一幅"美人春起图"! 读者激赏之余,又不免要失笑:小姐春天脸颊上生癣,这个很多女孩子都不能避免的烦恼,到了曹翁笔下,也被表达得分外诗意,为微雨的、青润的春晨,添画上闺阁的色彩。

大观园里女孩子多,春天一来,"桃花癣"——小说中呼为"杏斑癣"——就成了园子里的普遍现象,"擦春癣的蔷薇硝"也就成了抢手货。于是,在接下来的一回,"蔷薇硝"竟然应运而成了引发大乱的导火索。"茉莉粉替去蔷薇硝,玫瑰露引来茯苓霜"——仅仅这章目,就可以借用书中对于怡红院化妆粉的形容,真是"轻红香白,四样俱美"。不过,在如此让人心醉的题目下,情节却是赵姨娘与芳官等人以一战多的一场散打,参战者齐齐使出最泼辣的市井手段。"三个女人一条墟"，热闹之余，读者也会打个问号：硝，怎么可以"擦脸"、治春癣呢？

翻查医典，却不见任何关于"硝"可以治癣的记录。实际上，传统中有一种"峭粉"，历来被认为有"外傅，杀疮疥癣虫、风痒瘰疬、下疳阴疮、一切毒疮，去风杀虫"（《本草述》）的功效，明人张介宾《景岳全书》更具体提到治疗"风疮瘙痒"（"轻粉"）的药性。这种峭粉是用水银升炼而成，因此又称"水银粉"、"汞粉"，此外还有"轻粉"、"腻粉"等名称，《本草纲目》在"水银粉"条下对于这一药物有非常详细的记录，如关于其多种名称的由来："轻言其质，峭言其状，腻言其性。"推测起来，《红楼梦》中所说的"擦春癣"的"硝"，应是民间的通行叫法，乃是对于"峭粉"一称的讹呼。另外，明末人刘若金《本草述》中，"水银粉"一条有记载道：

> 方书曰：矾石同焰硝可炼水银成粉。历稽升汞粉者，多不能离此二味……（38页）

在元代以后，矾石与焰硝都是升炼水银粉所必用的原料，也许，正是因此，民间才会约定俗成地将这种水银粉制品呼为"硝"吧。

在初唐的《千金翼方》中，已经列有"飞水银霜方"，观察其所出具的工艺，制成的"水银霜"正是后世所说的水银粉，亦即峭粉。这一工艺被明确地列在"妇人面药"一节当中，同节还列有一个"面药方"，更是对水银霜的具体运用：

> 朱砂（研）、雄黄（研）、水银霜（各半两），胡粉（二两），黄鹰屎

（一升）。

> 上五味，合和，净洗面，夜涂之。以一两药和面脂，令稠如
> 泥。先于夜欲卧时，以澡豆净洗面并手，干拭，以药涂面，厚薄如
> 寻常涂面厚薄。乃以指细细熟摩之，令药与肉相入，乃卧。一上
> 经五日五夜勿洗面，止就上作妆即得，要不洗面。至第六夜洗
> 面，涂一如前法。满三度，洗，更不涂也，一如常洗面也，其色光
> 净，与未涂时百倍也。

把水银霜与研细的朱砂、雄黄、黄鹰屎、胡粉一起用面脂调成糊，
每夜清洗面部皮肤之后，就用这种治疗性脂糊代替普通的化妆粉，涂
在脸上作为夜妆。涂上后五天不洗，到第六天洗掉，重新涂一遍，如
此反复三次，就可以停止使用了。经过这一番护理，皮肤要比护理前
"光洁百倍"。

《备急千金要方》中"治面多䵟䵳、面皮粗涩、令人不老，皆主之
方"，内容与《千金翼方》"面药方"完全一样，但对这种面药的作用有
更清楚的说明："所有恶物一切皆除，数倍少嫩。"也就是能除去面上
的一切疮、痘、黑斑等，让皮肤加倍光洁。有意思的是，方尾叮嘱："不
传，神秘。"这显示，在初唐，水银粉的炼制及其功能，还都属于在道士
中间小范围流传的新技术成就，是炼丹术所开拓出的又一项新成绩。
确实，在时代更早的《备急肘后方》中，路数大致相同的治疗方法，却
只有水银可以使用（"葛氏疗年少气充，面生疱疮"方以及"治病癣疥
恶疮方第三十九"一节中的多个方子）。可见，水银霜的炼制成功，是
发生在南北朝至唐之间的一项重要成绩。

到了比《千金方》时代略晚的《外台秘要》中，其"'救急'疗面䵟方"，对于水银霜有了更精确的使用方式：

> 芍药、茯苓、杏人（去皮）、防风、细辛、白芷（各一两），白蜜（一合）。

> 右七味捣为散。先以水银霜傅面三日，方始取前件，白蜜以和散药，傅面。夜中傅之，不得见风日。向晓任意作粉。能常用，大佳。每夜先须浆水洗面，后傅药。

是单纯的用水银霜涂面，连续三天，然后才使用复合的修护药粉。

在宋代官修的《圣济总录》中，则已明确地指明，"腻粉"用于治疗"诸疥"、"诸癣"。《事林广记》中更列出了"太真红玉膏"一方：

> 杏仁（去皮）、滑石、轻粉各等分，为末，蒸过，入脑、麝少许，以鸡子清和匀。常早洗面毕，傅之，旬日后，色如红玉。

轻粉就是水银霜的另一种叫法，实际上，在宋代以后的医典、美容书中，"轻粉"是这一种化学制品最通行的称呼。在配料中，轻粉占到三分之一的分量，俨然是一款主料，太真红玉膏应该是以治癣为目标。

《本草纲目》记录有"升炼轻粉法"：

> 用水银一两、白矾二两、食盐一两，同研，不见星，铺于铁器内。以小乌盆覆之。筛灶灰，水和，封固盆口。以炭打二炷香，取开，则粉升于盆上矣。其白如雪，轻盈可爱。一两汞可升粉八

钱。……又法：先以皂矾四两、盐一两、焰消（硝）五钱，共炒黄，为曲。水银一两，又曲二两、白矾一钱，研匀，如上升炼。

成品是"其白如雪，轻盈可爱"，可见，轻粉本身就可以作为白色化妆粉使用。太真红玉膏的另外两味原料为滑石和杏仁，滑石粉是铅粉发明之前就在使用的古老化妆粉之一，同时还有治"痱疹"的药性（《本草纲目》"风瘙疹痱"）；杏仁能去除皮肤上的赘生黑斑，以其磨粉或磨浆，所得的成品也呈白色。方中所指示的办法，是将同等分量的去皮杏仁、滑石、轻粉一起研成细末，在火上蒸过，再加入少许龙脑和麝香，用鸡蛋清调成膏浆的形态，在每天早晨进行洁面的程序之后，将这种幽香依依的白色粉糊涂在脸上。也就是说，这种白膏不仅去黑、治癣，同时也能完成擦粉的程序，以其匀面，既是上药，也是上妆。在制作修护型妆粉时，尽量不用铅粉，而是代之以其他材质的白色细粉，这是传统美容中很重要的一个实践方面，在此也得到了贯彻。托名"太真"，显然是以杨玉环为号召，标榜此乃当年杨贵妃用过的美容秘方。这一对于名人的挂靠是否有根据，倒是难以轻易断定，不过，我们确实通过这个方子了解到宋代女性治癣用妆粉的考究。

顺便应说明的是，至晚从元代起，高档的化妆粉、营养护理粉、膏，一般都要加入少量的轻粉，以在日常的保养中随时杀疗灭癣，从而达到皮肤光滑细腻的状态。《居家必用事类全集》中的两种香粉方、《竹屿山房杂部》中的"珠子粉"、《香奁润色》中"梨花白面香粉方"便都加有轻粉，甚至《居家必用事类全集》的"利汗红粉"，作为夏天的"爽身粉"，也一样地不缺少轻粉这款材料。古代闺中对于身体的皮肤保养,那可真是相当的讲究。因此,若以为古代化妆品的衍演当中不存在与科学进步的共振,那绝对是一种盲视。

贾环以为自己要到了"蔷薇硝",到彩云面前献殷勤,说:"我也得了一包好的,送你擦脸。你常说蔷薇硝擦癣比外头的银硝强,你且看看可是这个?"点明蔷薇硝的用场在于"擦脸"。面对化妆用的茉莉粉与治癣的蔷薇硝,贾环竟然看不出其中的区别,可见蔷薇硝恰恰是"其白如雪,轻盈可爱",足以与化妆粉相混。因此,蔷薇硝的功能、使用方式应与太真红玉膏大致接近,是一种带有药性的特制妆粉,当女性患癣的时节,用蜜、鸡蛋清将这种白粉调湿,擦涂在脸上,代替妆粉,起到化妆与药治的双重作用。

贾环的话还透露出,当时民间市面上所卖的、用于治春癣的普通"硝"粉叫做"银硝"。《本草述》中则引录有这样的资讯:

> 《仙制本草》云:真水银粉体轻色白,如雪片可爱,撮些须放铜铁器内,置火上化无痕。假者多挽石膏,焚之有滓,亦有挽朴硝者。大都此味宜如法自制,乃可用,市肆中物固不可凭也。(39 页)

市场上售卖的水银粉制品,会掺有石膏粉,或者掺有朴硝粉。石膏粉也是洁白细腻,长期以来一直被用于制作各种营养护理型的化妆粉。朴硝如果经煎、澄、煮等工序,也可以"结成白消(硝),如冰如蜡"(《本草纲目》"朴消")。贾环口中的"外头的银硝",显然就是市场上一般出售的掺有石膏粉或者朴硝粉的产品,雪白如银,因此被称为"银硝"。宣统元年十一月二十日的《醒世画报》一则题为"好漂亮"的八卦报道中,有这样的句子:"原来是一个男子……擦着一脸的粉硝,浑身的衣服就不用提够多们漂亮啦。如今正是竞争的时代,这类妆饰不能让妓女专利"(《旧京醒世画报》,杨炳延主编,中国文联出版社,2003年,129页)。该则消息意在讽刺某男子如女性一样打扮,不过,其中提到了"擦着一脸的粉硝",可见,在清代,硝粉乃是极为日常的一种修护皮肤的化妆粉。

怡红院中的化妆品,不管哪一种,都要比世间人的所用更胜一筹,连丫鬟治癣的硝,都是"擦癣比外头的银硝强"的蔷薇硝。强在何处?自然,配料成分要更为精细,比如不会加石膏粉或朴硝粉,而是合有其他同样对皮肤有修护或保养作用的中草药成分。另外,蔷薇硝散发"一股清香",而在《本草纲目拾遗》中,列有"野蔷薇"条:

> 《百草镜》:山野与家种无异,但形不大,花皆粉红色,单瓣,无千叶者。春月,山人采其花,售与粉店,蒸粉货售,为妇女面药,云其香可辟汗、去黚黑。

在那个时代的江南,一到春天,农民们就会到山野中采摘野蔷薇花,出售给化妆品店,而化妆品店则会用这些花朵"蒸粉",制成"面药",出售给女性。当时人认定野蔷薇花的香气能够去除汗味,还能消减皮肤上的黑斑。擦癣的"硝"当然是"面药"的一种,因此,可以推测,《红楼梦》中所说的"蔷薇硝",就是用野蔷薇花蒸过,熏上了花香,也因此,而被命之以如此宜人的名称。

蔷薇露

想来，七百多年前，在勾栏瓦舍的演出中，当珠帘秀们唱到《谢天香》(即《钱大尹智宠谢天香》)中关于化妆的一段唱词，必伴着一个个优美的、程式化的然而确实提炼自现实生活的动作，对这些凭空的比比画画，观众一定心领神会：

> 送的那水护衣为头，先使了熬麸浆细香澡豆，暖的那温湆清手面轻揉；打底干南定粉，把蔷薇露和就。破开那苏合香油，我嫌棘针梢燎的来油臭。哪里敢深蘸着指头搽，我则索轻将绵絮纽。

妙的是，这一段唱词大致完整地再现了化面妆的程序，即使七百年已经过去，进入了现代生活的女性们在化妆方式上其实并没有根本的变化：首先用去油垢的洗面用品仔细清洁皮肤，然后给面庞打底粉，再涂口红。

关汉卿写出了"打底干南定粉，把蔷薇露和就"这样的唱词，他在心目中一定假定，观众对这一化妆方式非常熟悉，所以一听就能懂。

210

毕竟,元杂剧不同于明曲,不是以少数士大夫精英为设定的观剧对象。另一位元代作家汤舜民作有散曲《一枝花》"夏闺怨",其中也有词为:

蔷薇露羞和腻粉,兰蕊膏倦揽琼酥。

乔梦符《小桃红》以"晓妆"为题,则写道:

露冷蔷薇晓初试,淡匀脂。

在所著杂剧《玉箫女两世姻缘》中,他再次提到蔷薇露用于上妆:"想着他和蔷薇花露清,点胭脂红蜡冷。"这些曲词应该是意味着,"蔷薇露"对于元人来说绝对不是很生僻的词汇,用蔷薇露来调和化妆粉,在当时是广为人们所知的一种化妆方法。

进入现代化的过程以来,对于传统的记忆断裂是惊人的巨大。比如说到香水,大家都会认为这是欧洲的特产,是晚清以来传入中国的洋货之一。在此之前,中国人与"花露"曾经的上千年的结缘,被忘得干干净净,以至所有人都武断地以为这一段缘分从来不曾发生。但是,《谢天香》显示,元代的普通人即使没有财力亲自体验香水的芬芳,也能通过各种途径——比如戏文——对这一种神奇的奢侈品有所了解。

传统上,鲜花蒸馏而成的香水被称作"花露"。中国人对于花露的认识,则是以阿拉伯玫瑰香水——蔷薇露为起点。史料记载,蔷薇露在五代时首次登陆中国,在宋代,进口的蔷薇露,以及更大量的广州生产的仿制品,被广泛应用于制造高档香品。(参见扬之水《琉璃

瓶与蔷薇水》,《古诗文名物考证》,紫禁城出版社,2004年,126—135页)也是在这个时代,蔷薇露开始用于女性化妆:

> 美人晓镜玉妆台,仙掌承来傅粉腮。莹彻琉璃瓶外影,闻香不待蜡封开。(虞俦《广东漕王侨卿寄蔷薇露因用韵》二首之一)

"仙掌承来傅粉腮"之"仙掌",实际是借用"仙人承露盘"的典故,形容蔷薇露仿佛如天降的甘露一般神奇。因此,这个句子的意思恰恰是说,神奇的蔷薇露被涂覆在美人的粉腮上。这么说来,在宋人那里,就已经是"打底干南定粉,把蔷薇露和就"了!

蔷薇露与香粉之结缘,是由于古代具体的化妆方式所致。化妆粉常有的状态之一是干粉末,直接向皮肤上扑,无法粘挂牢靠,所以得借助水或油等液体加以调湿。汪曾祺先生的小说《云致秋行状》当中,曾经提到旧时戏班里用"粉彩"化妆的状况:

> 小时在科班里,化妆,哪儿给你准备蜜呀,用一大块冰糖,拿开水一沏,师父给你抹一脸冰糖水,就往上扑粉。

再如《事林广记》记载"东宫迎蝶粉"的使用方式,是将小米研成的"细粉","每水调少许,着器内",随时拿出其中的一小部分,用水调成湿粉,放在专备的粉盒中,这样,一旦到化妆的时刻,就有现成的湿粉用来涂面。此外,《竹屿山房杂部》"鸡子粉"方后有注云:"今熬熟鹅膏,和合香油,和粉匀面,发光泽而馨。"所介绍的方法,实际是用熟鹅膏与香油合成面脂,再用这油性的面脂来调粉。实际上,东汉刘熙所著的《释名》一书中,关于胡粉,阐释道:"胡粉。胡,糊也,脂和以涂

212

面也"(《释首饰》)。这本著作中的很多解释过于任意和武断,对此学者们早有定论。因此,说"胡粉"之"胡"是合于"糊"意,大约是靠不住的望文生义。不过,刘熙如此的发挥却反映出,在他所生活的时代,以动物脂油调和妆粉是最通行的上妆办法。

另外,为了保存和运输的方便,商品化的铅粉最常见的形式,是做成凝块状,如锭,如瓦,如小窝头。据王永滨先生《北京的商业街和老字号》一书的介绍,粉锭在使用的时候,是凭借水、牛奶等液体将之浸泡成糊:

> 因此,锭粉俗称"窝头粉"。用水沏开,涂于脸上,既白又香,为旧时北京妇女化妆的佳品。清皇宫的妃嫔和有地位的贵夫人,是用奶调沏窝头粉,并加冰糖,这样擦在皮肤上,显得滋润和光彩。(240页)

文中所说"用水沏开",应该意指用水泡窝头粉,让其慢慢被泡软,估计还需小杵之类的工具上阵,将泡酥的粉锭捣细,变成水与粉充分匀和的湿粉。

由此可知,纯水;把冰糖沏在水中;把蜜与水相调;或者把冰糖化在牛奶中;油性的面脂,等等,都是传统生活中比较常用的调粉手段。使用冰糖、蜜,当然是因为这两样东西具有黏性,更容易帮助粉留挂在皮肤上,同时,冰糖、蜜具有滋润皮肤的保养效果,恐怕也是它们被选中的原因。不过,非常有意思的是,清人王初桐所编《奁史》卷七十四"脂粉门"中,引录一本唤作《佩环余韵》的著作中的理论:

匀粉,用蜜则近粘,且有光,不若蔷薇露或荷花露,略以蜜汁少许搅之。

所宣扬的观点为,调粉的时候,如果单纯用蜜,那么调出的粉过于粘腻,而且有亮光,化妆的效果不会理想。因此,不如采用蔷薇露或者荷花露,不过要向这花露中略微加入一点蜜汁,把露与蜜搅匀,然后再以之调粉。

从文献来看,在传统化妆方法当中,以蔷薇露为代表的花露,也就是鲜花蒸馏而成的香水,确实被看作最优雅但也比较奢侈的调粉方法。如康熙年间编辑的《御定佩文斋广群芳谱》中,"蔷薇"一条便记道:

蔷薇露出大食国、占城国、爪哇国、回回国,番名阿剌吉。洒衣,经岁其香不歇。能疗人心疾,不独调粉为妇人面饰而已。

写明蔷薇露的重要通途之一是调粉上妆。

生活于清朝道光、咸丰年间的顾禄在所著《桐桥倚棹录》(中华书局,2008年)中记述,在他所置身的年代,虎丘仰苏楼、静月轩以出售僧人所制的花露驰名遐迩。在记述当中,顾禄录引了时人郭麟《咏花露·天香》一词,其中有句云:"谢娘理妆趁晓。面初匀,粉光融了。"随后又有尤维熊作和词一首,更细腻地涉及花露与化妆的关系:

试调井华新水。面才匀,扫眉还未。惯共粉奁脂箧,上伊纤指。向晚妆台一饷,又融入犀梳枕双鬌。梦醒余香,绿鬟犹腻。

其中,"试调井华新水。面才匀,扫眉还未",显然是指先用清晨新汲的井水稀释花露,再以之和粉匀面这一当时日常可见的化妆程序。

如果相信明末文人秦兰征的叙写,那么,在花露——人工蒸馏的精华液之外,古代女性还很看重另一种"露"——大自然在夜间从地面蒸发水分再凝结在草木叶上的天然露水。在秦兰征作于崇祯年间的《天启宫词》组诗中,记录了这样的传闻:

> 泻尽琼浆藕叶中,主腰梳洗日轮红。

诗后注云:"又宫眷泻荷叶中露珠,调粉饰面。梳洗时,以刺绣纱、绫阔幅束胸腹间,名'主腰'。"在那个时期,民间一度流传说,明代的宫廷中,后妃们清晨梳妆之前,会有小太监提着小罐,趁日头未出赶到荷塘里,把荷叶的凹蒂里积存的夜露倾倒到罐中,这样一朵荷叶又一朵荷叶地收集到足够的露水,供各宫主位调粉上妆。

啊,一声叹息……一位几乎不知名的文士,以寥寥的字句,就能把月落,日出,御苑荷池,六宫寝殿,皇妃,宫女,太监,宫门启键声,丝手巾投在金水盆内搅起的热汽,括尽其中。中国传统的文字世界中,最盛产的就是数不清的美得无可名状、意蕴深涵的故事,与十九世纪欧洲熏陶给我们的类型所不同的、另一种故事。

兰泽

在烂漫的芍药花光中,大观园美丽的女孩子们给宝玉、平儿、宝琴、岫烟四个"寿星"过生日。宝玉爱热闹,忙着提议说:"雅坐无趣,须要行令才好。"接下来,众金钗饮酒行令为乐,果然有趣得很,带得读者都要一起笑起来。最活泼的当然是湘云,她先是限定"酒底要关人事的果菜名",随后被"请君入瓮",就念出了这样一句酒底:"这鸭头不是那丫头,头上那讨桂花油。"

众人越发笑起来。引得晴雯、小螺、莺儿等一干人都走过来说:"云姑娘会开心儿,拿着我们取笑儿,快罚一杯才罢。怎见得我们就该擦桂花油的?倒得每人给一瓶子桂花油擦擦。"(《红楼梦》第六十二回)

桂花油曾经是中国女人最普遍使用的头油,只是在很晚近的年代(大约民国以后)才被逐步淘汰。那么,湘云的玩笑怎么会引起晴雯们的抗议呢?《红楼梦》自己提供了答案。第五十八回,芳官为洗头的事和干娘吵得不可开交,袭人"取了一瓶花露油并些鸡蛋、香皂、

216

头绳之类，叫了一个婆子来，送给芳官去，叫他另要水自己洗，不许吵了"。怡红院中使用的化妆品，色色都是那个时代最高级的精品，这一点，在书中时时得到暗示。芳官和干娘的一场混吵中，同样的消息再次被随手透露出来：怡红院的丫鬟擦头发，可不用民间流行的桂花油，她们用的是"花露油"。考虑到一起来向湘云抗议的还有宝琴的丫鬟小螺、宝钗的丫鬟莺儿"等一干人"，说明在当时的富贵人家，女性使用"花露油"的情况相当普遍。

嘲笑一个女性使用的化妆品低档，不时髦，最犯忌了。更何况，头油是最重要的美容化妆用品之一，其地位绝不下于胭脂和香粉。关于其重要性，汉人桓宽早在《盐铁论》中就一声棒喝："毛嫱，天下之姣人也，待香泽、脂粉而后容。"（"殊路"篇）毛嫱，是春秋时代与西施齐名的大美女，就是这样的天生美人坯子，也得依靠头油（"香泽"）和脂粉的帮衬，才能呈现出美丽迷人的形象。绝色美女尚且如此，普通人就更要靠头油来撑场面了。因此，头油是每个女人不可或缺的美容用品，起着最关键的作用。所以，怎么可以嘲笑一个女孩的头油呢。这等于在今天嘲笑谁谁的唇膏或者眼影不够高档，不是精品，是把人家从品味、眼界到经济实力、社会地位，整个地给否定了。

不过，说起来，在花露油之前，桂花油也曾经拥有过头油"新品"的身份，曾经作为新发明的美容用品，时兴过，风光过。在它出世的时候，也面对着一段长长的前代历史。

头油，据研究，早在《诗经》时代就是最基本的美容品了：

　　　　自伯之东，首如飞蓬。岂无膏沐，谁适为容？（《诗经·卫

风·伯兮》)

朱熹注："膏，所以泽发者。"(《诗集传》卷三，中华书局，1958 年，40 页)另外，"沐"是指专门用来洗头发的米汁，当时的土制洗发液。(参见《四库全书》《钦定诗经传说汇纂》中的相关注释)诗中的女主人公不仅可以用米汁来洗去头发的垢腻，而且还有头油——"膏"——擦到洗干净的头发上，让头发光亮、滑顺。这一节诗翻成白话大意就是：

> 自从哥哥你去征东，我的头发就乱如蓬。不是没有头油、洗发液，可哪有动力搞美容？

时代稍晚，"泽"成了头油最常见的称呼。如《楚辞·大招》形容艳姬的动人："粉白黛黑，施芳泽只。"东汉王逸注云："言美女又工妆饰，傅着脂粉，面白如玉，黛画眉，鬈黑而光净，又施芳泽，其芳香郁渥也。"(《楚辞章句》卷十)诗中的楚地美女，面上的化妆已经非常亮眼，发鬈上还搽了"芳泽"，散发出浓烈的芳香。诗句以及王逸之注都极具代表性，指明了古代头油的最大特点——注重香气。因为芳香，所以头油在古代更流行的称呼是"香泽"，如《史記》"淳于髡传"中就有"罗襦襟解，微闻香泽"的句子。

泽而有香，这就需要有好的香料。最初，只有本土出产的天然香草可供使用，于是，古老的土产天然香料兰草和蕙草就成了最基本的原料。头油也因此往往被称为"兰泽"，战国时代，宋玉《神女赋》中已有"沐兰泽，含若芳"的形容，汉人枚乘《七发》中也称美女们"被兰泽"。《本草纲目》中引唐代医家陈藏器之言,说得清楚:"兰草生泽畔,妇人和油泽头,故云兰泽。"

兰泽,也被称为"兰膏"。西汉长沙马王堆三号墓中,所出"遣策"(陪葬物品清单)有整套化妆品的记录:"粉付奁二。小付奁三,盛脂,其一盛栉。圆付奁二,盛兰膏。"经考古学家比对,墓中一件"锥画双层六子奁"下层所盛小奁盒中,有两件小圆奁,即符合遣策所记"圆付奁二,盛兰膏"。其中一件小圆奁中,在出土时,"奁内有黑色酱状物"。(《长沙马王堆二、三号墓汉墓(第一卷)——田野考古发掘报告》,湖南省博物馆、湖南省文物考古研究所编著,文物出版社,2004年,148页。该书以下简称《报告》)《报告》中推测:"疑为铅粉一类化妆品。"恐怕是误会。这黑色酱状物,明明是珍贵的汉代头油"兰膏"呀,也是我们现在所见到的最古老的头油实物。

兰泽制作的基本原理,是把兰草放入油内浸润,让香精浸到油中,所以庾信《镜赋》中有"泽渍香兰"之句。不过,光靠"浸",效果未必佳,还要再加上一个程序——"煎",通过热力来进行催化作用。《肘后备急方》中有"敷用方,头不光泽,腊泽饰发方"以及"作香泽涂发方",就记载了用油煎多味香料以制腊泽、香泽的方法,其中所用的香料为——青木香、白芷、零陵香、甘松香、泽兰。

泽兰,也就是宋以前时代所说的兰草,又叫都梁香、孩儿菊等,与今天所说的兰花完全是不同的两种植物,属于菊科。零陵香则是另一种古老的重要香草——蕙草,又叫薰草,与明清时代所说的"蕙"也并非一种。(详见孙机先生所著《古兰与今兰》,该文收于《寻常的精致》,杨泓、孙机著,辽宁教育出版社,1996年,168—173页)汉人刘向

《说苑》有云："十步之泽，必有香草。"古代的中国，是一片造化赐福的丰饶土地，大自然中处处都有野生植物散发着芳香。当女性需要香料的时候，走到林间水畔，就可以摘来泽兰、蕙草等天然芳香植物。不过，正如李时珍《本草纲目》"薰草"一条非常睿智地指出："楚辞云：既滋兰之九畹，又树蕙之百亩。则古人皆栽之矣。"在屈原的时代，对兰、蕙等香草加以人工种植，应该已经很普遍了。

李时珍所引用的，乃是《离骚》中的著名章句：

> 余既滋兰之九畹兮，又树蕙之百亩。畦留夷与揭车兮，杂杜衡与芳芷。冀枝叶之峻茂兮，愿俟时乎吾将刈。虽萎绝其亦何伤兮？哀众芳之芜秽。

对人心与人世都感到失望与愤怒的幽人，独自退居到森林与湖沼的边缘，种上大片的香兰，再将零陵香草栽得畦行整齐，望之成茵，又在畦垄间交杂地植下留夷、揭车、杜衡与芳芷。原本希望看到碧芳幽茂，结果却迎来一片枯萎的景象，在被所爱伊人违弃承诺之后，这高洁的灵魂又遭遇了大自然的无情。屈原在这里想要表达的意思是何等的深沉，同时，千百年来让中国人一代又一代神摇心荡的，还有另一种感动——他那伟大的吟咏不仅镌刻下了一颗傲洁心灵的痛绝，还让楚地的萋萋芳草，披沐着公元前四世纪的阳光，垂挂着久已消失的湿泽蒸腾而成的清露，始终在时光中簌簌摇风，枝叶交碧，直到今天，直到将来。

不过，长诗中说种植兰、蕙的面积达"九畹"、"百亩"之广，大约属于狂想。晋人陶弘景说："今处处有之，多生下湿地。叶微香，可煎油

《神农本草经中药彩色图谱》认为，佩兰便是古时的兰草。

及作浴汤。人家多种之，而叶小异。"从"人家多种之"一句来看，直到魏晋时代，所谓人工种植，最常见的形式，依然是一家一户在自家小规模地栽种，满足自家的所需。南朝人袁淑赋诗曰：

> 种兰忌当门，怀璧莫向楚。楚少别玉人，门非植兰所。(《南史》"袁淑传")

诗中说，种兰一定要注意场地的选择，不能种在供人出入的门道上，原因当然不难明白，往来热闹、奔走忙碌的人们绝对不会容许有香草挡道，一定会将之除去。其本意在于喻示高洁之士在俗人世界的生存之不易，不过却无意地证明了，人工种植兰草，特别是在私家庭院里种植兰草，在南北朝时代乃是非常普遍的事情。

唐高宗时代的医学家苏恭指出："人间亦多种之,以饰庭池。"在入唐前后的时段,这种香料植物更进一步地被发展成观赏植物,种植在花园或庭院的池塘畔。按李世民《芳兰》一诗的描状:

> 春晖开禁苑,淑景媚兰场。映庭含浅色,凝露泫浮光。日丽参差影,风传轻重香。会须君子折,佩里作芬芳。

初唐时代,在宫廷、禁苑,在贵族的府邸与园林,兰草、蕙草等香草被有意地大量种植,既用于观赏,也供随时采摘作为香料。因此,甚至有一种观点认为:"家莳者为兰草,野生者为泽兰。"由人工种植而成者即称为兰草,而在湿地野生的则呼作"泽兰"。

在宫禁,在贵族园邸,香草的种植当然会有专人负责,但是,对于一般人家来说,这一工作非常细碎,收成的兰草又主要是为女性所用,于是,种兰便成了女性专属的事务。《淮南子》中有"男子树兰,美而不芳"(卷十"缪称训")的说法,按这种观念,男性如果种香兰,顶多能把兰草护理得长势旺盛,葱碧可爱,但是,却无论如何都无法让其香气郁郁。原因是兰与男子"情不相与往来也",就是说,兰草与女性气类相同,情性相通,而与男性天生相克,因此,兰草一经男性栽种,就会蜕变成没有意义的萧艾。也就意味着,必须是在女性的手底,兰草才会焕发出本性。据说,兰草有一种称呼叫做"女兰",据李时珍猜测,就是来源于这个典故。实际上,如此观点的产生,很可能恰恰由于,在先秦、秦汉时代,至少是在民间,这种香草以及蕙草等由女性负责种植。

按文献记载来看,在私家种植很普遍的时代,兰草的加工也比较简单，"凡用大小泽兰，细锉，以绢袋盛，悬于屋南畔角上，令干，用"，把割下的兰草切细，用绢袋盛起，挂在房屋南角的檐下，任其风干，然后就可以使用。在从楚辞到唐诗的十来个世纪里，大约，一个勤劳、自尊的女性，她的房前屋后，一定会种着成片的兰草，在她家的檐角下，一定会吊着多只盛满兰草碎片的绢袋。

考虑唯女性才种兰这一古老风俗，屈原在诗中所设置的"余"，就尤其是个令人吟味不已的角色。有心人无妨先去读过闻一多先生关于这位天降诗灵的分析，然后再品味"余"在《离骚》中集男性之峻伟与女性之幽婉于一身的双性特征，真正地潜入长诗中且怨且恋的那一重纠结心境。

干兰草（《和汉药百科图鉴》[Ⅱ]）

甲煎香泽

《齐民要术》中的"合香泽法"，清晰详细地把北朝时代制造香泽的配方、工序保留了下来：

> 好清酒以浸香。（夏用冷酒，春秋温酒令暖，冬则小热。）鸡舌香（俗人以其似丁子，故为"丁子香"也）、藿香、苜蓿、泽兰香凡四种，以新绵裹而浸之。（夏一宿，春秋再宿，冬三宿。）用胡麻油两分，猪脂一分，内铜铛中，即以浸香酒和之，煎数沸后，便缓火微煎，然后下所浸香煎。缓火至暮，水尽沸定，乃熟。（以火头内泽中作声者，水未尽；有烟出，无声者，水尽也。）泽欲熟时，下少许青蒿以发色。以绵羃铛觜、瓶口，泻着瓶中。

第一步，要将香料用干净的新丝绵包裹起来，投在清酒中浸泡。季节不同，浸泡的条件也不一样：夏天用冷酒，泡一夜；春秋两季则是把酒加温到有暖度的状态，然后将香料包泡上两夜；冬天则是要让酒在"小热"的程度，把香料包投进去，泡足三夜。第二步，是将芝麻油与猪油按二比一的比例，一起倒在铜锅里，先加入泡过香料的清酒，大火加热。等锅中沸腾数次之后，转为小火慢熬，在这时，把泡过的香料也倒入油中。如此一直熬上一天，待到油中的酒水全部蒸发掉，油面没有沸滚的现象，香泽便算是大功告成了。用一片丝绵蒙住锅嘴，再用一片丝绵蒙住预备盛油之瓶的瓶口，将锅中的香泽滤入瓶中。

意味深长的是，这里所出的配方，原料并不止于"泽兰香"，也就是古老的兰草这一本土香料。鸡舌香、藿香、苜蓿、胡麻（芝麻）都是在汉代通西域和平定南方之后，从异地引入中原的新事物。同样的，《肘后备急方》中"敷用方，头不光泽，腊泽饰发方"用到青木香和甘松香，对那个时代而言，这两种香料也是从中原以外的地区进口而来，是发现未久的新鲜东西。中国香料史上划时代的巨变，恰恰在香泽这样的生活细节中清晰地折射出来。

梁简文帝《乐府》诗云："八月香油好煎泽。"（明人杨慎《丹铅总录》卷四"香泽"）本来不太好理解，读过《齐民要术》中的方子才明白：诗中的香油是指芝麻油，是当时做香泽必须要有的一味原料。实际上，在其后的漫漫年代里，芝麻油长期保持着在香泽制造中的这一重要地位。《齐民要术》中介绍的化妆品配方，往往用到动物油脂，如香泽的原料之一就是猪脂，这或许是受到北朝时代游牧民族生活作风的影响，或许是古来制作头油的通行办法。"岂无膏沐"中，作为头油的"膏"，其本来字义乃是指脂肪，让人猜测，先秦时代的头油原料也少不了猪脂一类的东西。但是，到了唐代，制造香泽的配方中就不见了猪脂的踪影，完全由香油替代了它的作用。

鸡舌香、藿香的出现就更加引人注目，这二者在当时都是贵重的进口香料。（参见《唐代的外来文明》，[美]谢弗著，中国社会科学出版社,1995年,364、366页)应该说,从东汉开始,与西域以及南海贸易的展开,带来了各种优质的香料新品,一下打开了中国人的眼界。香泽的制造,也飞跃上了一个新台阶。《北史》"魏本纪"中记载,西魏文帝大统元年,"九月,有司奏煎御香泽,须钱万贯。帝以军旅在外,停之",制造香泽居然要这么大开销,也许就是因为要使用外国进口香料的缘故。

几个世纪之后,和凝的一首《宫词》,呼应了前代的这一条历史记录:

> 鱼犀月掌夜通头,自著盘莺锦臂䩺。多把沉、檀配龙、麝,宫中掌浸十香油。

诗中讲一位负责给后妃护理头发的宫女,半夜就寝前,她用半月形的犀梳为后妃"通头",就是把头发反复梳滑溜,避免缠结、打绺,同时也有舒活头皮、保养头发的作用。为了避免袖子碍事,她特意用"臂䩺",也就是护膊,紧缠在小臂上,把袖头缠紧;宫中事事豪华,连工作用的护膊,都是用织着盘莺纹的彩锦做成。这样一种为贵妇梳理头发的侍女形象,在《女史箴图》中有非常生动的表现。

诗中接着写道,这位宫女还有一项重责:负责制作宫中使用的头油,也就是所谓"御香泽"。"御香泽"的制作可不一般,要大量使用沉香、檀香、龙脑、麝香等贵重香料,原料要在十味或十味以上,所以,这位宫女具体分工负责的"御香泽",在当时被叫做"十香油"。

看起来,诗的女主人公为"司饰"一类的女官,据《旧唐书》"职官志","六尚"中的"尚服"下设司饰二人,"掌膏沐巾栉"。不过,新、旧

226

唐代长沙窑釉下绿彩盒（《长沙窑》），盒盖上明标"油合"二字，显然是彼时女性所用的头油盒。

《唐书》都记载，"合口脂匠"设在尚药局，归殿中省管辖，并非由后宫女官统领。从医书所记化妆品配方可以看出，香泽、口脂、面脂的制作往往互相联系在一起，所以，所谓"合口脂匠"在当时会负责一切相关的化妆品制作，也包括香泽在内。因此，和凝描写一位善于调制贵重香泽的宫廷女官，不知是否有现实依据。

然而，说唐时最高档的头油是"十香油"，可并不夸张。《备急千金要方》中记有"烧香泽法"（"七窍病·唇病"），共用十二味名贵香料，计有：沉香、甲香、丁香、麝香、檀香、苏合香、薰陆香、零陵香、白胶香、藿香、甘松香、泽兰，以及胡麻油。其中，只有零陵香（蕙草）、泽兰（兰草）是先秦时代就已经使用的本土香料，其他十种都是从东汉以来逐渐传入或开发的新品香料，其中大多数属于进口货。"多把沉、檀配龙、麝"一句中提到的四样香料，除了龙脑之外，沉香、檀香、麝香都确实列在《备急千金要方》"烧香泽法"的原料表里，可见诗人的写作不是即兴发挥，而是有现实依据。

在具体的工艺上，《备急千金要方》的"烧香泽法"也与《齐民要术》截然不同：

> 沉香、甲香、丁香、麝香、檀香、苏合香、薰陆香、零陵香、白胶香、藿香、甘松香、泽兰。
>
> 上十二味，各六两。胡麻油五升，先煎油，令熟，乃下白胶香、藿香、甘松、泽兰。少时，下火，绵滤，内瓷瓶中。余八种香捣作末，以蜜和，勿过湿，内着一小瓷瓶中，令满。以绵幕口，竹十字络之。以小瓶覆大瓶上，两口相合，密泥泥之。乃掘地埋油瓶，令口与地平，乃聚干牛粪烧之七日七夜，不须急。满十二日火，尤佳。待冷，出之，即成。其瓶并须熟泥匀，厚一寸，曝干，乃可用。（一方，用糠火烧之。）

一如已经指出的，在这个方子里，猪脂的成分被摒除了。第一步，也是把白膠香、藿香、甘松、泽兰四味香料放到香油中，煎煮一遍。不过，这仅仅是个开头而已，然后，要把泽兰等香料从油中滤出，滤清的香油再倒入一只瓷瓶里。这只瓷瓶事先已经用稠泥在瓶身外围糊上了一层达一寸厚的泥壁，并在阳光下晒干。——这里且称之为"油瓶"。

同时，沉香等八味香料被捣成细末，用蜂蜜拌合在一起，灌入一只体积更小、外壁同样厚敷干泥的瓷瓶，将瓶腹填满。——为了下面讲述的清楚,我们将这只小瓶名为"香瓶"。用丝绵片蒙在香瓶的瓶口,并以竹片在瓶口上勒成一个十字交叉的箍罩,避免绵片掉落。然后,将香瓶翻转,底在上,口在下,如此扣立于油瓶上。需注意的是,香瓶虽然体积小,但瓶口需与油瓶在口径上大小一致,这样,倒扣过来之后,才能与油瓶的瓶口对合。用泥仔细把两只瓶的瓶口接合处糊死,下一步,在地上挖个坑,将油瓶的瓶身部分整个地埋入地下,只留瓶口与地面齐平。于是,就只有倒置的、内里添满蜜拌香料的小瓷瓶(香瓶)戳立在地面上,用干牛粪作为燃料,把这小瓷瓶埋覆起来,点火慢慢烘烤,火一定要缓,少则七天七夜,最好多达十二天,让瓶内的蜜汁在低温的持续催化之下,吸取八味香料中的香精,然后一点点渗过瓶口的绵片,滴入其下的油瓶当中。

书中将这一生产过程名为"制香泽法",那么,最终的制品自然就是"香泽"了。不过,"制香泽法"却又是被列在"甲煎口脂——治唇白无血色及口臭方"之下,是作为"甲煎口脂"制作的第一环。紧接的环节,则是"炼蜡合甲煎法",在这一配方的叙述中,"制香泽法"一环所得的产品却是被呼为"甲煎"。到了盛唐时代的《外台秘要》中,则明确地列有"崔氏烧甲煎香泽合口脂方"。由此看来,唐代"十香油"一类用多种香料精心制作的头油,也被叫作"甲煎香泽"。

"崔氏烧甲煎香泽合口脂方"显示了异常精巧、复杂的工艺过程。然而,令人惊奇的是,其第一步,几乎是《齐民要术》"合香泽法"的完整复制:

　　　　兰泽香(半斤)、零陵香(一斤)、甘松香(五两)、吴藿香(六两)、新压乌麻油(一升)。

> 右五味并大斤两，拣择精细，暖水净洗。以酒水渍，使调匀。经一日一夜。并着铜铛中，缓火煮之，经一宿——通前满两日两宿——唯须缓火。煎讫，漉去香滓，澄取清，以绵滤摅，讫，内着瓷坩中。勿令香气泄出，封闭使如法。

在北朝时代，这一步的成品就可以作为头油使用了。但是，到了盛唐时代，它却只是最初步的备料。接下来的一步，与《备急千金要方》"烧香泽法"相同，但是更为细致：

> 沉香(一斤)，丁香、甲香(各一两)，麝香、薰陆香、艾纳(各半小两)，白胶香、苏合香(各一两)。
>
> 右八味，并大斤两，令别捣如麻子大。先炼白蜜，去上沫尽，即取沉香等于漆盘中和之，使调匀。若香干，取前件香泽和，使匀散。内着瓷器中使实，看瓶大小，取香多少。别以绵裹，以塞瓶口，缓急量之，仍用青竹篾三条拣之。即覆瓶口于前件所烧香泽瓶口上，仍使两口上下相合。然后穿地，埋着香泽瓶，口共地平。覆合香瓷瓶，令露，乃以湿纸缠瓶口相合处，然后以麻泥瓶口边厚三寸，盛香瓶上亦令遍，厚一寸。以炭火绕瓶四边，缓炙，使薄干，然后始用糠火——马粪火亦佳——烧经三宿四日，勿得断火。看之，必使调匀，不得有多少之处，香汁即下不匀。三宿四日烧讫，即住火，其香泽火伤多即焦，令带少生气，佳。仍停经两日，使香饼(应为"瓶"——作者注)冷讫，然始开其上瓶。摅除却，更取别瓶，内一分香于瓶中烧之，一依前法。若无别瓶，还取

旧瓶,亦得。其三分者香并烧讫,未得即开,仍经三日三夜,停,除火讫,又经两日,其甲煎成讫,澄清,斟量取,依色铸泻。其沉香少即少着香泽,只一遍烧上香瓶,亦得好味。

这个方子补充了若干细节,让我们可以非常好地理解甲煎香泽的制作过程。待熏烤的香料要加工得如芝麻大小;拌和的蜜还要先炼过,撇去浮沫;如果用蜜拌香料无法得到足够的湿度,那么还可以加入少许已然煎好的香油。火烤过程中需注意的事项也一一得到了提示:先用炭火在香瓶周围烧一阵,把糊在瓶上的泥烤干,然后才改用糠火或者马粪火隔瓶烤炙瓶内的蜜、油拌的香料。在长达三夜四日的低温加热过程中,要始终有专人照看,不能有火灭的现象;瓶周围的火不能不匀,否则瓶中带着香精下滴的蜜油的滴速也会不匀;也不能超过三夜四天这个期限,加热过长,香料会焦煳,让香油也带上焦味。停火之后,要静待两天,等着火温慢慢退掉,然后才能扒掉干泥,去除掉上面的香料瓶。如果没那么奢侈的话,那么,此时下瓶里的香油就可以取出使用了。但是,假如真讲究的话,还得第二次、第三次在油瓶上倒扣填满蜜拌香料的小瓶,将繁琐的加热过程再重复两次。

阅读甲煎香泽这样的细节,是一条感性的最佳途径,帮助人去领悟大唐岁月的盛世繁华。

翠罂油

今天,五十岁以上的人还有这样的记忆:比他们更老一到两辈的农村老太太,在梳纂儿之前,会用刨花水作为头油,拿小刷子沾着刨花水往头发上刷。需要感谢作家汪曾祺,为日渐远去的记忆留下了文字的证词:"他家的绒线店是一个不大的连家店。店面的招牌上虽然写着'京广洋货,零趸批发',所卖的却只是……刨花、捵子(涂刨花水用的小刷子)……"并且为"刨花"作注道:"桐木刨出来的薄薄的木条。泡在水里,稍带粘性。过去女人梳头掠发,离不开它。"(《岁寒三友》)

古代给头发涂香泽的方法,与刨花水的使用大致一样,陶渊明《闲情赋》中表达得十分清楚:"愿在发而为泽,刷玄鬓于颓肩。悲佳人之屡沐,从白水以枯煎。"他把美发的程序化作了多情的比喻:假如能触到她的头发,我愿是那香泽,被刷到她低垂的乌鬓上!悲哀的是美丽的人儿喜欢经常洗沐她的头发,宁愿乌发被净水冲得失去养分,枯黄发干。

西汉马王堆三号墓出土"锥画双层六子奁",上层("报告"称为中层)盛放镜、梳篦等梳妆用具,其中,有两把造型很具特色的直刷。这种直刷在马王堆一号墓中也有出土,该墓"遣策"中称之为"蒜","报告"因此将三号墓所出的两件直刷也定名为"棕蒜"。关于"蒜"字,有学者研究认为,是"茜"字的转语,乃"刷"之意,而"刷,帅也,帅发长短皆令上从也"(东汉刘熙《释名·释首饰》),因此是头发刷子。(参见《汉代物质文化资料图说》,孙机著,文物出版社,1990年,260页)头油的作用之一,就是用刷子蘸了,向头发上刷,使得头发滑顺、服帖,所以,这棕蒜应该就是蘸头油刷发的头油刷子。

还可以考虑的另一种可能性是,东汉许慎《说文解字》:"聿,所以书也。楚谓之聿,吴谓之不律,燕谓之弗。"清人段玉裁注:"弗同拂拭之拂。""弗"为古燕语对"笔"的称呼。"蒜"一字是否即此"弗"字的变

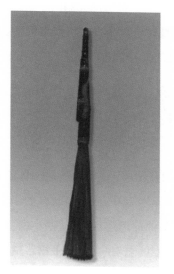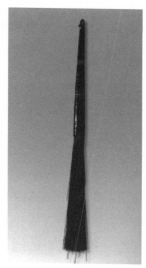

西汉马王堆三号墓出土棕蒜

体呢？"弗"为"聿"，其用途是"所以书也"，蘸了黑色颜料写写画画。而马王堆三号墓的棕茀放在"六子奁"的上层，下层即为盛放粉、脂、兰膏的小盒，推测起来，这是一种"化妆笔"。但是，究竟是干什么用的化妆笔呢？如果说用于描眉，从实践的角度来揣想，似乎不大行得通。唯一的可能，仍然是蘸头油刷发的头油刷子。出土棕茀中，有的刷毛被染成红色，也许就是所蘸头油时间长了之后变质变色的结果。日本人于十八世纪编行的《清俗纪闻》（中华书局，2006年）中，图示的梳妆用具即有一件短柄的直刷，标为"油刷"。在上海松江华阳桥镇明代杨福信墓出土的木梳妆盒内，则有一件"油刷"形制的竹刷与木梳、木篦、骨笄放置在一起，说明这类直刷直至明清时代都是用于为发丝涂油膏的工具。

《清俗纪闻》中，与"油刷"同列的还有一把形同牙刷的小刷，旁注文字为"抿子"。这一幅插图实际上是转录自明人王圻所编的《三才图会》，而在《三才图会》中列有"刷〓（抿）梳帚说"，发表了一番专论：

> 刷与刡，其制相似，俱以骨为体，以毛物粧其首。刡以掠发，刷以去齿垢，刮以去舌垢，而帚则去梳垢，总之为栉沐之具也。（"器用"卷一二）

抿（刡）子与牙刷，形态一样，功用有异，但在传统生活中，都是必备的生活用具。在历代墓葬出土的成套妆奁中，经常有这样的小刷，但是专家们往往忽视了古代女性刷头油的风俗，误把这些小刷判为其他用途。比如，南宋黄升墓所出漆奁中，就有一件"棕毛刷"，"状如牙刷，上缚四行棕毛。出土时尚沾有发丝和油垢，应是刷梳之用"。

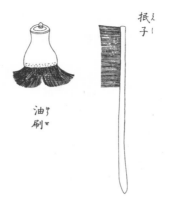

《清俗纪闻》中的"抿子"与"油刷"

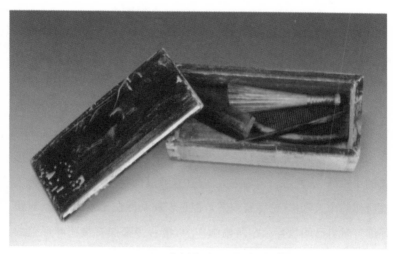

上海松江明代杨信福墓出土的木梳妆盒及盒内的油刷。

235

（《福建南宋黄升墓》，福建省博物馆编，文物出版社，1982年，78页）这件刷子与一把角梳同放于漆奁第三层，而且"沾有发丝和油垢"，显然应该是刷头油的抿子。

值得注意的是，与抿子、梳同放在漆奁第三层的还有一只小银盖罐，高只有7.7厘米，口径只有3.3厘米，罐盖做成精巧的荷叶形。杜甫《腊日》诗云："口脂面药随恩泽，翠管银罂下九霄。"在唐代，口脂以及"面药"——面脂，就是装在染绿象牙筒和银罐里，由此可知，一向就讲究用小罐来盛装油脂类化妆品。宋人蒋捷《木兰花慢》"冰"一词中更明确言及：

> 妆楼，晓涩翠罂油，倦鬟理还休。

词意是说，冬天寒冷结冰的早晨，让青瓷罐里的头油因凝冻而坚硬，没有了润滑的油性，以致为双鬟整理造型的工作都很难完成。显见得用小罐装头油，在宋人是最熟悉的日常小景。黄升墓中的荷叶形银盖罐与梳、抿子放在一起，这只小银罐当初用于盛放头油之用，似乎就是很自然的结论。如果确是如此，那么，古代女性的头油罐与头油刷，就一起重见了天日。在宋元墓葬中，往往出有这种带荷叶形盖的小银罐、小瓷罐。传为宋人作品的《妆靓仕女图》，以及相传为王诜所作的宋人画作《绣栊晓镜图》，都是表现女性在化妆的时候，对镜仔细打量自己的妆容。在两幅画作中，镜台旁都摆有带荷叶形盖的小罐，表明这类小罐在女性美容化妆的活动里担当着重要角色。由此推测，这种带荷叶形盖的精美小罐，正是那一时代油脂类化妆品的标准盛器。据研究，宋代最为精巧的油罐——也叫油缸，甚至在盖下

镜台旁有着荷叶盖小罐的身影。(《绣栊晓镜图》局部)

直接焊接一小勺,供梳妆人舀头油之用,设计得十分贴心。(详见扬之水《油缸》,《古诗文名物新证》,紫禁城出版社,2004年,228—231页)直到明末,秦兰征《天启宫词》诗注依然道是:

> 宫眷捣桑叶取汁,杂诸香物,贮之银海,用以饰鬓。银海,小
> 银盂也。

银或瓷的小罐,满贮香泽,在中国女子的妆镜畔,静静站立了上千年之久。

在中国艺术中,似乎迄今还未见到对于女性刷头油一景的具体表现。倒是日本十八世纪浮世绘画家鸟居清长的一幅作品中,一位

日本画家鸟居清长所作《橘》

238

女性对镜而坐,另一位女性立在她身后,用一只小刷向她的蝉鬓上刷,二人身畔放有梳妆盒,盒旁立着一只小瓶,像是盛油脂类化妆品的容器。也许,这个场景正是在表现刷头油吧。

头油的意义之一在于固定发丝,保持鬓、环、鬟在造型上的规整,相当于今天的定型啫喱:"兰膏腻、高髻盘云。"(王之道《满庭芳》"和同漕彦约送秦寿之")。看起来,当大量向头上刷油的时候,需用油刷来进行,到修饰鬓角等细节之处时,则改用抿子一点点完成。如《红楼梦》第四十二回描写,"宝玉和黛玉使个眼色儿,黛玉会意,便走至里间,将镜袱揭起照了照,只见两鬓略松了些。忙开了李纨的妆奁,拿出抿子来,对镜抿了两抿,仍旧收拾好了……"抿子上有头油,刷一刷,就可以让发鬓服帖。

另外,头油可以让头发光亮润泽,相当于今天的亮发水。在《镜花缘》里,这一特点被讽刺地呈现为:

> 唐敖看时,那边有个小户人家,门内坐着一个中年妇人:一头青丝黑发,油搽的雪亮,真可滑倒苍蝇,头上梳一盘龙鬏儿,鬓旁许多珠翠,真是耀花人眼睛。(第三十二回)

发噱的是,这样一段描写,在宋词中居然可以找到一节势同对译的咏辞:

> 纤手犀梳落处,腻无声、重盘鸦翠。兰膏匀渍,冷光欲溜,鸾钗易坠。年少偏娇,鬓多无力,恼人风味。(宋人胡仔《水龙吟》"以李长吉美人梳头歌填")

"一头青丝黑发"——"重盘鸦翠";"油搽的雪亮"——"兰膏匀渍,冷光欲溜";"真可滑倒苍蝇"——"鸾钗易坠";"头上梳一盘龙鬃儿,鬓旁许多珠翠"——"年少偏娇,髻多无力";"真是耀花人眼睛"——"恼人风味",明明是约略相同的意思,但是,因为采用了截然不同的修辞,暗示给读者的感受竟是完全两样。果然如同文学理论中经常阐发的观点,怎么写,与写什么,是一样的重要,甚至更为重要!

头油还相当于护发素,可以给头发以营养。《释名·饰首饰》即云:"香泽者,人发恒枯悴,以此濡泽之也。"另外,有些偏方制成的头油,能起到生发、黑发的作用。(参见《本草纲目》卷四"百病主治药·须发")正因为其作用重大,所以古代女性在用头油一事上从不吝啬,以至涂满香泽的头发非常滑腻,"香鬟倭堕兰膏腻"(王之道《菩萨蛮》)。于是,宋词中懒床不起的女人就是:

> 金鸭余香尚暖,绿窗斜日偏明。兰膏香染云鬟腻,钗坠滑无声。(陆游《乌夜啼》)

因为前一天晚上在头发上涂了很重的发油,所以梳成的发环很粘腻,即使经过一夜在枕上的辗转,也没有松散,不过,因为发丝太滑,绾髻的钗子竟停不住,无声地滑落到枕畔。

头发涂满了香泽,梳成的发环、发髻也就散发暗香:"高鬟松绾鬓云侵,又被兰膏香染、色沉沉"(张元幹《南歌子》)。和凝一首《宫词》就涉及这一种风情:

螺髻凝香晓黛浓,水精鹦鹉飐轻风。金钗斜戴宜春胜,万岁千秋绕鬓红。

诗的主题非常集中,专门写——女性额头以上的风光,而且,很具体地,是立春这一天女性的头上风光。精心梳就、造型奇异的发髻带着头油的浓香,与早晨起来刚画好的一双黛眉相映衬,显得特别精神。这乌黑的发髻上插饰着轻盈的步摇,步摇的顶端伫立有水晶琢就的水鸟,不停地轻轻颤晃。斜插在头髻一侧的金钗,钗头缀着剪有"宜春"二字的红色绢罗春胜,垂在蝉鬓旁,在春光中招展。

虽说头油有种种的好处,但也带来不少麻烦。最大的问题是,头油涂多了之后,会使头发垢粘在一起。这种现象想必很常见,以至有专词形容头油结成的垢结:膱。陆游《老学庵笔记》卷十对此有详解:"《考工记》'弓人'注云:'膱,亦黏也,音职。'今妇人发有时为膏泽所粘,必沐乃解者,谓之膱,正当用此字。"为了解决这个问题,人们想了不少偏方,如《本草纲目》就介绍:"山茶子,掺发,解膱";"猪胆,沐头,解膱。"(卷十"百病主治药·须发")

此外,头油很容易四处沾染,也给日常生活制造了不少麻烦。李渔《闲情偶记》"声容部·盥栉"一节,就大谈一旦头油沾到面、身上对于化妆效果的破坏性。传统女服中很有特色的"云肩",在明末清初普遍流行起来,本意就是为了防止头油蹭脏衣领。这一时代,女性流行梳"燕尾",就是把脑后的两股头发(往往要掺假发)先向下梳,然后反折向上,汇入发髻,其造型恰如一对燕尾拖在颈后。推测起来,这样硬挺的燕尾,尤其要靠大量头油来定型,低垂的尾梢则很容易把浓重的头油沾到衣领、两肩上，于是女性们纷纷在外衣上披罩云肩，来保护衣衫不受油污："云肩以护衣领，不使沾油，制之最善者也"（李渔《闲情偶记》"声容部·治服·衣衫"）。一如清人彭孙遹《金粟闺词》所咏：

> 线结荷花片片分，玉肩双扣衬乌云。愿为衣领承兰泽，膏沐余香仔细闻。

这些日常中很添乱的麻烦，到了诗人笔下，也被表述得很动人，如唐人张籍的《白纻歌》：

> 皎皎白纻白且鲜，将作春衫称少年。裁缝长短不能定，自持刀尺向姑前。复恐兰膏污纤指，常遣傍人收堕珥。衣裳著时寒食下，还把玉鞭鞭白马。

写一位新婚的女性为同样青春年少的丈夫制作春天的衣衫。刚结婚不久，她与丈夫还不够"熟"，居然连丈夫的身量尺寸都含糊，又不好意思直接向丈夫询问，就拿着刀尺跑到婆婆面前去请教。——诗人对于传统闺中女性的羞涩与含蓄，真是有很入微的观察。——虽然是这样传统的婚姻，但是并不妨碍女主人公对于新婚夫婿的一腔感情，这种感情不是通过语言，而是通过最细心的体贴流露出来。忙碌中，她的耳环掉落了。耳环常在鬓边垂晃，难免会蹭到头油。她想到，如果去捡耳环，手指沾到耳环上的头油，再摸衣料，就会把雪白的衣料也沾脏了，于是，就叫旁人来替她拾起耳环。耳环对于女性是多么重要的首饰啊，掉到地上，哪个会不感到痛惜，第一反应都是要

242

赶紧捡起来收好，但是，此刻，比起丈夫的衣料来，耳环竟不算什么了。手下忙着，她心里喜滋滋的：等春衣制好，寒食节就到了，夫婿穿着雪白的一袭新长衫去踏青，手持玉鞭，跨下白马，轻驰在春风中，多么神气啊！

香发木犀油

《齐民要术》与《备急千金要方》介绍的制香泽法,虽然使用的进口香料不同,但还都坚持着传统,把兰草(泽兰香)作为必不可少的一味原料。在相传为宋人陈敬所撰的《香谱》(下称《陈氏香谱》)中,列出了"香发木犀油"——桂花油的配方,在这个配方里,兰草竟失踪了:

> 凌晨摘木犀(樨)花半开者,拣去茎蒂令净,高量一斗,取清麻油一斤,轻手拌匀,捺瓷器中。厚以油纸密封罐口,坐于釜内,以重汤煮一饷久,取出,安顿稳燥处。十日后倾出,以手沘其清液,收之,最要封闭最密。久而愈香。如此油匀入黄蜡,为面脂,馨香也。

清晨摘下半开状态的桂花,去掉茎与蒂,只留花蕊。用满满一斗桂花配一斤芝麻香油的比例,将二者掺在一起,用手轻轻搅动着拌匀,然后,把满浸着香油的花蕊放入瓷罐内,略加压实。以几层油纸将罐口厚厚地密封起来,再将这只瓷罐放在盛有水的锅内,大火沸汤地加以煮制。如此煮一饷饭的功夫之后，瓷罐就可以从锅中取出，静置在平稳、干燥的地方。十天以后，解开油纸，把罐内的油、花混合物倒出，然后用手使力拧攥桂花，让拧出的清油液滴入一只盛器内。当全部桂花都如此拧尽油液之后，把盛器仔细地加以密封，器内的油液就是"香发木犀油"的成品，放置越久，香气会变得越浓。

桂花油的出现并不简单。仔细阅读《陈氏香谱》就会发现，桂花，在宋人眼里显得是很新鲜的新事物。比如卷一"木犀香"这条资料：

> 向余《异苑图》云：岩桂，一名七里香，生匡庐诸山谷间。八九月开花如枣花，香满岩谷，采花阴干以合香，甚奇。其木坚韧可作茶品，纹如犀角，故号"木犀"。

实际的情形是，先秦、汉唐文学中所说之"桂"，与宋人之"木犀"，往往并非同一树种。（参见《本草纲目》"桂"、"菌桂"、"月桂"诸条。）非常值得重视的是，《陈氏香谱》中出现了一个概念：南方花。如卷一"南方花"条：

> 余向云：南方花皆可合香。如末利（茉莉）、阇提佛、桑渠那香花本出西域，佛书所载，其后传本来闽岭，至今遂盛。又有大含笑花、素馨花，就中小含笑香尤酷烈，其花常若菡萏之未敷者，故有含笑之名……温子皮云：素馨、末利摘下花蕊，香才过，即以酒噀之，复香。凡是生香，蒸过为佳。每四时遇花之香者，皆次次蒸之，如梅花、瑞香、酴醾、密友、栀子、末利、木犀及橙、橘花之类，皆可蒸。他日爇之，则群花之香毕备。

在这里,各种"南方花"被与宋代独特的"合香"方法结合了起来,桂花正在"南方花"的行列之中。从行文中就可以看出,这些南方花之所以受到人们重视,全在其"香"。

《东京梦华录》卷七提到北宋末年东京琼林苑内华嘴岗的布置,"其花皆素馨、末(茉)莉、山丹、瑞香、含笑、射(麝)香等闽、广、二浙所进南花"。《武林旧事》卷三"禁中纳凉"一节,描写南宋皇帝夏天避暑的方式,则有这样的描述:

> 又置茉莉、素馨、建兰、麝香藤、朱槿、玉桂、红蕉、阇婆、簷蔔等南花数百盆于广庭,鼓以风轮,清芬满殿。

都提到了"南花"的概念,并且,也是强调其"清芬"即香气,《东京梦华录》更明确提到,宋人所说的"南花"是指"闽、广、二浙所进"的新鲜花品。可以说,在五代、两宋期间,这些"南方花"是作为新的天然植物香料,以及芳香观赏植物,而被人们"发现"了。这一情形在桂花一例上表现得特别明显。在先秦、汉唐人那里,并没有桂花这样一种香料。但是,到了《陈氏香谱》,却把桂花当作一种极重要、极美妙的香料新品,介绍了使用的各种方法:合香、做焚香、做头油、做香珠。隐隐的,似乎流露出得到重大发现之后的惊喜。

与桂花的情况相同,《陈氏香谱》与《武林旧事》中提到的各色"南花",在唐代,都还是相对生疏的概念。早在南宋时,罗大经已敏锐地注意到了这一现象:

> 他如木犀、山礬、素馨、茉莉,其香之清婉,皆不出兰、芷下,

而自唐以前,墨客骚人,曾未有一语及之者,何也?(《鹤林玉露》卷四"物产不常",中华书局,1983年,300页)

种种"南花"被引植、被发现、被开掘的过程,各自有各自的一部复杂的历史,很难笼统地加以描述。但是,有一点清楚的是,所谓"南花"进入中国文化,恐怕不宜视为无足轻重的小事,其意义有待思量。即举其一点来说,在唐代的前中期,这些"南花"既没有得到普遍的引种和推广,也没有成为日常生活中广泛应用的天然香料、观赏植物,甚至没有以这些南方香花为香料的概念。但是,到了明清以后,《陈氏香谱》与《武林旧事》中提到的"南花",如桂花、茉莉都是最日常的天然香料,日常到了被目为"俗"的地步;含笑、建兰等等,也成了庭院、居室中常见的观赏植物。从我们今天的亲身经验就不难感受到,这一变化对于中国人的日常生活有多么大的影响。如果没有桂花、茉莉、建兰、美人蕉以及水仙,那会是什么样的生活?实在很难想象。晚唐、五代直至两宋,在其间充当了一个过渡阶段,这个过渡究竟是怎样一路发展过来,目前还没有真正搞清楚。抛开观赏植物这一个方面不谈,仅仅从香料史的角度考虑,桂花油实在是见证了中国香料发展中一个很重要的时刻。

正是在宋代,在桂花等"南方花"成为新宠的压力之下,兰草,这一被屈原反复吟咏的、最传统最古老的植物香料,彻底失势了。也因此,此际最时髦的女人头油不再是"兰泽",而是"桂花油"。《事林广记》卷十"绮疏丛要门"中,除了同样收有"香发木犀油"方之外,在其前还列出了"宫制蔷薇油"方:

247

真麻油随多少,以瓷盒盛之,令及半瓷。取降真香少许投油中,厚用油纸封定瓷口,投甑中,随饭炊两饷,取出,放令(另)处。三日后去所投香,凌晨旋摘半开柚花——俗呼为"臭柚"者,拣去茎、蒂,纳瓷中,令燥湿怡好如前法,密封十日后,以手沘其清液收之,与蔷薇水绝类。取以理发,经月常香,又能长鬊。茉莉、素馨油造法皆同。尤宜为面脂。

"宫制蔷薇油"的主料除降真香、芝麻香油之外,还需"南方花"柚花的一种——臭柚,也就是《游宦纪闻》中所提到的朱栾花。这种头油号称"宫制",自我标榜是从宋代皇宫中流出的内制秘方,看起来,宋代上层社会女性所用的头油都是用南方花蒸浸而成。方末还说到"茉莉、素馨油",在宋代,头油中实际是散发着各种"南方花"的郁烈芬芳。

同样必须注意的是,在《陈氏香谱》与《事林广记》介绍的头油制方中,完全不见了唐代"甲煎香泽"的复杂工艺,仅仅采用将原料密封在罐内,然后隔罐水煮加热的方式,相比之下,工序非常简单。究其原因,应该是受到了宋代特别流行的合香方式"蒸香"法的影响,尤其是"花熏香"这一合香方式的直接移用。(参见本书作者另文《帐中香》,《花间十六声》,三联书店,2006 年)"宫制蔷薇油"竟是先拿一片降真香泡在香油中,密封盛罐,将罐安置在水锅内,火炊水煮,以此让降真香精释放到油中。然后将香料择出,再投入半开的柚花,不过不再加热,只是密封静置,让花中的香芬慢慢沁入油内。在这两个加工环节中,都依稀可以看到宋人蒸沉香、熏花香等制香工艺的影子。尤为珍贵的一条线索是,方中点明,本方法的成品"与蔷薇水绝类",仅仅这一句提示就足以昭明,蔷薇水在宋代有着怎样珍贵的地位,对于宋人来说,它是怎样一种熟悉无比而又让他们慕恋不止的物品。由于没有掌握准确的蒸馏香水技术,因此,宋人想出了多种多样复制蔷薇水的风味的土办法,以曲折地获得近似玫瑰香水的气息效果的制品。用香油先蒸降香、再浸柚花,就是出人意料的一种土办法,反正最终成品的香气与蔷薇水相同,因此便名之曰"蔷薇油"。从这一执著的、颇费脑筋的努力中,正可见出蔷薇水在宋代是何等的风靡,何等的征服人心。

在头油这样一个极不起眼的生活细节上,在宋代,从香料到合香工艺,都发生了截然的变化,此一现象到底意味着什么?恐怕答案并不简单,有待史学家深度下潜,探究底里。

不过,需要认识到的是,兰草、蕙草之类的古老香草在实际上也并未消失,对于生活仍然在发挥着一定的作用。据李时珍认为,明代吴中种植的"香草",就是古代的"兰草":

> 今吴人莳之,呼为"香草",夏月刈取,以酒、油洒制,缠作把子,货为头泽、佩带,与"别录"所出太、吴之文正合。

加工工艺变得更为讲究,要"以酒、油洒制",《竹屿山房杂部》"醒头香"一方中,对于其中的一味配料"醒头草",注明加工方式为:"酒洒,蒸过,晒干。"兰草的加工,显然就是这样的办法。加工过的干兰花会拴捆成束,作为商品销售四方,用于制作头油和香囊。

这里涉及一个让人感兴趣的现象:即使在兰、蕙二者之间,也有着地位形势的变化。唐以后,相对于兰草,零陵香草(蕙草)的重要性

干零陵香草(《和汉药百科图鉴[Ⅱ]》)

明显提升,如苏颂笔下北宋的情况:

> 今合香家及面脂、澡豆诸法皆用之,都下市肆货之甚便。

在东京以及其他城市里,从香铺中可以非常方便地买到经过加工的零陵香草,同时,对这种香草的需求也确实范围颇广,无论是制作各种焚熏或佩带的合成香品,还是制作美容用品、卫生用品,都离不开它。李时珍则说:"今惟吴人栽造,货之亦广。"在明代,零陵香草的种植仅限于吴中地区,但是行销范围则非常之广。与秦汉时代相比的一大变化,乃是零陵香草、兰草的种植转为专业化、商业化,加工后的干草成品要进入销售环节,向各地流通。

搽头竹油

一如其他传统化妆品，头油的内容其实非常丰富，有着多样的变化，并且，随着时间的进展，各种配方日益翻新，让人眼花缭乱。

如元人编刊的《居家必用事类全集》中，所收的"乌头麝香油方"、"搽头竹油方"和"金主绿云油方"，都是加入多种不同的中草药，从而制造"其发黑绀，光泽香滑"、"秃者生发，赤者亦黑"的效果，亦即有着治发秃、令发色乌黑的治疗功能。

"乌头麝香油方"中使用了"旱莲台"，这种植物"处处有之。科（窠）生一二尺高，小花如菊，折断有黑汁，名'胡孙（猢狲）头'"，一般称为"旱莲草"，又有"墨头草"等多种称呼，"金主绿云油方"所用的"莲子草"，也正是这同一种植物。这种野生植物不仅"汁涂眉发，生速而繁"，有催生毛发的功能，而且"乌髭发"，其天生的黑汁能够染黑须发。（参见《本草纲目》"鳢肠"条）

更有意思的是"搽头竹油方"：

> 每香油一斤，枣枝一根，剉碎；新竹片一根，截作小片，不拘

多少；用荷叶四两，入油，同煎至一半，去前物，加百药煎四两，与油再熬。入香物一二味，依法搽之。

话说，这里所用的方法居然又回到了《齐民要术》"合香泽法"的古老传统，而且比几个世纪前的方法还更为简化，仅仅把几味最朴素的原料投在油中，在火上煎熬一番即得。然而，值得注意的是方中用到"百药煎"，这是五倍子的加工成品，而五倍子则是一种重要的传统青色染料。这种染料的生产方式是极为独特的——

> 为漆树科植物盐肤木的幼芽或叶上寄生蚜科昆虫五倍子蚜后，受其刺激在叶上形成的囊状虫瘿，以热水略浸烫后干燥而得。……（五倍子蚜的）雌虫顺树干而上，吸食幼叶汁液生活。受其刺激，树叶组织逐渐膨大，形成虫瘿，将雌虫包裹在内。雌虫在虫瘿内大量进行单性繁殖，至 9 月下旬产下约 4000 只小虫。（《和汉药百科图鉴》[Ⅱ]，[日]难波恒雄著，钟国跃译，中国医药科技出版社，2001 年，189 页）

寄生虫蚜附着在盐肤木的树叶上，不断吸食叶中的液汁，居然使得树叶在受刺激之下逐渐生出瘿囊，将五倍子的雌虫包裹在内，反而成了这种昆虫繁育的巢穴。所以，这种被称为"五倍子"的奇特植物叶瘿，还有一名为"百虫仓"。采集者必须在叶瘿中的数千小虫破瘿飞出之前，采下叶瘿，用蒸的办法杀死小虫——"山人霜降前采取，蒸杀，货之。否则虫必穿坏，而壳薄且腐矣"（《本草纲目》"五倍子"条）。蒸过之后的五倍子就可以卖给皮革作坊，"皮工造为百药煎，以染皂色。大为时用。"至于百药煎的做法则是：

> 用五倍子为粗末，每一觔以真茶一两煎浓汁，入酵糟四两，
> 擂烂、拌和，器盛，置糠缸中罨之，待发起如发面状，即成矣。捏
> 作饼丸，晒干，用。

把晒干的五倍子捣成粗末，用茶水煎成浓汁，再掺入酒糟，静置
发酵，待其膨胀如发面团，再一一捏成小饼，晒干之后，就是成品。

"乌头麝香油方"中也用到质量最好的"川百药煎"——四川出产
五倍子所制成的百药煎，可见在元代这是比较常用的染发药物。《喻
世明言》中《张古老种瓜娶文女》一篇小说里有处情节写道，男主人公
韦义方到一家生药铺中，随口声称要买"三钱"薄荷、"三钱"百药煎、
"三钱"甘草，可见百药煎是中药铺中最常见的药物，并不贵重。"搽
头竹油方"的几味配料都异常廉价，除香油之外，枣枝、青翠的新竹
片、荷叶都是不难弄到的东西，将枣枝和竹片切碎，与荷叶一起投入
香油中，在火上热煎，然后将残渣滤掉，再放入花几个钱或者十几个
钱买来的百药煎，熬成黑油。接下来，从庭院里摘来茉莉、桂花或者
其他当季开放的香花，投在油中浸香，便得到了物美价廉的染发油。
想来，这个配方就是专为小康人家的女性所设计，让她们在家中的灶
上自制而成吧！

另外，依照中医配方灵活的特点，对于有经济实力的女性来说，
还可以根据自己的发质问题，请医生诊断之后具体开出有针对性的
处方，然后把相应的药物掺加到现成的头油当中。如清宫医案中记
有光绪三十四年为慈禧太后所配的药方：

六月二日，治发落不生方：

合欢木灰（二合）、墙衣（五合）、铁精（一合）、水萍末（一合）

研匀，用桂花油调，涂，一夜一次。（《清宫医案研究》，1176页）

药料虽然是专配的，但是，只要把这几味药末投入宫内所制的桂花头油之中调拌均匀即可，"老佛爷"每天夜晚入睡之前就用这种加了特殊成分的桂花油擦头发，希望靠它来促使日见稀疏的头发重新生长繁密。

如果并不需要染发，也不追求生发、乌发一类的护理性能，那么，头油的制作可以非常简单，于是，《香奁润色》中的"桂花香油"方还出了这样的主意：

桂花（初开者，二两）。

香油一斤，浸有嘴瓷壶中，油纸密包，滚汤锅内煮半晌，取起，固封。每日从嘴中泻出，搽发，久而愈香。少勾黄蜡，入油胭脂亦妙。

干脆把两味原料，香油和桂花，直接放到头油的盛器——带有流

《清俗纪闻》中的"香水瓶"，实际应是当时女性所用的头油壶。

254

头油壶出现在清代画家金廷标的《仕女簪花图》中。

嘴的瓷壶里,用油纸把瓷壶加以密密包裹,然后顿放到沸水锅中加热。下火之后,密封静置一阵,就得到了带着桂花香的成品。拆开油纸,梳妆的时候,直接从瓷壶嘴中将油倾出,简单而又方便。书中还说,"茉莉香油"的制法相同,"不蒸亦可",甚至可以略去上火加工的程序,只要找来一把小瓷茶壶,在壶底放好茉莉花,再浇入香油,静置一阵,就能得到散发着茉莉香气的发油——今天对于自制化妆品有兴趣的女士们,也可以尝试复制一下吧?书中在"茉莉香油"的题目后小字注云:"人名'罗衾夜夜香'。"茉莉花总是在夜里盛开,而茉莉香油一旦涂在头发上,会在静夜的枕上弥散清晰的花气,就仿佛有鲜蕊在床寝间悄然开吐。这种头油被安排上"罗衾夜夜香"这样一个魅惑性的美称,显然是语意双关。

露花油

当然,在明清时代,也存在着配料更为精致讲究、工艺更为复杂的高档头油,如《香乘》中记载的两个"头津香"方,号称"内府秘传第一妙方",也就是宫廷制作头油的配方,就确实非普通居家妇女所能自制:

新菜油(十觔)、苏合油(三两,众香浸七日后,入之)、黄檀香(五两,槌碎)、广排草(去土,五两,细切)、甘松(二两,去土切碎)、茅山草(二两,碎)、三奈(一两,细切)、辽细辛(一两,碎)、广零陵(三两,碎)、紫草(三两,碎)、白芷(二两,碎),干末香花(一两,紫心白旳)、干桂花(一两)。

将前各味制净,合一处,听用屋上瓦花(去泥、根,净,四觔)、老生姜(刮去皮,二觔),将花、姜二味入油,煎数十沸,碧绿色为度。滤去花、姜渣,熟油入坛。冷定,纳前香料封固好,日晒夜露四十九日,开用。坛用铅、锡妙。

茶子油（六觔）、丁香（三两，为末）、檀香（二两，为末）、锦纹大黄（一两）、辟尘茄（三两）、辽细辛（一两）、辛夷（一两）、广排草（二两）。

将油隔水微火煮一炷香，取起，待冷，入香料——丁、檀、辟尘茄为末，用纱袋盛之；余切片——入封固，再晒一月，用。

不过，在这两个制作高档品的配方当中，自南北朝时代时兴起来的芝麻香油，居然被放弃了。其中一方使用"菜油"，与之形成呼应的是，《竹屿山房杂部》所介绍的"木犀花油"，工艺与《陈氏香谱》的"香发木犀油"法基本相同，但是，却也是舍弃了芝麻香油，改用"真菜油"。

实际上，非常重要的一个事实是，头油的原料在明代后期又发生了一次大变化，其主要表现，则是反映为油料的改变。除了菜油之外，棉籽所榨之油也成了头油原料之一种，这显然是棉花种植业、棉布业发展起来之后的一个副产品。社会经济的整体变化，总是能在小小的香泽上映出镜影。不过，依照《醒世姻缘传》中的形容，棉籽油属于低档的原料，只有下层妇女才会使用，小说中一旦写到"棉种油"的发油，总带着不以为然的口气，如第四十九回写到一位"罪人的妻室"，为了生活应聘作奶妈，"青光当的搽着一脸粉，头上擦着那绵种油触鼻子的熏人"；第五十三回写一位"京军奚笃的老婆"郭氏，再嫁之后的打扮，则是"东瓜似的搽了一脸土粉，抹了一嘴红土胭脂，漓漓拉拉的使了一头棉种油，散披倒挂的梳了个雁尾，使青棉花线撩着"。

对于头油的制作来说，明代后期推出的、品质上好的新型原料，乃是茶油,如"头津香"第二方即是使用"茶子油"。油茶树籽所榨之油,在明清时代是很重要的一种食用油料,明人宋应星《天工开物》、清初人屈大均《广东新语》等都有介绍,而尤以清末人徐珂《清稗类钞》"茶油"一则讲解甚详:

> 茶树,江苏、浙江、安徽、江西多有之,湖南亦有植者。其树栽种,宜于硗瘠少土多石之山,不下肥料,而自易畅茂。其根又能自入石缝,愈久愈固。树长数尺,十年结实。其实类棉花,实外有苞,冬季收摘堆积,干久,则其苞自裂(或俟干后敲开亦可)。中有小核甚多,可以榨油,即茶油也。其树结实能耐久,树愈老,结实愈多……惟叶粗,不能作茗饮。制为油,性能和平,味亦较之他种油(如豆油、菜子油、花生油之类)为独美,肴馔之煎炒者,可作调料。赣、湘二省皆有之。(中华书局,1986年,6530页)

这一种"茶树"只能产出供榨油的茶籽,其所生之叶并不能制作饮用的茶,因此在当代被叫做"油茶树"。茶油用于烹调,有着独特的香美滋味,这一点一向有公论,如《天工开物》"油品"中便说其"油味似猪脂,甚美"。《随息居饮食谱》更为详细地列出,"茶油""甘凉,润燥,清热息风,解毒杀虫,上利头目",而且相比其他种类的植物油,"最为轻清"。

在饮食之外,茶油在明清时代被开发出的另一大用途,就是制作头油。《随息居饮食谱》"茶油"一节道是,"蒸熟用之,泽发生光","诸油惟此最为轻清","岂他油之浊腻可匹哉?"最重要的是,这种油"泽发不腻",将之擦在头发上,不会产生头发垢粘成团、梳解不开的情

清代画家华浚的《仿周文矩临镜美人图》(苏州博物馆藏)中，女子梳妆将毕，正在插入最后一根花簪。妆镜旁，头油被注入一只精巧的小浅碟，抿子置于碟内，是传统绘画中比较具体表现头油使用方式的一例。

况。《广东新语》则记道："以茶子为油……燕、吴人购之为泽膏发。谓非是油则玫瑰、桂、兰诸香不入。"茶油做头油主料，还能最充分地吸收花香，因此成品所散发的花香气会更为饱满。《百年观前》在《妆品月中桂》一节中更谈道："茶油，其特点是不易挥发，使润发效果和香味持久，适合农村妇女使用，但易沾灰"(129页)。不易挥发，刷上一次，亮、润、香的效果都能持续时间较长，自然也是茶油在明清时代成为头油主力的原因。于是乎，《随息居饮食谱》"桂花"条道是："亦可蒸茶油泽发。""香发木犀油"到了清代,也改用茶油蒸制了。

意味深长的是,茶油见于文献记载的历史相当长远,然而,直到明代才被推广为头油的首选材料,这一现象,显然只能通过农业发展与经济发展的历史状态来寻找解释。

从香料方面来看,在明清时代,虽然改用茶油的"桂花油"始终占据着头油中的霸主地位,不过,在香气方面其实也有着新的研发成果。《香乘》中两个"头津香"方还有一个值得注意的特点,是使用了"广排草",这是在明代流行起来的一种新型香料。宋人范成大《桂海志》中就已经提到,"排草,出日南,状如白茅,香芳烈如麝香"、"诸草无及之者",不过,在宋代,它只是"用以合香"。到了明代文献中,可以看到,排草变成了一种价格便宜、使用广泛的香料,典型如《金瓶梅》中,仅仅是卖饼小贩武大之妻的潘金莲,送给西门庆的礼物之一就是件夹层里放有"排草、玫瑰花"的兜肚;身份不过是家人媳妇的宋蕙莲,也能在身上佩带"白银条纱挑线、四条穗子的香袋儿,里面装着松柏儿、玫瑰花蕊并跤趾排草"。排草在明代普通人的生活中如此普及,应该是由于广东地区引种成功的结果:

> 排草香出交趾,今岭南亦或莳之。草根也,白色,状如细柳根,人多伪杂之。(《本草纲目》"排草香")

自宋至明,产于中南半岛的排草都是受欢迎的进口香料,不过,到了明代,广东也开始加以种植。《广东新语》中有一段介绍明末清初排草种植的文字,读来很是让人神往:

予沙亭乡江畔，有沙地二三十亩，其种宜排草，农人以重价佃之。春以播秧，至六月始种排草，十月收之。其根长五六尺，卖以合香；叶以泥渍使干，卖与番人为药。每地一亩，以半种姜芋，以半种排草，以菜麸壅之。次年则以种姜芋者种排草，必相易也。农人喜种排草，其利甚厚。惜宜种之地，不能多有，沙亭之外，如潭山、大岭间，亦有数十亩焉。

二三十亩的沙地，在春天可以先种一轮稻秧，到了夏天才开种排草，入秋就可以收获。不过，每一亩地都要一半种排草，一半种姜芋，第二年反过来种，如此轮换，保证地力。收割的排草，晒干的根就是香料，供应国内市场，让潘金莲、宋蕙莲们制作香身的衣饰，让西门庆们拿来熏裹精心收藏的女人绣鞋；叶子则经过加工，出口给外国人做药！真是蛮划得来的一项业务呀。

在明代兴盛起来的另一种甚至更为重要的新鲜香料，便是玫瑰花。在明代以前的文献中，几乎看不到关于以玫瑰花作为香料的记载。明时的玫瑰花，推测起来，应该是从西北地区传入的、中亚地区的花种，也就是陈诚在哈烈所看到的"花色鲜红，香气甚重"的"蔷薇"。这一花品在明清生活中的重要性，文献中的例子简直不胜枚举，应该说，其风头已经大大超过了历史更为悠久的桂花，至于素馨、柚花、兰、蕙之类更是远远不能望尘。入清之后，玫瑰花制作的头油也流行起来，《随息居饮食谱》"玫瑰花"条即云："浸油泽发。"另外，在清代乾隆时期成书的著名食谱《调鼎集》中，"鲜玫瑰花"一条介绍：

阴干露水，矾腌，榨成膏。入茶油，即玫瑰油。……矾腌者，只宜浸油,不可食。

并补充提示:"桂花同。"玫瑰头油的制法为,把采摘下的玫瑰在背阴处晾干,然后,加入明矾,腌制一段时间,压榨成花泥膏。同时,茶油要蒸熟,再加入玫瑰的花泥膏,浸泡一段时间,就得到了芳香的玫瑰油。另外,在清代,桂花油似乎也加入了"矾腌"的环节。

明代后期到清代,鲜花蒸馏的香水——花露风行开来,于是,掺入花露而成的头油——花露油,也成了这个时代的迷人新现象,《红楼梦》第五十八回为之作了留影。在同一个时代,还有一种"露花油",竟是让今人全然的陌生与茫然:

> 广州有露花油。露花生番禺蓼涌,状如菖蒲,其叶脊边有刺,叶落根露,以火煏之,则成枝干而多花。花生丛叶中,其瓣大小亦如叶,而色莹白,柔滑无刺芒,花抱蕊心如穗。朝夕有零露在苞中,可以解渴。又有粉,可涂儿女肌肤,止汗粟。以其花结方胜戴之,或折叠衣笥,经久犹香。……盛夏时,露花始熟,以花覆盆盎晒之,香落茶子油中,其气馥烈。是曰露花油,蓼涌及增城人善为之。洋舶争买以归。(《广东新语》"食语·油")

还是在《广东新语》一书里,"草语"一章中解释到,"露花"其实应该叫做"露头花":

> 露头花,多产番禺蓼涌,其叶如剑脊,边皆有芒刺。花抽叶中,与叶仿佛相似,色白而柔。花中有蕊,如珍珠粟形,常含清露涓滴,故名"露花"。以火煏其根,使成大头出土上,花乃茂盛,故

又名"露头花"。夏月大开,以花置油上晒之,香落油中,芬馨隔岁不灭,以膏发,照读书,芳盈一室,广人甚珍之。予《荔支诗》有云:"朱楼初日上窗纱,镜里妆成阴丽华。不用胭脂边地草,但调南国露头花。"其笺云:"蓼涌之上,花曰露头。花中有粉,傅面光流。采花曝日,香落兰油,持为膏沐,发美而柔。荔子一种,芳气同侑,亦名露花,珍果之尤。"

《本草纲目拾遗》"草部"有"露花粉",意思约略相近:

《粤志》:露花生番禺蓼涌,状如菖蒲,其叶节边有刺,叶落,根以火煨之,成枝干而多花。花生丛叶中,其瓣大小亦如叶,而色莹白,柔滑无芒刺。花抱蕊心如穗,朝夕有零露在苞中,可以解渴。又有粉可入药。⋯⋯盛夏时露花始熟,以花覆盆盎晒之,香落茶子油中,其气馥烈,是曰"露花油"。蓼涌及增城人善为之。⋯⋯涂儿女肌肤,止汗。

按照文字中的描写来作比对,这种"露头花"应该就是今天名为"露兜树"、"露兜簕"的植物。从《广东新语》等文献来看,这种花品简直浑身是宝。"以其花结方胜戴之,或折叠衣笥,经久犹香",说的大约是露兜树所开的雄花,摘下之后,香气持久不散,可以编成方胜的形状,挂在身上、发髻上,作为一种天然的散香装饰;或者放置在衣箱当中,担负熏衣的任务。按文献的说法,"露头花"花苞中生有芳香的汁液,古人误以为是夜间露水积聚的结果。用以制作头油的原料,也正是花苞中的这种香液。制作头油的办法相当简便,就是在盛满茶油的容器上放置搁架，然后把露头花苞倒置在架上，再用大盆将这些花苞扣覆起来，在阳光下暴晒。花中的香液滴滴落入茶油中，就得到了有特殊香气的"露花油"。露花油不仅可以用来涂发，还可以作为油灯中的油料，一旦点燃，满室芳香，所以很为广东人所看重。不仅如此，甚至异域的人们也为这种油的芬芳所倾倒，"洋舶争买以归"，热销国际市场！露头花结果之后，果中的白粉也有妙用，是天然的防暑去汗粉，夏天涂在身上，能够止汗、防痱子，就叫做"露花粉"，特别适合为儿童涂身之用。

　　说来不可思议，此一美妙的植物以及其所产出的制品，在今天的生活中似乎已经完全不见踪迹。按《广东新语》所记，露花油是很重要的一种出口产品，足见，甚至头油的生产也进入到十七—十八世纪及其前后时期以南海为中心的国际贸易辐射网当中。洋舶具体把露花油载向了哪些去处？在航线的另一端，这种香油还是作为头油使用吗，抑或被转派了其他角色？都是引人好奇的问题。

罗帏花

在传统生活中,用于涂发的"发泽",也并非只能用油料、脂肪来制作。向清清净水中加入几味药物,浸泡成具有特定养发、修发意义的"润发水",在生活用书中也得到了认真的推荐。

《事林广记》中便列出"除头上白屑方":

> 侧柏叶(三片)、胡桃(七个)、消梨(一个)、诃子(五个)。
>
> 右四味并捣碎,以井花水浸片时,用梳头搽,永不生白屑。

据书中所言,这一方的目的就在消除头屑,是遭遇头屑特多的烦恼的人们的福音。同书还有一款"梳头发不落方":

> 侧柏叶(两片,如手大)、榧子肉(三个,去皮,捶碎)、胡桃(二个,去皮)。
>
> 右三件和合,用雪水浸三日,取水用梳头发,永不脱落,兼之光泽,又且滋润。

也许,这两个方子最值得讨论的乃是在水质上的讲究。"除头上白屑方"说明一定要用雪水,这当然就意味着女性需在冬季收集干净的新雪,并按古人在长期生活中总结出的经验,将雪化之水精心加以贮藏,以供随时取出使用。"除头上白屑方"则利用美容方中普遍强调的"井花(华)水","平旦第一汲,为井华水"(《本草纲目》),经过一夜的平静无扰,井水中的杂质下沉,水质格外清澄,于是,日出前后从井中取出的当天第一桶水,被古人看做水中的优质良品,"其功极广,又与诸水不同"。宋人提倡以雪水、井花水制作润发水,是以又一个细节证明了细腻品位在彼时生活当中的无所不在。

到了明初的《多能鄙事》中,不仅采录了上述两法,同时还列出另外一种带有染发剂性质的配方,并直名为"掠头油水":

> 甘松、青黛、诃子、零陵香、白芨。
>
> 右为细末,绢袋盛,浸油。或浸水用,亦良。

把方中五种配料的细末包裹在绢袋中,浸在油内,便成头油;浸在水内,便得"掠头水",全看使用者本人的需要。方中加有青黛,因此其成品呈现黑蓝色,在润发的同时也给发丝染上莹莹青泽。

以水质性的营养液保护头发,在这一方面的历史上有一个比较极端的例子,即秦兰征《天启宫词》所咏:

> 觅得丹方助艳姿,不须银海贮桑脂。云鬟细染群仙液,会遣长如二八时。

诗后则有作者之注云:

> ……惟客氏令美女数辈,各持梳具,时时环侍左右,偶遇饰

鬓，辄以梳具入口，挹津唾用之，昏暮亦然。自谓此方传自海外异人，名曰"群仙液"，能令老无白发。

这一处揭批客氏骄奢淫逸的事例相当地出于我们的心理接受能力之外，说：客氏挑选出美丽少女若干，她们的任务只有一项，就是手持梳具，永远地跟随在客氏周围。逢到客氏觉得有必要整理一下鬓发的时候，这些少女就向梳子、抿子上润满口水，再呈给那愚蠢而狡猾的女人以修饰发型，这是把人的唾液作为润发水使用了。客氏还自吹这一妙法得自"海外异人"的真传，有雅名唤作"群仙液"，能让人始终不生白发。秦兰征《天启宫词》中记录的明宫传闻往往无法验证其可信程度，关于客氏保养头发之法的这一则也不例外。不过，推崇口腔唾液所具的效力，是道家、也是中医传统中一个久已存在的强势观念，对此，从《本草纲目》"口唾津"一条即可获得很生动的感受。每天晨起之后，用口水擦拭双眼，由此保持目力清明，是中医长期提倡的一项保健活动。《居家必用事类全集》中的夜容膏方，则是每晚用唾液把保养妆粉调湿，然后涂在面上过夜，可见，将口腔中的分泌液用作美容，在古代生活中，一样是被当作"妙招"流传。因此，客氏如果真的以口水润养头发，那在彼时也是合乎逻辑之举，并不算疯狂怪诞。

相比于口水，花露也曾经作为高档的润发水亲昵古代女性的青丝，这一历史现象肯定更容易让今天的人感到兴趣：

> 枕霞红，钗燕坠。花露殢云鬟。粉淡香残，犹带宿酲睡。画檐红日三竿，慵窥鸾鉴，长是倚、春风无力。（张元幹《祝英台

近》）

这里，又是那个文人百写不厌的老主题：一个女人早晨醒了之后赖床不起。具体的样子则是，由于卧垫瓷枕，脸腮印上了枕面的凹凸花纹；绾髻的燕头钗半滑脱了，但因为头天晚上用花露梳理过头发，发髻此刻仍微微含潮，比较涩腻，所以粘缠在一起并未松散。同时，头晚化的夜妆，粉掉落了不少，香味也淡了，并且宿醉的样子非常明显。就这个模样，还拖延着不肯梳洗。——在宋代男性词人的心目中，这个状态非常、非常的性感！

由张元幹的这一首《祝英台近》来看，人工制成的花露，无论进口的真货还是仿造品，一旦在宋代被引入梳妆，就并不仅于和粉傅腮，还会由女性于洗过头发之后，或者临睡前，用梳子沾着这种芳香的花液，当做"护发营养素"，在发丝上反复梳理。直到成书于清代晚期的《桐桥倚棹录》中，时人尤维熊"咏花露"一词还特意点道："向晚妆台一饷，又融入犀梳栊双髻。梦醒余香，绿鬟犹腻。"意思很清楚，晚上临睡前，在妆台前为一头乌发作"夜间修护"，让梳子上蘸满花露，然后长久地（"一饷"，即一顿饭的功夫）反复梳理头发，结果第二天醒来之后发丝仍还余香不尽，并且因花露没有完全干掉而滑腻腻的。再如清初诗人朱彝尊所作《鸳鸯湖棹歌》组诗，其中一首有句云："白花满把蒸成露。"诗后有作者自注：

> 野蔷薇开白花，田家篱落间处处有之，蒸成香露，可以泽发。
> （《历代竹枝词》，608页）

这一组诗乃"爱忆土风"而成,意在反映嘉兴的风土人情,因此,不能忽视的是,作者在这里恰恰披露出,采集野蔷薇花以蒸制花露,在明清时代的江南地区蔚然成风,而且,在那时,野蔷薇花蒸成的"香露"最重要的作用之一就是"泽发"。此处所说的以花露"泽发",推测起来,应该也是指用梳子蘸上花露梳理头发的做法。

另外,明清时代,以鹿角菜为原料制作的"发胶"也很流行,如《香奁润色》"头发部"中所记:

> 女人鬓不乱、如镜生光方:
>
> 鹿角菜(五钱)。
>
> 滚汤浸一时,冷即成胶,用刷鬓,妙。

《本草纲目》"鹿角菜"条也说明:

> 鹿角菜生东南海中石崖间……若久浸则化如胶状,女人用以梳发,粘而不乱。

这种海滨所生的"海菜",投在热水里浸泡一阵,就能软化成胶液,刷到鬓发上,然后再用梳子加以梳理,可以让发丝顺粘不乱,并且光亮如镜。《烧香娘娘》中有唱词道是:

> 四个铜钱替我买条红头绳扎子个螺蛳,饶星鹿角菜来刷刷个鬓傍。

花四个铜钱从小贩那里买条红头绳,同时还可以讨价还价,向小贩白要一点点鹿角菜作为搭头,拿回家泡成胶,把双鬓刷齐。其实,依照《烧香娘娘》中的唱词，重温明代小市民女性仿照上层贵妇打扮自己的全过程，是很有味道的体会。那个时代女性在自身修饰上的环节之多、用品之丰富，确实让现代女性也不敢小视呢。

此外，清代专著《植物名实图考》（中医古籍出版社，2008 年）中还介绍了一种"油葱（即罗帏草）"：

> 《岭南杂记》："油葱形如水仙叶，叶厚一指，而边有刺……长者尺余。破其叶，中有膏，妇人涂掌中以泽发代油。贫家妇多种之屋头。问之则怒，以为笑其贫也。"……又名罗帏花，如山丹，以为妇女作植，故名。（519 页）

在广东地区，穷得用不起油的女性，会在住家屋外种上油葱，一如昔日中原女性在庭中种植"女兰"。刺破这种植物的长叶，就有膏液溢出，承在掌心里，足以作为发油来涂润乌发。看到哪处住家的房前院后有油葱悄然成丛，就可以知道，这一家中有着贫穷然而不失自爱的女性。油葱也如古代的兰草一样，因此被打上了性别的烙印，得了个诗意的名字"罗帏花"。只是罗帏花在阶下的青葱，却不会让女性感到自豪与快乐，因为它彰示的是她的贫穷，提醒的是她心中的痛。

红蓝花

可以在花田中相遇啊。

这里所说的是那种以历史为背景的言情小说，包括网上风行的"穿越文"，对于此类小说来说，男女主人公（"男猪"和"女猪"）的第一次碰面可是顶重要的了，不仅要让两位当事人心生特别的感觉，还要让读者也心生特别的感觉，有继续阅读下去的兴味。拿花田来当作一双情种彼此瞭到第一眼时的场景设置，不是很浪漫的一种选择吗？

中国历史上曾经有多少的风吹花海。如果故事发生在宋元明时代的广州，相遇可以是在雪洁如洗的素馨花田里；如果是在明代的南昌，那就可以是同样的雪海似的茉莉花田，并且，女孩的家为茉莉花枝编成的篱墙所环绕；如果是在明清时代的北京京郊，那就可以在漫坡灿烂的玫瑰谷……如果，如果作者很有雄心地把故事架设在剑戟森张的北朝时代，那么则可以选择红蓝花田。

置身在红蓝花的花田，也许没有素馨、茉莉那样芬馥的氛围吧，不过，红蓝花可以制成如血的胭脂，这就为故事展开了另外的可能性。至于情节设计，贾思勰《齐民要术》早在一千五百年前就预备好了：

> 花出,欲日日乘凉摘取,(不摘则干),摘必须尽,(留余即合)。

关于这一言简意赅的说明,缪启愉先生的注释如一段优美的散文:

> 《天工开物·彰施·红花》:"采花者,必侵晨带露摘取,若日高露旰,其花已结闭成实,不可采矣。"启愉按:红花开花时间不超过 48 小时,其花瓣在由黄变红时,在 24—36 小时内采摘者,花色最为鲜美,过时就变暗红色而凋萎。要是在今天早晨看到花蕾内露出一些黄色小花瓣时,明天早晨就必须采摘。采摘时间必须在清晨露水未干以前,因为红花叶子的叶缘和花序总苞上都长着很多的尖刺,早晨刺软不扎手,等到太阳一高露水干了以后,刺变硬,不但扎手操作不便,毛手毛脚还会抽伤子房,并且晚了花冠变得萎软,严重影响花的质量。再迟,就凋谢没法采,采来也没有用了。所以当天必须全部采完,不能留着白白蕉合受损失。

读这段注释,总让我有幻觉在读汪曾祺先生的小说,或者某位日本作家的文笔。

其实不仅是红蓝花,茉莉、玫瑰等鲜花也是一样的采摘规律。为了我们假设的"小言"作品中的初遇,贾思勰还进一步架设情节道:

> 五月种晚花,(春初即留子,入五月便种,若待新花熟后取

273

子,则太晚也。)七月中摘,深色鲜明,耐久不黦,胜春种者。

一顷花,日须百人摘,以一家手力,十不充一。但驾车地头,每旦当有小儿僮女十百为群,自来分摘。正须平量,中半分取。是以单夫只妻,亦得多种。

虽说是小农经济,但必须趁日出前抢收干净的特点,使得一家一户无力独自承担摘花的任务,于是就形成了这样的劳动方式,到了该摘花的日子,附近的男孩、女孩会自动地成群赶来,田主反而只须把车驾到地头停下,然后尽管安心等待。孩子们披着露水辛苦一个早上,采来的鲜花按当时约定俗成的规矩与田主五五对分。对于只能从事轻劳力工作的未成年人来说,这无疑是个很有吸引力的工作机会。所以说,《齐民要术》已经清楚勾勒了千百年前某一次相遇的具体过程,一个非常勤快懂事的孩子起个四更,比小伙伴们都要更早地赶到某大户的花田里,以便趁着第一丝曦光抢先开始工作,摘得更多的花朵,结果却撞见身负重伤的大侠或者皇子或者武将晕倒在花丛里……假如这个孩子家里负债累累,父母生病,弟妹众多,那就是"虐心"小说;假如这个孩子竟然不是女孩而是少年,那就是"耽美"小说。

另一方面,如果不是从文学的立场而是换成经济学的立场,在家有余田可以分出来种红蓝花的情况下,在公元六世纪,兼职当个红蓝花农可是项不错的营生。当然这里涉及一个有趣的话题,即,在南北朝时代,是否可以如宋代以后那样,一家农户只单一种植某一种染料作物或香料作物,成为该种作物的种植专业户? 乃至一个或数个村落都成为单一种植该种作物的"种植基地"? 想一想就让人感到好奇。《史记·货殖列传》里已经有这样的豪语:"若千亩卮、茜,千亩姜、韭,此其人皆与千户侯等。"所说的是一种假设的理想状态吧?暂且先让我们保守地假设,《齐民要术》的时代,经济作物的种植还没有发达到如此的程度,红蓝花只能是中、富农或者大地主的一种副业经营吧。即使如此,这也实在是一桩非常划算的业务:

> 负郭良田种一顷者,岁收绢三百匹。一顷收子二百斛,与麻子同价,既任车脂,亦堪为烛,即是直头成米。二百石米,已当穀田;三百匹绢,超然在外。

按贾思勰的说法,如果用一顷良田种红蓝花,一年可以种春、夏两季,仅花朵的收入就达三百匹绢的价值。另外,红花籽还可以榨油,其成品既可以用作车轴的润滑油,又可以做蜡烛,在日常生活中用途很大,因此,仅籽油一项就可以获得相当于同面积土地上种粮食的收入,这样一来,卖花所得简直就像是白白落到口袋里的实惠了。由于其采摘时是采用雇佣童工的方式,因此,从理论上来说,即使一丁一户的家庭,甚至一个单身的女人,也能从事种植红蓝花这个行当。

红蓝花之所以能如此收益良好,乃在于其是红色染料的理想原料。还有一个次要但却绝非不重要的功能,则是用于制造化妆所需的红色妆粉。《齐民要术》中,在红蓝花的种植与收获之后,接着介绍如何把花朵加工成红色染料,然后便附录了"作燕支法"。"胭脂"是我们今日仍然非常熟悉的词汇,但是,一旦仔细琢磨就不难发现,这却也是个很奇怪的称呼——"胭脂"所指代的那种化妆品并不用"脂"

红蓝花(《神农本草经中药彩色图谱》)

做成，而"胭"字独立来看则毫无字面上的意义。古代学者告诉我们，正解在于，"胭脂"乃是"燕支"的转写，而"燕支"竟然是个外来语词汇：

> 燕支，叶似蓟，花似蒲公，出西方，土人以染，名为"燕支"，中国人谓之"红蓝"；以染粉为面色，谓为"燕支粉"。今人以重绛为燕支，非燕支花所染也，燕支花所染自为红蓝尔。旧谓赤白之间为红，即今所谓红蓝也。（晋人崔豹《古今注》）

文献中普遍流行的观点是，红蓝花并非中原地带的原生植物，而是从西域移植而来。晋人崔豹的看法就是如此，他说，在西北地区，人们称这种植物为"燕支"，将之用为染料，不过，同一种植物在传入汉地以后被改称为"红蓝"。与中土既有红色染料所制造出的颜色相比，"燕支花"染出的红色是不一样的，于是，"燕支"一词也被引入汉语，用来指称其所染出的那一种红色。按崔豹的说法，其实"红蓝"一词也是该种红色的标称，意味着"赤白之间"的颜色，也就是比深红更为浅亮、更为明艳的一种鲜红色。实际上，东汉许慎《说文解字》云："红，帛赤白色也。"清人段玉裁注："《春秋释例》曰：'金畏于火，以白入于赤，故南方间色红也。'……按，此今人所谓粉红、桃红也。"也就是说，汉代及以后一段时期，"红"是特指桃红一类的艳红色。将引植而来的新型红色染料植物命名为"红蓝"，实际是非常具体地以这种红花所能染出的颜色来对其加以标识。由此进一步衍伸，用燕支的花制作的化妆粉被叫做"燕支粉"，推测起来，也是为了与中土先前已有的化妆红粉相区别。

近代的欧洲人有个好玩的小小习惯,喜欢把一切来自东方的东西都说成是马可·波罗带回家的。然而,晋唐时人其实也一样非常好笑的,爱把从西域引进的物品都归在张骞名下,足见古今中外人心相同。包括红蓝花,居然也有一说宣称是这位勇敢使者的一项成绩,并且,据记载,此说法还是出自非常权威的张华《博物志》:

> 黄蓝,张骞所得,今沧、魏亦种。近世人多种之,收其花,俟干,以染帛,色鲜于茜,谓之"真红",亦曰"干红"。目其草曰"红花",以染帛之余为"燕支"。干草初渍则色黄,故又为"黄蓝"也。(转引自宋人赵彦卫《云麓漫钞》卷七,中华书局,1996年。然而,必须注意的是,真红、干红,乃是宋人对纯正红色的叫法。)

甚至有一种难以考证的说法提出,"燕支"一词干脆就是匈奴语:

> 习凿齿《与燕王书》曰:"山下有红蓝,足下先知不?北方人探取其花,染绯黄,挼取其上英鲜者作烟肢,妇人将用为颜色。吾少时再三过见烟肢,今日始视红蓝。后当为足下致其种。匈奴名妻作'阏支',言其可爱如烟肢也。阏音烟。想足下先亦不作此读《汉书》也。"(唐人司马贞《史记索隐》卷二十五)

不知是有根据还是出于大胆的牵强附会,习凿齿居然说,匈奴单于之妻的固定名号——阏氏,其实就是"燕支",匈奴人用这种红花的名字称呼他们的君长之妻,以此赞美她有着美丽风姿。在更为苍凉的传说里,这一种红色的花朵甚至与风云变幻的战争史、与一个强悍游牧民族的失败悲剧联系在了一起:

> 《西河旧事》云:"匈奴失祁连、焉支二山,乃歌曰:'亡我祁连山,使我六畜不蕃息;失我焉支山,使我妇女无颜色。'其慭惜乃如此。"(唐人张守节《史记正义》引《括地志》)

古老的歌词暗示,"焉支"与"燕支"都是匈奴语的音译,焉支山之得名,乃是因为这里当年是遍开红蓝花的地方,也是匈奴人春夏季节游牧的草场。在被迫放弃对焉支山的控制之前,年年花开的时节,这里都会看到匈奴女性们采摘红花的身影。匈奴人的悲伤与失落,映衬出的是一位少年军人勇扫天下的马背英姿,焉支山与祁连山一样,是霍去病短暂但辉煌无比的军事生涯的一个标碑,至今,《史记》中还记录着汉武帝当年对这位勇敢少年的赞赏与欣喜:

> 天子曰:"骠骑将军率戎士……历五王国,辎重人众慑忷者弗取,翼获单于子。转战六日,过焉支山千有余里,合短兵,杀折兰王,斩卢胡王,诛全甲,执浑邪王及相国、都尉,首虏八千余级,收休屠祭天金人。益封去病二千户。"

元狩二年(公元前121年)春天,虚龄二十一岁(实龄二十岁)的霍去病按照他最喜欢的征战方式,带领大军以飓风般的速度发动远途突袭,径直挺进到匈奴人活动领域的腹心。一路所向披靡,但是对于俘获的人众物资,他置之不顾,因为他的目标是活捉单于之子。于是,在短短六天当中,骠骑将军与所率部队以平均一天近二百里的疾速,长驱直入焉支山以西以北千余里的草原大漠,重创匈奴各部,最后甚至把休屠单于的"祭天金人"收为战利品,扬威凯旋。焉支山当时正是花光满山吧,那些风中颉颃的"燕支花"想必见证了大汉的这一匹白色战马("骠骑")的骏勇。也许,这位因天子姨夫的宠溺偏袒而骄纵异常的少年将军,在一天的强行军之后,曾经借着最后一缕夕辉在山影前蹴鞠做耍,而遍山的红花于隐入黑暗之前借着晚光尽力绽放的火样灿烂,就做了少年轻捷身影的背景。

胭脂粉

　　如果没有霍去病率军西出焉支山千余里的这次打击力度极强的军事突袭,红蓝花是否也一样的会作为经济与文明现象的一种,逐渐传播到汉地呢? 应该会的吧。我们今天所能掌握的事实则是,随着汉朝军事及政治力量的北上与西进,燕支,也就是红蓝花,不久便走上了一条反向的征程。按照晋人张华《博物志》、崔豹《古今注》的记录,至晚在东汉末,红蓝花的种植已经在汉地推广开来。到了《齐民要术》的时代,红蓝花已然取代茜草一类本地原生的红色染料植物的主力位置,而"燕支"一词则固定为红色化妆品的专称。

　　在《齐民要术》中,摘下的红蓝花——在唐以后,往往简称为"红花"——要先进行"杀花"程序,淘去花中的黄色素,并且制成干花或者花饼,以供长期保存。制作"燕支"就在干红花的基础上进行:

　　　　预烧落藜、藜藋及蒿作灰,(无者,即草灰亦得),以汤淋取清汁,(以初汁纯厚,太酽即杀花,不中用,惟可洗衣;取第三度淋者,以用揉花,和,使好色也),揉花,(十许遍,势尽乃止,)布袋绞

干红花（《神农本草经中药彩色图谱》）

取淳汁，着瓷椀中。取醋石榴两三个，擘取子，捣破，少着粟饭浆水极酸者和之，布绞取渖，以和花汁。（若无石榴者，以好醋和饭浆亦得用。若复无醋者，清饭浆极酸者，亦得空用之。）下白米粉，大如酸枣，（粉多则白，）以净竹着不腻者，良久痛搅。盖冒至夜，泻去上清汁，至淳处止，倾着白练角袋子中悬之。明日干浥浥时，捻作小瓣，如半麻子，阴干之，则成矣。

实际上有三个主要步骤：第一，把作为染料的干红花放在灰汁中大力揉压，让其中的红色素在碱性溶液的分解作用下释放到汁水中。然后把红花连汁一起倒在布袋中，绞出红色溶液。第二，加入石榴籽汁和酸浆水混合成的酸性溶液，这是向制品中添加"媒染剂"，以便红色会更易于被米粉吸附；第三，把事先制好的细米粉投入红色液中，用竹条反复搅合，然后静置一天，让红色充分浸入米粉，再经过脱去水分的工序，最后趁红粉还没有完全干燥的时候，捻作小粒，加以充分阴干，就得到了"燕支"成品。

显然，北朝时代的"燕支"——"胭脂"，是用红花汁染成的红色化妆粉。《释名》留下了一条非常重要的信息，任何关于中国化妆史的讲述，都不能漏过："赪粉。赪，赤也。染粉使赤，以着颊上也"（《饰首饰》）。很清楚的是，把米粉染红，作为令双颊生辉的专用妆色，至晚在汉代，已是最通行的化妆方式。

不过，用红蓝花染的化妆红粉最早也是在东汉时代才出现，放在历史长河中衡量，这已经属于比较晚近的历史了。那么，在红蓝花传入之前，中原地区的女性是否也有红色的化妆粉可使呢？据考古出土文物证实，在西汉时期，用朱砂染粉，是非常重要的一种红色化妆品。（参见高春明《面妆》，《中国服饰名物考》，上海文化出版社，2001年，356页）然而，有迹象表明，在红蓝花传入之前，朱砂也并非唯一的选择。同样是在《齐民要术》中，还介绍有"作紫粉法"：

> 用白米英粉三分、胡粉一分，（不着胡粉，不着人面），和合调匀。取落葵子熟蒸，生布绞汁，和粉，日曝令干。若色浅者，重染如前法。

"紫粉"的用途在于"着人面"，显然的也是一种红色的化妆粉，不同的是，它是以落葵子（果实）汁染成，并且颜色偏紫，不及红花发色纯正。宋人唐慎微《政类本草》中也引录南朝医家陶弘景的著论云：

> 落葵又名"承露"，人家多种之……其子紫色，女人以渍粉傅面为假色。

在南北朝时代，私家庭院中种植落葵的现象很是常见，将紫色的落葵果蒸熟，裹在生绢中，用力绞出红汁，染红化妆粉，在那个时代是一种通行的办法。陶弘景之语似乎可以理解为，落葵并没有发展成专业种植的染料经济作物，只是由女性们种在自家的院子里，以供制作红粉之需。也就是说，女性自己动手做红粉，在那个时代还有一定的普遍性。

可见，在南北朝时期，红色化妆粉的原料、配方并非只有一种。从历史上的记载来看，多种植物的花、果都可以作为红色化妆品的制作原料，在《物理小识》"胭脂"一条，明人方中通就写道：

> 凡红色花，皆可取汁作胭脂，但有深浅，如凤仙染甲之类。

李时珍《本草纲目》中"燕脂"一条则总结历代记载为：

> 燕脂有四种：一种以红蓝花汁染胡粉而成……一种以山燕脂花汁染粉而成，乃段公路《北户录》所谓端州山间有花丛生，叶类蓝，正月开花似蓼，土人采含苞者为燕脂粉，亦可染帛，如红蓝者也；一种以山榴花汁作成者，郑虔《胡本草》中载之；一种以紫矿染绵而成者，谓之胡燕脂，李珣《南海药谱》载之。今南人多用紫矿燕脂，俗呼"紫梗"是也。大抵皆可入血病药用。又落葵子亦可取汁和粉饰面，亦谓之"胡燕脂"，见菜部。

既然任何一种红色染料都可以用来染红化妆粉，随着各地植物的具体物种不同，被人们开发出来制作红粉的红色植物染料也就多有变化。根据这一实际的历史情况，不难推想更为往昔的情形。在红蓝花被引入之前，中原地区是否已经有红色染料呢？当然有。茜草是其中最主要的一种。《说文解字》云：

> 茜：茅蒐、茹藘。人血所生，可以染绛。从草、鬼。

汉代有一种叫"茅蒐"的草，可以用来染绛色，而"绛"，"大赤也"，段玉裁注曰："大赤者，今俗所谓大红也。上文纯赤者，今俗所谓朱红也。朱红淡，大红浓。大红如日出之色，朱红如日中之色。日中贵于日初，故天子朱市，诸侯赤市。赤即绛也。"也就是说，茅蒐是一种用于染大红色的植物。在汉代，这种能够染出血一般浓色的植物似乎还被演绎出某种悲剧的或者恐怖的故事，说它是由人血滋润而成，所以竟然被称为"鬼草"，落在字面上，也是"从草、鬼"。《说文解字》接着又道：

> 茜，茅蒐也。从草，西声。

茜草与茅蒐，实际是同一种植物的两种不同称呼而已。作为一种古老的原生染料植物，茜草（茅蒐）的历史可以上溯到先秦的岁月，如《左传》定公四年："分康叔以⋯⋯绸茷、旃旌。"其中，"绸"实为"赤缯也，以茜染，故谓之绸"（《说文解字》），茜草染成的红色丝织品被称之曰"绸"，曾经做成旌旗上火红色的饰带，垂荡在悠远的春秋时代。另外，"蒐"还有个称呼叫"茹藘"，这实际是《诗经》时代的叫法，《郑风》中就有一首《东门之墠》：

> 东门之墠，茹藘在阪。其室则迩，其人则远。
> 东门之栗，有践家室。岂不尔思，子不我即。

不难看出，这是典型的一轮男女对唱，通过歌声来彼此挑破感情。起唱的是男子，他唱道：

> 城东门外有田畴，畴外野坡上长茜草。
> 你家很近我容易找，你的人儿却难追到！

女方则以反驳的口吻，似嗔似娇地回唱：

> 东门附近栗树下，房屋成行是我家。
> 哪里是我不想你，是你没来跨上门！

"城东门外有田畴，畴外野坡上长茜草"当然是典型的"兴"，不过，《诗经》中的"兴"正像后世民歌一样，一般都是即景就事，利用当时当地的场景、眼前手边正在进行的活动，来为歌曲找到自然生动的"起头"。从《诗经》中的其他篇章可知，在那个遥远的年代，女性采集野生植物以供应各种生活所需，是社会劳动中很重要的一个劳作类型，由此推想《东门之墠》的实际场景应该是，被咏唱的女性当时正走出城门，跨过田野，到野山坡上采摘茜草，准备回家后自制红色染料；男子则或是有意或是无心，不知从哪里就冒了出来，于是发生了这样一段充满潜台词的对歌。也许，从这首歌词，我们可以推测，在《诗经》时期，茜草还仅仅处于野生状态，当人们需要红颜料的时候，就去自然中加以采摘。

不过，到了汉代，茜草已经成为人工种植的经济作物，而且是非常重要的一种染料作物，《史记》"货殖列传"的宏论正透露了相关信息："若千亩卮、茜，千亩姜、韭，此其人皆与千户侯等。"当霍去病率精骑从焉支山下飓风般飙过的时候,在汉朝之地,人们是成亩地,也许甚至是成数十亩地,种植着茜草,用它的根来染红。

"千亩卮、茜"一句中,还有个"卮",一般叫做"卮子",据陶弘景所云:"……以七棱者为良,经霜乃取,入染家用,于药甚稀。"显示卮子在汉晋时代也是很重要的一种染料作物。后世学者往往将其混同于从西域移植而来的"蔷薇花",又或与可作黄色染料的黄栀子相混淆。然而,《神农本草》对于"卮子"的说明为:"一名木丹。""木丹"这一称呼似乎在暗示,该种植物与红色染料有关。宋人苏颂的看法则是:

> 今南方及西蜀郡皆有之。木高七八尺,叶似李而厚硬,又似樗蒲子。二三月生白花,花皆六出,甚芬香,俗说即西域薝卜也。夏秋结实如诃子状,生青熟黄,中仁深红。南人竞种以售利。《史记》"货殖传"云:"卮、茜千石,与千户侯等。"言获利博也。入药用山栀子,方书所谓越桃也……

显然,苏颂所谈的"卮子",是一种其果仁深红、可做红色染料的植物。另外,《本草纲目》中"卮子"条有云:"蜀中有红栀子,花烂红色,其实染物则赭红色。"汉晋南北朝时的"卮子",不论是与文献中所记的哪一种相合,总之,应该是用为红色染料的植物。一个有力的佐证是,《齐民要术》中列有"种红蓝花、栀子第五十二——燕支、香泽、面脂、手药、紫粉、白粉附"一章,推测来看,红蓝花与栀子都是红色染料,所以才被列在一起。不过,奇怪的是,《齐民要术》在该章的内文中并未单讲栀子的种植方式与使用过程,也许,是因为二者的种植过程近似吧。

如此说来，汉代至少就有两种红色染料——卮子与茜草。有了红色染料，再有了米粉做成的化妆白粉，那么，把白粉染红，就应该不是难事了。至于化妆之粉，在先秦文献中屡有提及，如《战国策·赵策》："彼郑、周之女，粉白黛黑，立于衢闾，非知而见之者以为神。"再如战国时人宋玉《登徒子好色赋》中夸赞一位绝世美女："著粉则太白，施朱则太赤。"说明化妆粉在战国时代已经非常普及。虽然文中所涉及的都是让人肤色增白的白粉，但是，如前所述，将白粉染红，并不是难事。所以说，在红蓝花传入之前，化妆红粉应该早就存在了。实际上，"施朱则太赤"一句已经点明了红色化妆品的存在。如果做一点推测的话，把粟米磨细成米粉，再利用野外采摘或者自家种植的茜草做染料将之染红，总比采矿得来的朱砂成本更为低廉，更容易得到吧！

紫矿胭脂

从《齐民要术》可以看出，红蓝花一旦得到引植，便成了红色染料的主力。这一情况在此后的十几个世纪里都没有改变，生活于清代中期的学者吴其浚在《植物名实图考》中如此介绍他所了解的相关情况：

> 红蓝，湖南多艺之。洛阳贾贩于吴越，岁货数十万缗，其利与棉花伴，古俗谚曰："红白花以染物，其值同于所染。"染历久不渝，红既正色，又不为燥湿、寒暑变节，有士君子之行。顾价必善，或岁不登，则益贵。

红蓝花作为染料有着巨大的优势，首先就是所染出的红色非常纯正，以致从宋代起，红蓝花所染出的本色红就被称为"真红"；其次，着色稳定，不易退色；另外，如《齐民要术》所言，在大面积种植这方面，相对来说容易料理，这就使得红蓝花与其他红色染料相比成本更低，价格也就便宜。所有这些长处都使得红蓝花能够取代茜草一类更为古老的红色染料植物，于是，种植、贩售红蓝花，制作红花颜料，就都成了非常有利可图的行当。

然而，传统生活对于新型染料的引进，并没有就此满足，就此止步。在唐代的时候，一种重要的红色染料"苏木"从东南亚地区进口到中国，从此深深地嵌入到中国丝绸印染的历史当中。对于化妆史有意义的则是"紫矿"。这种新染料在《酉阳杂俎》中被写作"紫铆"，文献中也写作"紫铆"、"紫钾"，到明代则写作"紫梗"。唐人所认识的紫矿，在《酉阳杂俎》中有比较详细的记录：

> 紫铆树，出真腊国，真腊国呼为勒佉。亦出波斯国。树长一丈，枝条郁茂，叶似橘，经冬而凋；三月开花，白色，不结子；天大雾露及雨，沾濡其树枝条，即出紫铆。波斯国使乌海及沙利深所说并同。真腊国使折冲都尉、沙门施沙尼陁言，蚁运土于树端作窠，蚁壤得雨露凝结而成紫铆。昆仑国者善，波斯国者次之。

明显的，这一段文字谈论了两种其实互不相同的红色颜料，把产地不同、质料也不一样的两种物品搞混在了一起。一种来自"波斯国"，即西亚地区；一种来自"真腊国（昆仑国）"，即东南亚地区。由于这两种红色颜料都来自远方，并且据说都是在树上成形，所以被唐朝人误会为同一种东西。来自西亚的"紫矿"究竟是何物，还有待专家进一步考察。（有否可能是橡木胭脂？）至于来自东南亚的"紫矿"，已被学者们确定为紫胶。西亚"紫矿"染料的进口在唐代以后就中断了，但来自东南亚的"紫矿"不仅持续进口，而且作用日益重要，宋代医家寇宗奭在《本草衍义》中介绍道：

紫铆，如糖霜，结于细枝上，累累然。紫黑色，研破则红。今人用造绵烟脂，迩来亦难得。

所谓紫矿，是一种紫胶虫的产物——紫胶虫会成千上万地攀爬到树上，然后吐出胶液，把自己包裹在其中，以此来固定在树上，这包裹着紫胶虫的树胶就形成了紫胶，也就是红色染料的来源。徐霞客曾经亲眼目睹一棵年久大树上紫胶虫累累寄生的壮观景象：

又东一里，有一树立冈头，大合抱，其木挺直，其枝盘绕，有胶淋滴于木上，是为紫梗树，其胶即紫梗也。初出，小孔中亦桃胶之类，而虫蚁附集於外，故多秽杂云。（《徐霞客游记》卷十二）

利用紫胶虫的这一奇特的生存习性，人们很早就发展出人工培植的技术，李时珍在《本草纲目》中就写道：

紫铆出南番，乃细虫如蚁虱，缘树枝造成，正如今之冬青树上小虫造白蜡一般。故人多插枝造之。今吴人用造胭脂。按张勃《吴录》云："九真移风县有土赤色如胶，人视土，知其有蚁，因垦发，以木枝插其上，则蚁缘而上，生漆凝结如螳螂螵蛸子之状。人折漆以染絮物，其色正赤，谓之蚁漆赤絮。此即紫铆也。"

人工培育紫胶虫的方式，不是让紫胶虫如天然状态那样以大树为寄生体，而是把树枝插在地上，让紫胶虫攀爬上插枝，于其上分泌胶液。发展到明代，"今南番连枝折取，谓之紫梗是矣"（《本草纲目》"紫铆"集解），收成时，是把挂满紫胶虫的树枝整枝地折下，风干之后销往四方。因此，明人的世界里就有着如此奇异的颜料，即不是粉，

铆紫

紫胶虫示意图（《本草纲目》）

也不是膏或凝块，而是一束束裹满风干紫胶的紫色枯枝，"紫矿"因此而获得一个更形象的称呼"紫梗"。

在唐代，紫矿用于染红皮革，另外，镶嵌在器物上的宝钿花饰，也用这种染料进行染色。而在王焘《外台秘要》里，则记载有"崔氏造燕脂法"：

> 准紫铆（一斤，别捣）、白皮（八钱，别捣碎）、胡桐泪（半两）、波斯白石蜜（两碟）。

> 右四味，于铜、铁铛器中着水八升，急火煮。水令鱼眼沸，内紫铆；又沸，内白皮，讫，搅令调；又沸，内胡桐泪及石蜜。总经十余沸，紫铆并沉向下，即熟。以生绢滤之，渐渐浸叠絮，上好净绵亦得，其番饼小大，随情。每浸讫，以竹夹如干脯猎，于炭火上炙之燥。复更浸，浸经六七遍，即成。若得十遍以上，益浓美好。

东汉时代西域地区的胭脂实物（新疆尼雅出土，现藏新疆文物考古研究所）

是把紫矿、白皮各自捣碎，先后倾入沸水中，再加入胡桐泪、波斯白石蜜，让水反复煮沸十余次，所加的配料都沉在了锅底，就可以下火。这时候，胡桐泪、波斯白石蜜都已融化，紫矿的红色也释放到水中，因此锅中水转成了微稠的红色膏液。用生绢作为筛网，过滤这膏液。然后，将厚厚的毛絮或者干净丝绵剪成或大或小的饼状圆片，久久浸入滤净的红膏液中。絮饼或绵饼充分浸透红液之后，还要用竹片夹在其上下，用力压，让红色絮饼或绵饼就像经过碾压的风干腊脯一样紧实，并将之置于炭火之上熏炙，以使其燥干。随后，红絮饼、绵饼还需再次浸入红膏液，如此反复六七次，才算大功告成。如果是浸过十遍以上，那么染色会特别浓艳，效果更佳。

值得注意的是，在这一方法中，是用絮片、绵片饱浸红色染料然后再加以干燥，以此制得化妆所需的"胭脂"。在此之前，编成于初唐的《艺文类聚》中录有这样的资料：

> （西晋张勃）《吴录》曰：九真移风县，有土赤如胶，人视土知蚁，因垦，以木枝其中，则蚁缘而生漆，坚凝如螳螂子蜱蛸，折漆以染坚凝（"坚凝"二字应为衍字——作者注）絮，其色正赤，所谓

293

"赤絮",则此胶也。

从文义来看,乃是透露了中南半岛在公元三世纪人工插枝培植紫胶的情况,李时珍即指出,其产品就是紫胶,也就是后世所说的"紫矿"。值得注意的是,中南半岛的人民在那个时代收集、保存紫矿的方法,就是把紫胶液染在"絮"上,染成物的红色非常纯正,因此得名为"赤絮"。这应该是为便于紫矿的收贮与运输而发明出来的一种手段,日后需要红颜料的时候,把"赤絮"用水泡,就可以得到足以染物的红色水液。因此,赤絮是一种承载红颜料的介质,并非专门制作的化妆品。王焘《外台秘要》所记的"崔氏造燕脂法",则是明确地在制造化妆品"胭脂"。用类似工艺制作红色化妆品,在文献中,这是最早的一则记录。

"崔氏造燕脂法"中,紫矿、胡桐泪、波斯白石蜜都是西域产物,其中,波斯白石蜜就是波斯一带特产的、用蔗糖与牛奶制的"牛奶糖",在当时被视作一种糖品。配料全是西来产物,工艺又是前所未闻,这是否可以说明,用絮、绵浸红液以制红色化妆品,根本就是一种从西域传来的方法呢?假如确实如此的话,那么事情就非常有意思——从西域进口"紫矿"染料的情况并没有持续到入宋以后,然而,随同这种西域红色染料一起传入的制作红色化妆品的特殊方法却流传下来,也许因为这一方法既简洁又实用吧。如寇宗奭即指明,在宋代,人们习惯于用东南亚进口的紫矿制造"绵胭脂"。显然,唐宋人无法区分,西域"紫矿"与东南亚"紫矿"虽然看起来非常相像,但却实为二物,于是,本来是以西域"紫矿"制造胭脂的方法,却被很容易地转用到东南亚"紫矿"之上。

"崔氏造燕脂法"还说明，外来词"燕支"——"胭脂"，在唐代，已经不局限于红蓝花的制品，而转为一切红色化妆品的统称。

另外，唐人韩鄂《四时纂要》"五月"一章中，有这样的介绍：

> 燕脂法：红花不限多少，净柔（揉）洗一二十遍，去黄汁尽，即取灰汁，退取浓花汁，以醋浆水点，染布一丈，依染红法，唯深为上。要作燕脂，却以灰汁退取布上红浓汁，于净器中盛。取酸石榴子捣碎，以少醋水和之，布绞取汁，即泻置花汁中。（无石榴，用乌梅。）即下英粉，大如酸枣，（看花子［汁］多少入粉，粉多则白，）澄着良久，泻去清汁，至醇处，倾绢角袋中，悬，令沥沥。捻作小瓣如麻子粒，干。（用葛粉作亦得。）

把这里介绍的方法与《齐民要术》相比较，可以看出，大致步骤是一样的，不过，《四时纂要》在对红花的处理、在红花汁的保存方式上，有了多快好省的改进。《齐民要术》中的"杀花法"为：

> 摘取，即碓捣使熟，以水淘，布袋绞去黄汁；更捣，以粟饭浆清而醋者淘之，又以布袋绞去汁，即收取染红，勿弃也。绞讫，着瓮器中以布盖上；鸡鸣更捣令均，于席上摊而曝干，胜作饼。作饼者，不得干，令花浥郁也。

摘下的红花要立即加工，利用碓舂捣烂成花泥，然后用水淘洗，再盛在布袋中，将花中的黄汁淘洗掉。接着便是第二遍的碓捣，之后，改用充分发酵的、干净的小米酸浆淘洗。充分捣细、洗掉黄色素的红花泥再次被盛在布袋中绞汁,不过,这一遍绞出的已然是红色汁水了,贾思勰叮嘱,这种红汁可不要白白丢掉,而是收集起来,用作红色染料。至于绞过的红花泥,还要盖上布静置一夜,第二天清晨最后捣一次。到了这个环节,一般都是将红花泥作成饼,晒干保存,后世称之为"红花饼"。不过,贾思勰却提倡当时存在的另一种做法,就是直接在布上摊铺开花泥,把晒干之后的、零散的红蓝花泥当做最终的成品形态。

依据《齐民要术》的做法,到了需要制作胭脂粉的时候,是拿出若干量的干红花泥,泡在草木灰水里,由此获得红色染液。《四时纂要》所提供的方法,却把相关程序加以极大的简化——

把红花反复在水中揉搓着清洗,耐心淘净黄汁,接下来,便是直接用草木灰浸泡红花,并且用手在灰水中反复揉花,让灰水中的碱成分充分溶解花中的红色素。由此,便得到了鲜浓的红汁。在红汁中添加少量酸浆水作为"媒染剂",然后,便按照染红织物的方法,将一丈布染成红色,染得颜色愈深愈好。实际上,是利用这块红布作为保存红花颜料的载体。到了制胭脂粉的时候,再用灰水浸泡红布,然后按照程序,以红布泡出的丹液染米粉。

把红花液染到布上,以红布来作为颜料的保存形式,从收藏、运输等角度来说,无疑都是更好的一种选择。不知这一方法的产生,是否受到了中南半岛赤絮、西域紫矿胭脂制法的启示? 总而言之,在唐代,用布饱浸红花汁,染成红布,已经是胭脂制作中的一个通用环节。染红的时候,总是利用成丈长的整匹布帛,这样,辛勤劳作一次,就可以得到大幅的红布,工序便捷,效率也高。推想起来,使用的时候,则可以根据实际的需要量，从红布上剪下或大或小的布头，其余部分则继续收藏起来，留备日后的用场。

唐代女性一个非常著名的特点，就是好在脸上画各种奇怪的图案。假如真像网上所写的那样，"穿越"回到唐朝，并且恰好是回到唐穆宗长庆（821—825）年间，也就是九世纪的二十年代，那么，这位溯时光而上的现代女孩难免会吓一大跳。她会觉得，哇，唐代的家庭暴力问题好严重啊，居然女人们个个都满脸淤血伤痕！其实，那些血痕是故意画出来的，是一种时尚，一种风格。据《唐语林》，在长庆年间，居然兴起了一种非常之独特的容妆，"妇人去眉，以丹紫三四横约于目上下，谓之'血晕妆'"——首先把眉毛剃光，然后，不画假眉，而是用红色或紫色在双眼上下画出三四条弧纹。于是，女性的脸上完全不见眉毛的影子，却横现着一道道红紫的晕痕，倒好像个个都遭受到家庭暴力，脸庞上被家里汉子打出了多道血淤伤迹。这种"伪家暴"风貌的化妆，竟然还起了个很黑色的名字"血晕妆"。——如今网上穿越文的写手和读者都以酷自命，但，这么酷的，见过吗？

安史之乱以后，唐代女性的容妆日益地离奇搞怪，以至于白居易对于"元和（806—820）妆梳"痛心疾首："腮不施朱面无粉"、"乌膏注唇唇似泥，双眉画作八字低"、"斜红不晕赭面状"（《时世妆》）——面庞不涂白粉、不上腮红，却把双颊涂成赭红色，再用黑唇膏给嘴唇覆一层乌泥，然后描出一对八字形的假眉！当今巴黎、米兰时尚大师们的创意，早在九世纪初就实现了耶！这种赭面黑唇的奇妆是"出自城中传四方"、"时世流行无远近"，由首都长安的女性们发明出来，然后迅速风行全国，成为人人追慕的时尚热点。白居易叹息这一元和年代的"时世妆"是"妍媸黑白失本态",颠倒黑白,以丑为美,与人脸的天然形态完全背离。然而,元和之后,就是长庆时期,这时候赭面黑唇的化妆方式倒是被放弃了,取而代之的却是"血晕妆"!"元和妆"好歹还画"八字眉",化"血晕妆"的女人,脸上却根本没有眉影啊。

唐朝另一位诗人徐凝所作的《宫中曲》之一,正是咏叹"血晕妆":

> 披香侍宴插山花,厌著龙绡著越纱。独赖倾城人不及,檀妆唯约数条霞。

一位入了皇宫的美人,大约很有些时尚天分,因此一身上下的装束,不论头饰还是衣料,都自作聪明地独创新样式。在内殿随侍天子宴饮这样的重要场合,她却敢不插珠翠首饰,偏偏寻来一样清新的野花簪在鬓边,以独特的品位与鲜明的个性,在众多后妃宫女当中脱颖而出。这位个性美女自信有倾城之貌,丽色难敌,居然大胆地玩"酷妆",脸上不画眉,不贴花钿,只在眼睛上下画出几道缤纷的红紫霞影。由此看来,"血晕妆"是首先在宫廷中发明出来,然后风行长安,再播布四方。要说还是唐朝的男子汉们有胆量,从皇帝到文人,面对没有眉毛而脸上血痕纵横的女人,不但没被吓倒,反而能发生最热烈的迷恋。

"以丹紫三四横约于目上下",肯定是拿鸡蛋清或者水调和红、紫的化妆颜料,向打好粉底的脸上涂画。可惜文献没有讲述是哪些化妆品,具体什么方式。如果是采用前代传下的经验,当然可以是用鸡蛋清调和朱砂末。不过,既然已经有紫矿做的"绵胭脂",那么,多半会是将紫矿绵胭脂浸在水中,以浸出的红汁去画那些纵横在双眼上下的血痕。另外，花些钱扯上二尺红花汁染成的红布，叠放在妆奁盒里，时时铰下一小块，用水泡出红液，小笔蘸着向脸上描画，应当也是很便捷的办法吧。

实际上，早在"血晕妆"诞生之前，画"斜红"一直是晋唐女性面妆中的重要一环。南朝梁简文帝《艳歌行》便有"分妆间浅靥，绕脸傅斜红"之句。唐代诗人元稹甚至作《有所教》诗一首，教导身边女性在描斜红时应该注意的美学原则：

> 莫画长眉画短眉，斜红伤竖莫伤垂。人人总解争时势，都大须看各自宜。

所谓斜红，是用红颜色在双颊边缘、近鬓的地方竖向地画上一抹弯红，犹如月牙形。元稹的意思是，这抹月影千万不能画成僵直的竖道，那就死板了。在注意优美弧度的同时，还要像书法的运笔一样，带出垂势，方能显得气韵生动。另外，也不能跟着时髦风气跑，眉形、斜红的样式，都要根据自己的脸型来灵活掌握。

于是，在唐代，女性梳妆的时候会有一个环节，用紫矿的"绵胭脂"、红花染的红布，乃至小片的干红花饼，或者朱砂末，调上水或蛋清，盛在小碟、小盂里。不过，调好的红汁不是用来染颊红，而是用小笔蘸着，在脸庞上细细地创作抽象或半抽象的绘画，让自己的一张脸，在抽象与具象之间，徘徊。

胭脂泪

　　"元和妆梳"违背常规,其中之一就是"腮不施朱面无粉"。反言之,正常的化妆方式当然是面扑粉而腮施朱,即,以白色铅粉给整张面颊涂上一层洁白,再将双颊染做娇艳的红色。

　　打粉底、上"腮红",类似的化妆方法直到今天也没有改变,可以说是恒定的常规。可是,就是有人敢于把常规颠倒过来,如五代王仁裕《开元天宝遗事》中的一则轶闻:

　　　　宫中妃嫔辈施素粉于两颊,相号为"泪妆",识者以为不祥,后果禄山之变。

　　在唐玄宗与杨贵妃的宫廷中,曾经风行过"泪妆",其最大的特点就是舍弃红粉,仅仅用白粉擦满整个面庞,包括双颊,倒好像女性刚刚哭过,情绪低落,没有心思上妆一般。杜甫著名的《集灵台》诗:

　　　　虢国夫人承主恩,平明骑马入宫门。却嫌脂粉污颜色,淡扫蛾眉朝至尊。

或许便是在暗讽这一时尚吧？

到了五代王蜀宫中，则又反而行之，用红粉铺满整个面庞，只在鼻梁上扑白粉，留出一条狭长的白色：

> 王衍在蜀……每宴怡神亭，妓妾皆衣道衣，莲花冠，酒酣，免冠、鬒髻为乐，因夹脸连额渥以朱粉，号曰"醉妆"。（宋人吴处厚《青箱杂记》卷七，《全宋笔记》，大象出版社，2003年）

五代西蜀宫廷对道教有特殊的崇好，于是，当蜀主王衍在宫中举行宴饮的时候，嫔妃、宫女一律作女道士的打扮，穿"道衣"，戴莲花形的绢罗冠。不过，最让王衍有快感的是滥饮，是狂醉，是没有节制的荒唐胡闹，为了凑他的趣，每当喝到酣畅处，嫔妃们便摘掉莲花冠，纷纷地把头发绾成坠马髻、倭堕髻之类，松软地垂在脑后，一副在酒精的作用下丧失自制力的样子。不仅如此，宫人们还特意用"朱粉"把一张脸庞的双颊连同整个额头都涂红，只剩一条鼻梁露着白粉打的底色，人为制造出醉酒的赪颜，而公然名之曰"醉妆"，以此来烘托酒宴的淫靡气氛。连额头也涂成淡红色的女人，那是多么骇人的形象啊，居然就有一国之君会看着喜欢，实在要算得趣味特别咧。

"醉妆"算是把化妆红粉用到了极致。夸张到这个地步的妆容固然属于少见，不过，用红色妆粉擦在脸上，让双颊飞霞浮晕，却是长久的、普遍的做法。元人曾瑞卿创作的《王月英月夜留鞋记》，一定是对于《幽明录》中卖粉女郎故事的千年之下的一次重写吧？这本杂剧以"胭脂铺"为场景，由年轻美丽的少女亲自掌柜售货，然后让一个赶考的书生对她一见钟情，留恋难舍。剧情中透露出的消息非常有趣，男主人公郭华先是自白道："我每推买胭脂粉，觑他一遭……小生今日再推买胭脂去，看他母亲在铺里也不在。"及至到了胭脂铺里：

> 郭华：小娘子祗揖。有胭脂粉，我买几两呢。
>
> 王月英：……梅香，取上好的胭脂粉来，打发这秀才咱。梅香，待我去问他。你买这胭脂是做人事送人的，还是自己要用的？……你若自用，我取上等的给你，若送人，只消中等也够了。
>
> 郭华：你不要管我，只把上好的拿来，我还要拣哩。

剧词中时而把"胭脂粉"叫为"胭脂"，可见，到了元代，胭脂的常见形态之一仍然是染成红色的化妆粉，在口语中一般被称为"胭脂粉"。女性就靠这"胭脂粉"画颊红，这一点在石君宝所著杂剧《鲁大夫秋胡戏妻》中有更清楚的涉及：

> （卜儿云）媳妇儿，可则一件，虽然秋胡不在家，你是个年小的女娘家，你可梳一梳头，等那货郎儿过来，你买些胭脂粉搽搽脸，你也打扮打扮；似这般蓬头垢面，着人笑你也。

胭脂粉是用来"搽脸"的，其具体的使用一如白色妆粉，采用"香绵扑粉"的方式：

> 晓鉴燕脂拂紫绵。未忺梳掠鬓云偏。日高人静，沉水袅残烟。（宋人袁去华《相思引》）
>
> 昼漏迟迟出建章。惊回残梦日犹长。风微歌吹度昭阳。
>
> 沉水烧残金鸭冷，胭脂匀罢紫绵香。一枝花影上东廊。（宋人

晁端礼《浣溪沙》）

　　传统的粉扑，总是以一片压平的圆形丝绵为面，衬以一片圆形织物为背托，沿着织物圆片的周边纳缝一道，将丝绵与背托缝连在一起，再在圆背托的中心缝缀上纽带，作为把手。以上两首宋词都是描写女性晨起的梳妆，"匀"胭脂而"拂紫绵"，也就是说，用丝绵做的粉扑饱蘸调湿的"胭脂"或者说"胭脂粉"，向面庞上均匀地轻轻拍拂。因为粉扑天天使用，反复地满蘸红粉，以致丝绵的表面被染成了紫色，并且洇着粉香。

　　因此，在往昔的妆奁中，总是备有两种粉，一种是白粉，一种是红粉。在黄升墓出土的套奁之内，有两只粉盒、两只粉扑，大概正是分别为白粉与红粉而设。不妨提一句的是，即使黄升墓出土的宋代粉扑，相比其他时代的同类出土物，也更为制作用心，用丝罗制成一片片菱形花瓣，自中心向外围，一圈圈地、有序地缝缀在背托上，使得粉扑的背面宛如一朵盛开的花。

　　用丝绵作为粉扑的蘸粉之面，显然是利用其易沾粉的特点。好玩的是，《长沙马王堆二、三号墓汉墓（第一卷）——田野考古发掘报告》（湖南省博物馆、湖南省文物考古研究所编著，文物出版社，2004年，148页。该书以下简称《报告》）中称，西汉马王堆三号墓出土的"锥画双层六子奁"中盛放的梳妆用具当中，与棕弣、镜、梳篦一起，还有"丝绵镜擦"一件，该丝绵镜擦"椭圆形，用浅黄色绢和一团丝绵并加以缝连，底平"（228页），并且，"在一号汉墓中也出土有丝绵镜擦"。这里说的"丝绵镜擦"，显然应该是粉扑呀，证明了早在西汉初

定陵出土的明代皇后所用金粉盒及金粉扑

期,女性们就在利用粉扑上粉了。

　　至于用料最豪华的粉扑,乃出于定陵明代万历皇帝之孝端皇后的陪葬漆奁中。皇后的粉盒即为纯金制成,造型为八棱形,满刻龙纹以及云纹、海水江崖纹,"出土时盒内残留有白色粉末,尚有余香"(《定陵》,156页)。就在这只残存着三百多年前的依约粉香的金粉盒内,放置着明代皇后的粉扑,其背托也是用纯金打成,刻着繁缛的二龙戏珠纹,中心突起一颗金圆钮作为把手。在金圆托的周缘錾有一圈小孔,用以穿针引线缝缀丝绵。

话题回到胭脂粉,由于白红两种妆粉配合使用是长久固定的化妆方式,传统生活百科书、美容书中,列具和粉法的时候,总是同时给出白粉与红粉的配方,就不是无心的偶然了。例如,《居家必用事类全集》当中,"闺阁事宜"一节,第一款"和香方"掺有朱砂,是红粉,第二款"常用和粉方"却没有红色颜料,是白粉;第三款"麝香十和粉方"加有朱砂和银朱,是红粉,第四款"鸡子粉"则是铅粉与蛋清和制的白粉。《竹屿山房杂部》"居室事宜"一节收录了"鸡子粉"即白粉的制法,随后的"珠子粉"便加有朱砂,是红粉。到了《香奁润色》中,甚至列出了两种极为软艳的粉名:"梨花白面香粉方"与"桃花娇面香粉方",同样的,前者是白粉,后者却是掺有银朱的红粉。只不过,这些生活用书中所记录的妆粉配方往往是指向比较高档的制品,因此其中的和红粉方均是以朱砂、银朱为原料,罕见使用红花汁的情况。然而,根据各种文献反映的线索来看,在实际生活当中,红花汁染成的胭脂粉才是一般女性所日常依靠的手段。

"桃花娇面香粉方"还提示,历史上存在着以"桃花"来命名红粉的典雅传统。宋人赵彦卫《云麓漫抄》卷七中录有一段并不可靠的传说:

> 清微子《服饰变古录》云:"燕脂,纣制,以红蓝汁凝而为之,官赐宫人涂之,号为'桃花粉'。"

说胭脂是纣的发明,固然属于毫无根据的漫天吹花。不过,《外台秘要》的"鹿角桃花粉"(用朱砂)、《事林广记》的"玉女桃花粉"(用胭脂粉)以及《香奁润色》的"桃花娇面香粉"(用银朱),显示传统中确实有着将红色妆粉呼为"桃花粉"的习惯。元人李文蔚所著杂剧《燕青博鱼》中还有这样的唱词:

> 你看这鬒鬓上扭的出那棘针油,面皮上刮的下那桃花粉,只这两棒儿管做了你个哥哥的祸根。

看来,桃花粉一称甚至在日常生活中也曾经普遍使用。到了清代,则有"芙蓉粉"一词,《奁史》卷七十四"脂粉门"中即引《东山草堂迩言》云:"芙蓉粉,傅面作桃花色。"能让面色如桃花,说明芙蓉粉是清人对于红粉的一种诗意称呼。在此扯句闲话,扬州"谢馥春"作为一家幸存至今的传统化妆品老字号,其所产的白色妆粉与红色妆粉据介绍都是按传统工艺制成,白色妆粉沿用清代晚期的习惯称为"鸭

在清代后妃所用的整套梳妆用具中,会有一把被染红的小刷,应该是上胭脂粉时所用。

306

蛋粉";红色妆粉无疑便是"胭脂粉",然而这种制品居然仅仅简单地名为"胭脂"——如此命名固然丝毫没有错,不过,若按照古来的诗意名号,标为"桃花粉"或"芙蓉粉",岂不更恰切呢。

双颊粘满桃花粉,固然春色满面,不过一旦流泪的话……那,就是"胭脂泪"了。用红粉为腮颊添辉生艳,应该是世界范围内非常普遍的化妆之道吧,不知其他文化中是否也因此而有着类似"胭脂泪"的意象? 在中国的传统文学当中,红粉所染成的泪水点点滴滴,可是镌下了太多的洇晕。

据诗人们的报道,古代女性在面庞上涂的粉相当之厚,以致每当落泪之时,泪珠才溢出眼睫,就立刻与大量的妆粉发生汇合:

> 倚门立,寄语薄情郎,粉香和泪泣。(牛峤《望江怨》)

> 屏间麝煤冷。但眉峰压翠,泪珠弹粉。(宋人陆淞《瑞鹤仙》)

> 欲与那人携素手,粉香和泪落君前。相逢恨恨总无言。(宋人刘辰翁《浣溪沙》"感别")

所以她们的泪绝对不是晨露式的晶莹清泪,而是满掺着粉的泪,是"粉泪"! ——

> 粉泪一行行,啼破晓来妆。(宋人黄庭坚《好儿女》)

> 玉枕拥孤衾,挹恨还闻岁月深。帘卷曲房谁共醉,憔悴。惆怅秦楼弹粉泪。(五代冯延巳《南乡子》)

泪水是沿着双颊向下流,一定得经过红粉装点的地盘,于是,那粉泪所混之粉乃是红粉、是胭脂：

> 愁匀红粉泪，眉剪春山翠。何处是辽阳，锦屏春昼长。（牛
> 峤《菩萨蛮》）
>
> 泪红满面湿胭脂，兰芳怨别离。（欧阳修《阮郎归》）
>
> 别酒更添红粉泪，促成愁醉。（贺铸《玉连环》）

难免的，"背秋千泪痕红渍"（元人徐再思《寿阳曲》"春情"），粉泪也就染成了红色，成了"红泪"：

> 手持金箸垂红泪，乱拨寒灰不举头。（刘言史《长门怨》）
>
> 琐窗春暮，满地梨花雨。君不归来情又去，红泪散沾金缕。
> （五代韦庄《清平乐》）
>
> 小玉窗前嗔燕语，红泪滴穿金线缕。雁归不见报郎归，织成
> 锦字封过与。（牛峤《木兰花》）

这么有质量的泪水，简直说不清是泪的成分更多还是粉的成分更多，不论滴落到哪里，都会洇出清晰的粉印：

> 啼粉浣罗衣，问郎何日归。（牛峤《菩萨蛮》）
>
> 襟泪渍、粉香依旧。（宋人赵彦端《杏花天》）
>
> 臂上妆痕，胸前泪粉，暗惹离愁多少。（宋人沈邈《剔银灯》）

所以，古典诗词中每每提到手帕、衣裙上的"啼痕"，那可绝对是写实主义：

> 此去何时见也，襟袖上、空惹啼痕。（宋人秦观《满庭芳》）

308

啼痕带酒淹罗袖。（宋人张可九《水仙子》"别怀"）

粉泪真的会一滴滴的，在织物上留印点点鲜明的红斑：

坐看落花空叹息，罗袂湿斑红泪滴。（韦庄《木兰花》）

如果哭得厉害，泪流量大，那么，衣裙上完全可能艳痕点点，如浮动着簌簌落花：

情未已，信曾通，满衣犹自染檀红。（欧阳炯《献衷心》）

"湘妃竹"的著名传说可能就是来源于这一化妆现象。据记载，张华《博物志》中有相关的涉及为：

舜死，二妃泪下，染竹即斑。妃死为湘水神，故曰湘妃竹。（唐人徐坚《初学记》卷二十八）

至少唐宋时代的人们普遍相信，娥皇、女英洒印在湘竹上的泪，是点点红泪：

翠华寂寞婵娟没，野筱空余红泪情。（刘言史《潇湘游》）
因凭直节流红泪，图得千秋见血痕。（唐人汪遵《斑竹祠》）
莫嫌滴沥红斑少，恰似湘妃泪尽时。（唐人贾岛《赠梁浦秀才斑竹拄杖》）

化妆粉把泪水染红，滴落到哪里都搞得粉渍淋漓，这本来只是日常生活中的一个琐碎细节，是当事人不得不面对的麻烦。但是，传统文学偏偏能够察觉，这个现象很有情趣，于是每每地利用它来制作些奇怪的噱头。如晋人王嘉《拾遗记》中说，魏文帝迎美人薛灵芸入宫之时，"灵芸闻别父母，唏嘘累日，泪下沾衣。至升车就路之时，以玉唾壶承泪，壶则红色。既发常山，及至京师，壶中泪凝如血"。约略相似的情节居然在几个世纪以后又移花接木在了杨贵妃身上：

> 杨贵妃初召承恩，与父母相别，泣涕登车。而天寒，泪结为红冰。（《开元天宝遗事》"红冰"条）

仿佛这些美女身上具有很怪异的功能似的。但，其实无非是妆化得浓，粉上得多，又特会哭——看来，新娘上车哭嫁，在晋唐时代就是非常重要的一项礼俗——偏偏赶上天寒地冻，以致洒别父母的泪水冻成了红色的冰碴。相较之下，倒是《莺莺传》中的发挥更为别致一些：崔莺莺夜至西厢，然后趁着天色未明翩然而去，让张生仿佛经历了一场梦，"睹妆在臂，香在衣，泪光荧荧然，犹莹于茵席而已"。"泪光荧荧然，犹莹于茵席"，真是很奇特的细节，想来，也是指莺莺的粉香红泪，点点洒落在床席上，洇迹鲜明，彤如桃花。

总之，传统女性一旦心情不好，就难免要制造些红色的眼泪，在从前倒实在是司空见惯的现象。哭泣的时候，当然要用手帕揩泪，于是，帕子上也就成了湿粉的沦陷地：

> 泪沿红粉湿罗巾，重系兰舟劝酒频。（唐人许浑《重别》"时诸妓同饯"）

> 那堪更、别离情绪。罗巾掩泪，任粉痕沾污。（宋人晏殊《㛹人娇》）

红染罗巾，鞏损眉山碧。（宋人石孝友《醉落魄》）

泪眼偎人强敛。鲛绡上、尚余斑点。（杨泽民《夜游宫》）

不绝的泪水冲毁了面上的粉妆，彻底濡湿了手帕，也让悲伤的情绪为盈鼻的粉香所弥漫，成就了男性们关于分手时刻的特殊体验：

记鸳笺题情，离怀如诉，鲛绡粉湿、别泪犹香。（宋人赵必《风流子》）

愁墨题笺鱼浪远，粉香染泪鲛绡透。待相逢，想鸳衾、凤帏依旧。（宋人张端义《倦寻芳》）

实际上，印有哭泣之痕的手帕，往往会在分手的一刻送给即将远去的男子，作为一段风月情感的纪念：

几日诉离尊。歌尽阳关不忍分。此度天涯真个去，销魂。相送黄花落叶村。　斜日又黄昏。萧寺无人半掩门。今夜粉香明月泪，休论。只要罗巾记旧痕。（宋人程垓《南乡子》）

凝结着曾经的相恋与感伤的信物，男方当然会将之长久地暗暗收藏：

万事收心也。粉痕犹在香罗帕。恨月愁花，争信道、如今都罢。（陆游《安公子》）

对于女性来说，独自思念的寂寞时刻，无声泪水所洇染的巾帕，是她们一腔情感的最忠实见证：

近水远山都积恨，可堪芳草如茵。何曾一日不思君。无书

凭朔雁,有泪在罗巾。(宋人刘过《临江仙》)

由于女性的泪水总是红色的,掺挟着浓艳的粉,流到哪里就染到哪里,于是,甚至在文学创作中出现了这样的发挥:

> 囊裹真香谁见窃,鲛绡滴泪染成红。殷勤遗下轻绡意,好与情郎怀袖中。(唐李节度姬《书红绡帕》)

传说这首诗的作者是一位没有留下姓名的聪慧唐代女性,她将自己的诗作连同一枚香囊一起封裹在一方红色生绡帕中,趁着上元夜到街市上看灯,把帕包扔在了路上,用这种大胆的办法找到了有情人。诗的第一句借用韩寿的典故,说自己扔下的香囊包裹着异香,不知会引来哪一位多情的少年郎;第二句则委婉地倾诉,是自己无尽的泪水,把一方绡帕彻底染红,语意双关,实际是暗示着生存处境的痛苦。

实际上,女性们会真的把渍沁了红色泪痕的手帕直接寄给情人,让对方知道,思念如何折磨得自己泪水流淌不尽:

> 重叠鱼中素,幽缄手自开。斜红余泪迹,知著脸边来。(元稹《鱼中素》)

男子收到了一封折叠仔细的素白帕子,打开之后,其上并无一字,只是浮印着几抹斜斜的丹色染痕,让他一下悟到,这手帕曾经为相爱的玉人揩去颊上的泪,带着从她面庞传递而来的余泽。

韩偓一首题为《玉合》的诗作,也展露了同样的风情:

开缄不见新书迹，带粉犹残旧泪痕。

再如贺铸《木兰花》所写：

西风燕子会来时，好付小笺封泪帖。

沁了红泪的手帕在晾干之后，一抹一抹的淡淡胭脂染痕就如印花一样驻留在绢面上，不肯轻易消退，胜过千言万语，道尽了深藏的心迹。

想当年，"梅妃"江采萍写给唐玄宗的《谢赐珍珠》，也是用滴滴粉泪，一时打动了曾经宠眷自己的三郎，换得他短暂的情感回暖：

桂叶双眉久不描，残妆和泪污红绡。长门尽日无梳洗，何必珍珠慰寂寥。

然而，女子要以这种哑语式的方法来传情，乃是因为传统社会机制的压制，让她们无法采取任何更为主动的行动：

有情奈无计。漫惹成憔悴。欲把罗巾暗传寄。细认取、斑点泪。（宋人杜安世《卜算子》）

因为"有情"却"无计"，如花的生命被折磨得几欲憔悴，想到通过这一含蓄到极点的手法来警示对方，却还是踌躇犹豫。

到了元曲的时代，如此独特的倾诉感情的方式，也还是流行着：

香多处，情万缕，织春愁一方柔玉。寄多才怕不知心内苦，带胭脂泪痕将去。（徐再思《寿阳曲》"手帕"）

酒痕，泪痕，半带着胭脂润。鲛渊一片玉霄云，缕缕东风恨。

待写回文,敷陈方寸,怕莺花说与春。使人,赠君,寄风月平安信。(徐再思《朝天子》手帕")

同一作者以同一题材所作的两首小令,都非常动人,但却注入了不同的心思。第一首中的女性,是觉得对方不能体会自己为情所困而经受的心理磨碾,于是把染满了胭脂泪痕的手帕送过去,用活生生的证据进行事实教育;第二首则更为婉转,想要在手帕上题写诗文,阐述感情,又怕因此泄露了情感秘密,于是,干脆只送上一方染着泪痕的手帕,用一首泪水写就的无字诗,通报"风月平安",自己始终感情未变,始终思念着见不到的心上人。

也许正是手帕上、袖上、襟上的点点红痕启发了诗人们,看到暮春的飘英片片,觉得那是花朵在像美人一样落泪,是花的红泪:

唯见芙蓉含晓露,数行红泪滴清池。(唐人刘禹锡《和西川李尚书伤孔雀及薛涛之什》)

水仙欲上鲤鱼去,一夜芙蓉红泪多。(李商隐《板桥晓别》)

向晚寂无人,相偎堕红泪。(唐人罗隐《庭花》)

再一婉转,便是以"胭脂泪"来指代零落的坠瓣:

病起恹恹,画堂花谢添憔悴。乱红飘砌,滴尽胭脂泪。(宋人韩琦《点绛唇》)

一旦逢上雨打春花,花瓣挂着雨珠悄然凋落,就更是一副愁泣的情态:

314

伤春比似年时觉。潘鬓新来薄。何处不禁愁，雨滴花腮，和泪胭脂落。（张元幹《醉花阴》）

于是，"林花谢了春红"，在李后主的目光中，便是无数的"胭脂泪"，与人一起怅怨东风。

珠子粉

流眄于妆粉，流眄于口脂，时时的，朱砂与银朱这两个词汇会跳入眼光。我得承认，在决意讨论红蓝花的妙用之时，总是受到这样的打扰，很有点恼人呢。

朱砂，也叫丹砂，是天然矿物，直接从矿床中采取而得。（《本草纲目》"丹砂"）来自大自然的丹砂料会有着精粗不同的品质，只能择取其中成分最纯净的砂料，然后进行"研朱"：

> 若砂质即嫩而烁视欲丹者，则取来时，入巨铁碾槽中，轧碎如微尘，然后入缸，注清水澄浸。过三日夜，跌取其上浮者，倾入别缸，名曰"二朱"。其下沉结者，晒干即名"头朱"也。（《天工开物》"丹青"）

把砂料放在大铁碾槽中，碾压成细末，然后沉在水缸中，加以澄滤。最后得到的"二朱"、"头朱"——实际上还有"三朱"之类的名目——就是朱砂颜料成品。

研朱（《天工开物》）

从文献中可以依约感受，在红蓝花、紫矿制作的胭脂流行之前，朱砂确实曾经被用于画颊红。比如《肘后备急方》中，对于"面多黚黶，或似雀卵色者"的情况，列出了三个解决办法，其中的后两项在今人看来真是极其荒诞：

又方：新生鸡子一枚，穿，去其黄，以朱末一两内中，漆固。

别方云：蜡塞，以鸡伏着，倒出，取涂面，立去而白。

又别方——出西王母枕中，陈朝张贵妃常用膏方：鸡子一枚。丹砂二两，末之，仍云安白鸡腹下伏之，余同。鸡子令面皮急而光滑，丹砂发红色，不过五度傅面，面白如玉，光润照人，大佳。

这三个方子都是把朱砂研成细末，然后将生鸡蛋开窍，泄去其中的蛋黄，把朱砂末灌进去，与鸡蛋清混合，再密封起来。后两个方子的荒诞之处在于，要把这只灌了朱砂的鸡蛋放回到鸡窝里，与其他鸡蛋一起接受母鸡的热孵。古人相信，这会让蛋壳内的朱砂发生神奇的性质变化，就像蛋液会变成小鸡那样！按当时的理论，蛋清能够绷紧面皮，而被母鸡孵过的朱砂则不仅赋予脸颊以艳红色，还能去黑斑、美白。按照方子中的理论，最好是让白色的母鸡来孵这种假蛋，那会取得更好的效果！甚至传说，著名美人张丽华就用这种专经白母鸡孵过的、朱砂与蛋清的混合膏液进行化妆与美容。虽然听起来像个笑话，不过，从这一荒唐的做法似乎可以看出，最早使用朱砂涂脸的方法，就是直接用鸡蛋清一类调和剂把朱砂细末调湿，然后搽抹到脸颊上。

红蓝花兴起之后，在红色化妆品的制作中占据了非常显要的位置。不过，在这样的情况下，朱砂也并没有退出化妆品领域，而是继续承担着不可缺少的角色任务。

首先，口脂一直依赖朱砂，这一情况在《齐民要术》与唐代医典中再明确不过。需要说明的是，道家一向把丹砂作为"服食"的重要内容，因此，早在晋唐时代，就已经形成了对朱砂进行先煮再煅的、相当繁琐的工艺。李时珍则介绍了一种医人所用的、比较简单的加工方式：

> 以绢袋盛砂，用荞麦灰淋汁，煮三伏时取出，流水浸洗过，研粉，飞、晒，用。

《齐民要术》、《外台秘要》中都强调，作口脂要用"熟朱"、"好熟朱砂"，大约指的便是这种煮过的朱砂吧。

其次，红花汁染成的"胭脂粉"在出现之后，便成为使用最普遍的妆品，但是，用朱砂制作红粉的例子却也始终见于历代文献。从记载

朱砂(《和汉药百科图鉴》)[Ⅱ]

来看,似乎制作高档精品红粉总是会动用朱砂,也许,朱砂对于粉的发色要比红蓝花更胜一筹。另外,《齐民要术》中所介绍的制作"胭脂粉"工艺,仅仅提到用红花汁给米粉染色,不涉及铅粉;"紫粉法"也是以白米粉为主,用落葵子汁染红,同时加入比例为四分之一的铅粉来增加粉的黏附性。在其他文献当中,同样的,见不到用红蓝花汁对铅粉加以浸染制成红粉的记录,凡是涉及以铅粉制作红粉的配方,都是采用朱砂或银朱作为颜料。这似乎意味着,铅粉很难由红花汁加以染红,朱砂始终用于制作高档的红色化妆粉,很可能原因即在于此。

《备急千金要方》的"泽悦面方"似乎展示了朱砂与铅粉结合的最初样态,在这个据说能使得肤如凝脂的方子中,朱砂与另三味配料雄黄、白僵蚕、珍珠,各个研成细末;向铅粉中加入面脂,调成油性的粉脂,然后才把朱砂末等添加到这粉脂当中,仔细搅匀。成品显然呈红色,用于每天晨起后与就寝前上面妆,因此,它是用间接的方式将朱砂与铅粉结合,形成红色的妆粉。

"泽悦面方"眩目的一点,在于居然动用了珍珠作为一味配料,按朱砂等料各一两配珍珠十枚的比例制作。据《本草纲目》,珍珠对于皮肤大有益处,"涂面,令人润泽、好颜色","涂手足,去皮肤逆胪","除面黚",不过,从当今所见的历代美容配方来看,几乎只有朱砂与铅粉制作的高档化妆红粉中才会配用珍珠。比如配料表极其耸动的"鹿角桃花粉方",大约算得上古今最为暴殄天物的化妆品之一了,在素材的使用上完全地不遵循常规,作为基础原料的白粉,既不用米粉也不用铅粉,却用鹿角煮、捣而成的"玉粉",此外还动用了云母粉;添色的朱砂乃是最上等的光明砂,却还将珊瑚也赫然开列其中。配料表上还有一味"真硃末",考虑到原料中已经有光明砂这一种上好朱砂,因此,此处的"真硃末"可能是流传中发生的讹误,原文当以"真珠末"为是。

"鹿角桃花粉方"华丽到了离奇的地步,更像是在写小说,究竟在唐代曾经有过多大的市场,无从得知。不过,从中可以了解到一个情况,即,传统上,对于高档化妆红粉的制作,一向比白色妆粉更花心力与功夫,用料也总是更为奢侈。如《居家必用事类全集》中的"和粉方":

> 官粉十两,蜜陀僧一两,白檀一两,黄连半两,脑、麝各少许,蛤粉五两,轻粉二钱,朱砂二钱,金箔五个,鹰条一钱。
>
> 右件为细末,和匀,用。

这里虽然没有用到珍珠,却派上了金箔。红粉内加有少许金箔粉,不知具体上妆之后是什么样的效果? 一定会让双颊异常明艳,光彩熠熠吧。

到了《竹屿山房杂部》介绍的"珠子粉"一方,则是集一切奢侈讲究之大成:

> 白坯土(一钱半)、白芷(取浮者去皮,一两)、碎珠子(五分)、麝香(一字)、轻粉(二钱)、鹰条(五钱)、蜜陀僧(火煅七次,一两)、金箔(五片)、银箔(五片)、朱砂(五钱)、片脑(少许)。
>
> 右为细末。用上等定粉入玉簪花开头中,蒸,花青黑色为度。取出配对(兑)。匀面,甚光莹。

在珍珠与金箔之外，又加上了银箔！同时，用以和粉的铅粉，还要按照明时发展出来的极其风雅的方法，灌到玉簪花苞中，上火加热，直蒸到花瓣变成青黑色为止。明代《礼部志稿》"皇帝纳后仪"中，纳彩礼物中有"珠儿粉十两"，也许与"珠子粉"就是同一种制品吧！明末清初人陈之遴所作的《西湖竹枝词》中，竟然有这样的打油诗句：

> 珠儿铅粉晓匀描，与郎偷踏第三桥。（《历代竹枝词》，330页）

似乎，珠子粉作为一款高档妆品，在明清时代流行颇盛，家喻户晓，以致文人会在打油诗中以轻滑的口吻一带而过。

《本草纲目》指出，珍珠抹涂在面上，能够"发颜色"，也就是使得红色化妆品呈色更加鲜艳，金箔、银箔也应该有着一样的功能。红粉旨在让女性的双颊呈现明霞般的艳晕，因此，古人在这一项化妆品上如此不惜工本，是要通过珍珠末、金粉、银粉在颊上微微闪烁的芒泽，使得颊色更加艳丽，乃至整个面庞光彩生辉。

传统化妆品从来都是有繁有简，高、低档的货色同时具备，这一点也反映在朱砂制品之上。"陈朝张贵妃常用膏"居然也一路流传下来，变身为《竹屿山房杂记》所记的"干胭脂"：

> 生鸡子（二枚），开颠窍，去白，惟取二黄，调匀，以朱砂（二钱）、明矾（二钱）、麝香（少许）研细，并黄入一壳，复调百余转，别以虚壳去小半，掩于药壳上，纶丝蜜（密）缚之。绢囊盛，悬胎于醯汁中，煮半日，取出，俟冷，去壳，研细。色通红同臙脂，匀脸，

入肤明润。

是把两只鸡蛋的顶部敲开,倾出鸡蛋液。然后去掉鸡蛋清,只留蛋黄液,把研细的朱砂、明矾、麝香与蛋黄液充分调和,再灌回到其中一只鸡蛋壳中。设法将另一只空鸡蛋壳取下小半个,作为覆盖,扣合在灌满液体的那个蛋壳上,然后用丝线缠紧。将这只囫囵蛋放入一只绢袋内,把绢袋悬垂到咸菜汁里,然后在火上煮半日。取出晾凉之后,破壳,蛋壳里煮成蛋形的红色混合物研成细末,就得到了"干胭脂"。据说,其颜色一如红蓝花制的胭脂,用来擦脸,效果非常之好。不难看出,这是对古老的"陈朝张贵妃常用膏方"的继承与改进,由这个方子而回看《应急肘后方》中的记载,我们反倒会对"以鸡伏着"的奇怪方法有了合理化的理解。把灌满朱砂与蛋液混合物的鸡蛋放在母鸡腹下接受孵育,客观上是受到了加热的作用,通过母鸡的体温来促进朱砂与蛋液的凝合。

"干胭脂"这个方子虽然不再有母鸡孵育的程序,但把盛有鸡蛋壳的绢袋垂在咸菜汁中加热的做法,仍然既繁琐又古怪,简直带有魔幻现实主义色彩,让我们现代人不免怀疑其是否仅仅为停留在纸面上的文人意淫之作。不过,在传统医典中却屡屡提到"干胭脂"的应用,显示传统生活中确实有这样一种东西存在。

桃花娇面香粉

大约在宋元时代,一种人工制作的新型红色颜料出现在化妆品的配料表上，这就是银朱。关于这一点，《居家必用事类全集》提供了几条非常有价值的线索。仅从化妆品方面来说，"麝香十和粉方"不仅掺朱砂，并且还兑入"紫粉"，紫粉霜，恰恰是银朱的另一种叫法。同书中所列的"利汗红粉方"，更是把"心红"作为染红原料。清初人叶梦珠《阅世编》卷七提到"心红标朱"，明人王佐《文房论》中则提示："银朱用四川心红、杭州散研、金陵片朱最妙"（《新增格古要论》卷九）。由此可知，心红乃是产于四川的一种质量上好的银朱。

"凡将水银再升朱用，故名'银朱'"（《本草纲目》"银朱"释名）。这是一种用水银升炼而成的红色颜料，又名"猩红"、"紫粉霜"。至于其具体制作方法为：

> 或用磬口泥罐，或用上下釜。每水银一斤，入石亭脂（硫磺制造者）二斤，同研不见星，炒作青砂头，装于罐内。上用铁盏盖定，盏上压一铁尺。铁线兜底捆缚，盐泥固济口缝，下用三钉插地，鼎足盛罐。打火三炷香久，频以废笔蘸水擦盏，则银自成朱，贴于罐上，其贴口者，朱更鲜华。冷定揭出，刮扫取用。（《天工开物》"朱"篇）

水银是由天然的矿物朱砂提炼而来，而银朱又是从水银升炼而成，于是，古人便误以为这是一种同质的循环："昔人谓水银出于丹砂，熔化还复为朱者，即此也。名亦由此。"

据《宋会要》，在北宋宫廷，内侍省特别设有"后苑造作所"，负责"造禁中及皇属婚娶名物"，管辖着生产内容彼此不同的七十四"作"，其中即有"烧朱作"（《职官》三六）。另外，宋人谢采伯《密斋笔记》卷一也记载,南宋宫廷在临安设立专为满足皇家奢侈生活需要的"八作司",其下亦设有"烧朱所"。《本草纲目》引录前人胡演所著《升炼丹药秘诀》中的"升炼银朱"工艺,其中有云:"每水银一斤,烧朱一十四两八分,次朱三两五钱。"可见,"烧朱"在宋元时代就是指炼制银朱这一生产项目。另外,周去非《岭外代答》中也述及宋时"桂人烧水银为银朱"的情况。总之,制造银朱的技术在宋时完全成熟,而且形成了一项很重要的生产活动。

银朱作为一种上佳的红色颜料,被派了与朱砂一样的用场:"凡升朱与研朱,功用亦相仿"(《天工开物》)。"升朱"是指炼造而成的银朱,"研朱"则是经过淘洗、研细的天然朱砂,二者的用处大致相同。绘画、建筑中如此,化妆术中同样如此。于是,我们看到,明清时代的美容品配方中,凡是前代使用朱砂之处,往往改成了银朱。明清时代的"油胭脂",便一变晋唐以来使用朱砂的古老做法,改用银朱或者红花汁作为口脂制品的发色原料。再如《香奁润色》中,配套推出"梨花白面香粉方"与"桃花娇面香粉方",简直就是高档白粉与高档红粉的精品组合,而"桃花娇面香粉方"的具体内容为:

> 官粉(十两)、蜜陀僧(二两)、银朱(五钱)、麝香(一钱)、白芨(一两)、寒水石(二两)。
>
> 共为细末,鸡子白调,盛瓷瓶,密封。蒸熟,取出,晒干。再令绝细,水调傅面,终日不落,皎然如玉。

明确地是使用银朱作为红色颜料。即使在这一套红白粉的组合当中,也显得是红粉在制作上比白粉更见精心。"梨花粉"是铅粉为主体，再加几味有护肤性能的配料、香料，以及少量起黏性作用的蛤粉，一一研细，和在一起，在每日化妆时，用鸡蛋清调成粉糊。"桃花粉"的配料在路数上与"梨花粉"大同小异，但是，不仅多了一味银朱，另外还采用了"鸡子粉"的加工方法，将各款配料与鸡蛋清调在一起，密封在瓷罐中，放在饭甑中加热。然后将蒸熟的混合物取出晒干，再研成细粉，使用时则是以水调湿。这种红粉的黏附性特别好，上妆后久久不落，并且发色明净，让颊色如美玉一样，泛现柔和的光泽。

蜡胭脂

在元曲中,常常提到用胭脂画颊红,如"丹脸上胭脂匀腻"(无名氏《沽美酒过太平令》)、"懒晕胭脂颊"(朱庭玉《一枝花》"女怨"),不过,可也屡屡提到用胭脂上唇妆,如"淡朱唇懒注胭脂"(亢文苑《一枝花》"为玉叶儿作"),甚至出现了这样的俗语:"呀,你正是闭口抹胭脂,得推辞便推辞。"(无名氏杂剧《金水桥陈琳抱妆盒》)意思是假借向嘴唇上抹胭脂而避免张口说话,蒙混过关。那么,元曲中所说画唇的胭脂,又是何物?

张可久有一曲《一枝花》"牵挂",非常有趣,写一个少年想念不能相见的心上人:

> 一简书写就了情词,三般儿寄与娇姿。麝脐薰五花瓣翠羽香钿,猫眼嵌双转轴乌金戒指,獭髓调百和香紫蜡胭脂。

连同情书一起,他给挂念的人儿送去了三件礼物,其中之一是"獭髓调、百和香、紫蜡胭脂"。"獭髓"应该是以夸饰的手法指代油脂,"百合香"也是意在形容本款制品所用香料之多之丰富,"紫"是制品的颜色,另外还有一种成分则是"蜡"。等于是告诉我们,元时有一种化妆品乃是以蜡做成,加有油脂、香料以及紫红颜料,按当时的习惯,这种化妆品一样地称为"胭脂"。成书于元末时期的《老乞大》一书,是朝鲜王朝时代的高丽人自行编的"商务汉语"课本,会话当中居然有:"我引着你买些零碎的货物:……面粉一百匣,绵胭脂一百个,蜡胭脂一百斤……"所预设的相应"会话场景"是,高丽商人来到元大都北京之后,卖掉了带来的马和布,然后再批发了各种货物带回家乡去转售。擦脸的"面粉"以及"绵胭脂"、"蜡胭脂"这几样化妆品赫然列在高丽商人的进货簿上,中国生产的化妆品对于四周国家来说是很有吸引力的好东西呢。同时,这条资料也点明了,元代确实有一类地位重要的化妆品叫"蜡胭脂"。

在乔梦符所著杂剧《玉箫女两世姻缘》中,则有这样的唱词:

> 想着他和蔷薇花露清,点胭脂红蜡冷,整花朵心偏耐,画蛾眉手惯经,梳洗罢将玉肩凭,恰似对鸳鸯交颈。

"点"在传统文学中专用于形容画唇红的步骤,"点胭脂",当然只能是指将"胭脂"向嘴唇上"点",而所点之胭脂是"红蜡",这就进一步地表明,元代女性的唇部化妆品,是用"蜡"为主要原料的"胭脂",也就是"蜡胭脂"。另外,于伯渊散曲《点绛唇》中描写女性晨起之后的梳妆,涉及到的化妆品与《玉箫女两世姻缘》一样:"胭脂蜡红腻锦犀盒,蔷薇露滴注玻璃瓮。"随后却有"启朱唇呵暖兰膏冻"之词。最明确的,汤舜民散曲《一枝花》"赠美人"中有句为"口脂薰兰气冲冲"。由这些线索可以确定,直到元代,女性的唇部妆品依然凭借"口脂",

"獭髓调百和香紫蜡胭脂"则透露出,元代的口脂配方及制作工艺仍然与唐时大致一样,以蜡做成、掺有油脂与香料、或红或紫。也就是说,从唐到元,女性画唇妆的用品并无实质的改变,只不过,在元人生活当中,口脂被改而称作"胭脂蜡"、"蜡胭脂"。

据东汉刘熙《释名·释首饰》:"唇脂,以丹作之,像唇赤也。"原来,在汉代,画唇之物为"唇脂",材料则为"丹"。东汉许慎《说文解字》:"丹,巴越之赤石也。"据《本草纲目》等文献解释,丹也就是"丹砂",即"朱砂"。实际上,《齐民要术》里有"合面脂法":

> 用牛髓。(牛髓少者,用牛脂和之。若无髓,空用脂亦得也。)温酒浸丁香、藿香二种。(浸法如煎泽方。)煎法一同合泽,亦着青蒿以发色。绵滤,着瓷、漆盏中令凝。若作唇脂者,以熟朱和之,青油裹之。

"面脂"是在牛髓或牛脂中加入植物香料,上火煎成,而一旦加入熟朱砂就成了"唇脂"。因此,可以确定的是,至晚在南北朝时代,化妆用品的组合已经与今天基本相同,由三个要件完成面妆的三个基本环节:白色铅粉——涂面;红色胭脂粉——饰颊;唇脂——上唇红。至于口脂成分的构成,在这个时代,只有动物的脂肪或髓、香料和朱砂三种原料,并不见"蜡"的踪影。大约是受北朝游牧民族生活风习的影响,《齐民要术》所出的配方中,使用牛髓、牛脂作为口脂的润油。

不过,大致在南北朝末期,口脂制作完成了一次质的改变。《外台秘要》中是这样的介绍所谓"'千金翼'口脂方":

熟朱（二两）、紫草末（五两）、丁香（二两）、麝香（一两）。

右四味，以甲煎和为膏，盛于匣内，即是"甲煎口脂"。如无甲煎，即名"唇脂"，非"口脂"也。

这个配方如《齐民要术》一样，使用朱砂和紫草为颜料，但是，却消失了动物脂肪，而"以甲煎和为膏"。方中甚至提出了一个让今天的人十分茫然的概念划分：只有加了"甲煎"成分的"膏"才叫口脂，否则只能算唇脂。

甲煎，是从晋代起就特别时髦的一种香品名称。南北朝末期的庾信在《镜赋》中谈到四种主要化妆品的制作，是：

朱开锦蹯，黛蘸油檀，脂和甲煎，泽渍香兰。

"朱"是胭脂粉，"黛"是画眉颜料，"泽"是头油，"脂"自然便是指口脂了，加有甲煎以生香。到了初唐时代的《备急千金要方》中，则非常清楚地开列有两款"甲煎口脂"。也就是说，将甲煎用于制作口脂，是在南北朝时期开始的实验，未至入唐，便已形成固定的配方与成熟的工艺。

从《备急千金要方》以及《外台秘要》的相关配方中可以看到，甲煎不可缺的材料之一，就是"甲香"。据记载，这是南海的某种海螺壳：

（苏）颂曰：海螺即流螺，厣曰甲香。生南海，今岭外、闽中近海州郡及明州皆有之。或只以台州小者为佳。其螺大如小拳，青黄色，长四五寸，诸螺之中，此肉味最厚，南人食之。《南州异物志》云：甲香，大者如瓯面，前一边直搀，长数寸，围壳岨峿、有刺。其屑杂众香烧之益芳，独烧则臭。今医家稀用，惟合香者用之。又有小甲香状若螺子，取其带，修合成也。（《本草纲目》"海蠃"）

这种海螺在使用时，要先将其放在加有香草、皂角的水中——也或者用黄泥水、淘米水、灰汁之类——在火上煮，退掉异味和杂质，然后捣成末。不过，传统上认为，"甲香"所成的海螺粉自身并不能成为一款香料，但有一个奇妙的功用，即合香，与其他香料合在一起，能让各种原料的香气鲜明清晰，并且协调成一体，构成混合的、宜人鼻观的新香调。

甲煎，正是以甲香作为材料之一制成的复合香料。《备急千金要方》的两款"甲煎口脂"详细叙述了制甲煎的工艺，但不如稍晚的《外台秘要》更为明确、易懂，因此我们还是通过后者的文字，来观察一千五百年前的这一香料名品的真相。

即举《外台秘要》中的"'古今录验'甲煎方"为例：

沉香、甲香（各五两），檀香（半两），麝香（一分），香附子、甘松香、苏合香、白胶香（各二分）。

右八味捣碎，以蜜和，内小瓷瓶中，令满。绵幕口，以竹篾十字络之。

又，生麻油二升、零陵香一分半、藿香二分、茅香二分，又相和水一升，渍香一宿。着油内，微火上煎之，半日许，泽成。去滓，别一瓷瓶中盛。将小香瓶覆着，口入下瓶口中，以麻泥封，并泥瓶，厚五分。埋土中，口与地平，泥上瓶。讫，以糠火微微，半日许。着瓶上放火烧之，欲尽糠，勿令绝。三日三夜，煎成。停二日许，得冷，取泽用之。云停二十日转好；云烧不熟即不香，须熟烧。此方妙。

必须予以注意的一点，题目标明是"甲煎方"，但在方内却一再将所制之物呼为"泽"，例如有"泽成"这样的提法，最后更说"取泽用之"，也就是把制成品视之为"泽"。可这一工序明明是为制作"甲煎"而设计啊。如此的线索清楚地说明，对唐人来说，"香泽"与"甲煎"根本就是一回事。

实际上，在整套工艺过程中，最初的基本环节之一，"生麻油二升、零陵香一分半、藿香二分、茅香二分，又相和水一升，渍香一宿。着油内，微火上煎之，半日许，泽成"，恰恰是对《齐民要术》"合香泽法"的照搬，也就是"泽渍香兰"的过程。南北朝时应用的"合香泽法"，是将泽兰等香料投入芝麻香油中，先浸、后煎。在《齐民要术》中，制作过程到此止步，煎过的香油就可以当做润发油使用了。但，到了唐代，却是把煎过的香油加以过滤，将香料残滓滤掉，然后把滤过的清油灌入一只瓷瓶当中——为了叙述的清晰，以下我们称这只灌满香油的瓶为"油瓶"。

制作甲煎的另一个重要步骤，也是非常独特的一项措施，是把甲香以及沉香等若干味香料捣碎，用蜜拌和在一起，填满在一个小瓷瓶中，用丝绵片塞住瓶口，再用竹片在瓶口上勒成一个十字架，避免绵片掉落——我们且称之为"香瓶"。然后，把这个香瓶倒覆过来，扣在油瓶之上,香瓶的瓶口要略小于油瓶的口径,以便能够略略插入油瓶之中。为防香气溢泄,还要用泥仔细把两只瓶的瓶口接合处糊死。同时,下瓶(油瓶)的瓶身也厚厚糊一层泥,这是为了提高其耐温性。

随之而至的重要环节,是在地上挖个坑,将油瓶的瓶身整个儿地埋入地下,瓶口与地面齐平。这样,就只有香瓶露出在地面上,再用泥巴把它也厚糊起来。然后,在香瓶周围堆满糠,将糠点燃。先升小火,把瓶上泥巴烤干,接下来,让火势更旺一些,烧它个三日三夜,"看上坩埚香汁半流沥入下锅内,成矣"("'千金翼'甲煎法"),在火烤当中,上面小香瓶中的香料会释放香精到蜜汁中,而蜜汁则缓缓渗过丝绵片,滴落到下面瓶内的香油中。最终,融汇了多种香料气息及些许蜜液的清油,才是唐人所用的"香泽",同时也是唐人概念中的"甲煎"。

显然,这一繁复的加工方式,使得各种香料的香精借助蜜而渗入香油当中,油料吸收了多种香精,形成气息丰富的复合香调,但却丝毫不掺有这些原料的杂质,其成品自然格外的清澄、明洁。以如此的"甲煎"制成口脂,自然也是明澈清润,只有香气,没有渣渣滓滓的成分。

甲煎口脂

"蜡胭脂",顾名思义,蜡必定是主要成分之一。关于如何利用蜡制作口脂,"崔氏烧甲煎香泽合口脂方"讲得清楚,在精心炼就"甲煎"

香油之后——

> 铜铛一口，铜钵一口，黄蜡一大斤。

> 右件，蜡置于铛中，缓火煎之，使沫销尽。然后倾钵中，停，经少时，使蜡冷凝。还取其蜡，依前销之，即择紫草一大斤，用长竹著挟，取一握置于蜡中，煎取紫色，然后擢出；更著一握紫草，以此为度，煎紫草尽一斤，蜡色即足。若作紫口脂，不加余色。若造肉色口脂，著黄蜡、紫蜡各少许。若朱色口脂，凡一两蜡色中，和两大豆许朱砂即得。但捣前件三色口脂，法：一两色蜡中，著半合甲煎，相和。著头点，置竹上，看坚柔得所。泻著竹筒中，斟酌凝冷，即解看之。

把一大斤黄蜡先放到铜锅中，用小火煮化，再倾倒在铜钵里，任其冷却，这是在"炼蜡"，让蜡质均匀润腻。把炼过的蜡再次回锅融化，然后用长竹夹挟住一束紫草，放入蜡液中，将蜡熬得渐渐变色，取出紫草扔掉，再放入一束新紫草，如此重复，直到一斤紫草都熬过以后，蜡的染色程度也就足够了。唐时，口脂已经有三种基本色：紫色口脂，也就是仅仅用紫草染色；供男性使用的肉色口脂，是在紫色口脂中再加黄蜡和紫蜡，使色泽接近嘴唇的天然颜色；朱色口脂，也就是鲜红颜色的口脂，则是按比例加入朱砂。不管哪一种颜色的口脂，最后，都要加入适量的甲煎，捣匀。在煎炼的过程中，可以随时取出一点，放在竹片上，看软硬度是否合适。一旦调理好了，就把成品灌到竹筒内，冷凝成型。

同书中的"'古今录验'合口脂法"，甚至制作过程中的每个小细节都没有遗漏地被——记录在案：

蜡七斤、上朱砂一斤五两（研，令精细）、紫草十一两。

于蜡内煎紫草，令色好，绵滤出，停，冷。先于灰火上消蜡，内甲煎，及搅，看色好。以甲煎调，硬即加煎，软即加蜡。取点，刀子刃上看硬软。着紫草于铜铛内消之，取竹筒合面，纸裹绳缠，以镕脂注满，停冷，即成口脂。

模法：取干竹，径头一寸半，一尺二寸。锯截下两头，并不得节坚头。三分破之，去中分，前两相着，合令蜜（密）。先以冷甲煎涂摸（模）中，合之，以四重纸裹筒底。又以纸裹筒，令缝上不得漏。以绳子牢缠。消口脂，泻中令满，停冷，解开。就模出四分，以竹刀子约筒截割，令齐整。所以约筒者，筒口齐故也。

透过这段文字，我们似乎看到了唐代"合口脂匠"专注、熟练的身影。煎过紫草的蜡液，会被他或她细心地用绵絮滤过，让紫红蜡液不带一点草滓。把经过冷却的紫红蜡二次入锅，他或她一点点地加入甲煎，来回搅动，还会用刀子挑起一点蜡液，根据其在刀刃上的状态决定软硬程度，觉得过于硬了，就再加一点甲煎；觉得过于软了，就再添一点蜡，总之，这是个凭经验的活计。最后，他或她拿出做好的竹筒，将蜡液灌入其中，竹筒已经提前被他或她厚厚地糊上了几层纸，又一圈圈缠上绳子，以便牢固不散。

我们甚至知道唐代口脂是圆径一寸半（唐尺）、高四分的扁圆柱造型。它们的外形非常整齐，因为是利用特制的竹筒"模子"制成。统一使用宽一寸半、长一尺二寸的天然竹筒，削掉两头以及有竹节的

蜂蜡(《神农本草经中药彩色图谱》)

部位,再一分为三。去掉中间部分不用,把两端的两节竹筒对合在一起,内部涂上一层冷甲煎(实际也就是抹了一层油)。然后,一端糊上四层纸,形成纸质的筒底。再用纸遍糊筒身,以免合缝处泄漏,并用绳缠绕牢固。最后,把蜡液灌满筒中,待其冷凝之后,再解开绳索、糊纸。由于内壁涂了油,所以凝成圆柱形的口脂不会粘死在壁上,而是可以一点点滑脱出竹筒。于是,合口脂匠就将竹筒内的口脂倾出四分,用竹刀齐着筒口切下;再倾出四分,又切下一截……

　　观察唐代医典中的甲煎口脂配方,最重要的一点便是取消了《齐民要术》"合香泽方"用到的动物髓及脂肪。能做到这一点,当然与蜂蜡材料的引入有关,由于有了蜂蜡作为油脂材料,动物脂肪便不是必需的成分了。毫无杂质而众香荟萃的香油，与炼过的纯净蜂蜡相揉在一起，成品自然有着明莹腻润的质地。鉴于初唐的《备急千金要方》中赫然出具了先制甲煎、再加蜂蜡的完整程序，因此，可以确定，口脂制作在材料与工艺上的彻底改变在入唐之前已然完成，是南北朝末期的成绩。

口脂以蜂蜡为主体，同时加有适量的甲煎香油，因此很接近今日的唇膏，是蜡质的、半固体状态的膏冻。也像唇膏一样，一旦涂了口脂，很容易留下唇印。宋人夏竦因此有《宫词》一首云：

> 鬓拢春烟湿翠翘，石榴裙幔裛纤腰。绛唇不敢深深注，却怕香脂污玉箫。

写一位豆蔻年华的乐伎，发式、服装无一不修饰考究，但是，唯独唇上不敢浓涂口脂，免得吹箫时把唇红沾印在白玉的箫管上。

唐人丰盈的文学感受力，居然把这一化妆中难免的小小缺陷，转化成了对于天宝盛世的伤感怀念。不知是否口脂在开元天宝年间达到了其巅峰状态，不知是否由于这个原因，唐人笔记中两个关于口红印痕的故事，都与这个让人迷恋也让人痛恨、让人叹息也让人向往的时代相牵扯。一个说，杨贵妃曾经随手把口脂捻到牡丹花瓣上，于是，这株牡丹此后年年开放的花朵上都清晰地显有一抹鲜艳的脂痕，并且繁生出一个特殊的花种，在美人早已玉陨马嵬之后，她的脂痕却在花瓣上始终笑对春风。（参见作者《口脂》一文，《花间十六声》，三联出版社，2006年）另一个故事则见于宋人钱易的《南部新书》（中华书局，2002年）：

福昌宫，隋置，开元末重修。其中什物毕备，驾幸，供顿。驾
将起，所宿宫人……以为笑乐。又宫人浓注口，以口印幕竿上。
发后，好事者乃敛唇正口印而取之。（82页）

真是说不尽的开元旧事。

所谓"顿"，是指唐朝皇帝出行途中临时驻跸过夜的行宫。福昌
宫在开元末年重新修整，用途便是"供顿"，是车驾途经过夜的所在。
偏偏这处并不重要的行宫催生了一个迷离的传说，一直流传到宋
代——"宫人浓注口，以口印幕竿上。发后，好事者乃敛唇正口印而
取之"。那"浓注口"的宫人，她是谁？那用自己的嘴唇贴上去，"拓
印"幕竿上的口红印的"好事者"，他又是谁？在安史之乱爆发前那弥
漫着败坏气味的浮华当中，她和他有着怎样的故事？安史之乱又让
她和他经历了怎样的命运？口脂易于留痕，《南部新书》所记载的传
说正是利用这一现象编造出异常怅惘的情节，让大历史中的无名者
浮现出来。再一次的，古人创造生活与创造故事的能力，反衬出我们
今人的贫乏。

我很怀疑，这一段简约的文字，是在中晚唐曾经被四处唱讲的一
部传奇小说的依稀残影，钱易只记下了一部叙事作品当中最能让心
弦打颤的细节，但是却忽略了前因后果、忽略了步步递进的曲折情
节。很可能，唐人那传奇的底本大致如许：

一位宫女和一个少年军人由于某种缘分，相识并相爱了，但高高
宫墙注定了两个人咫尺天涯的命运。唐玄宗和杨贵妃行幸华清池，
宫女与少年都在随驾的行列。在"杨氏诸姨车斗风"，"瑟瑟珠翠，璀

璨芳馥于路"那近乎癫狂的繁华热闹中,一对少年男女却只想着怎么乘乱见上一面。一番曲折,终于密约了相会的地点,但阴差阳错之下,却最终没能相见在相约的地方,待到少年军人赶到约会之地,只看到幕竿上两片深深的口红印……

红玉甲

唐代大约是口脂制作的一个最狂热期。不过,由"獭髓调、百和香、紫蜡胭脂"的形容来看,宋元时期的口脂大致能够保留唐时的风范,油脂、香料都很讲究。特别是《谢天香》中的唱词,表现女主人公在"打底干南定粉,把蔷薇露和就",也就是上了妆粉之后,又——

> 破开那苏合香油,我嫌棘针梢燎的来油臭。哪里敢深蘸着指头搽,我则索轻将绵絮纽。

从"哪里敢深蘸着指头搽,我则索轻将绵絮纽"一句可以推测,"破开那苏合香油,我嫌棘针梢燎的来油臭"指的乃是口脂,传统上,恰恰是口红要么用手指直接蘸了向唇上点,要么利用绵絮之类的介质蹭上一点,然后在嘴唇上轻轻打个转,画出樱桃大小的圆形。《谢天香》的唱词极力罗列化妆品在那个时代所能达到的最大程度的奢侈,因此强调,女主人公所用口脂是以贵重的苏合油为主料。实际的情况则是,甲煎随着唐朝一起走向衰落,由晚唐经五代而至宋,苏合香油逐步成为最时尚的香品。

338

据《梦溪笔谈》所言：

> 又有苏合油，如糯胶，今多用此为苏合香。

黏胶态的苏合油，乃是苏合香树所分泌的树脂，在今天，主要产于土耳其、叙利亚、埃及、索马里、波斯湾附近各地，我国广西、云南也有引种栽培。（《中华本草·维吾尔药卷》，上海科学技术出版社，2005 年，176 页）在历史上，文献则记载着这种香膏来自"大秦国"（《后汉书》）、"大食国"（叶廷珪《香谱》），或者经过东南亚的安南等国的辗转贸易输抵广州（《元史》）。作为一种从异域远销而来的进口香料，苏合香油出现在文献典籍中的历史并不晚，不过，确实是在宋代，此种香料在生活各领域中得到了广泛应用，成为当时上层社会的一项日常消费品，这一情况恐怕与国际贸易的进展相联系。在之后的元明清三代，苏合油的进口始终稳定持续，所以，元代高档蜡胭脂很可能真像《谢天香》所描述的那样，掺加有这种气息馨烈的异国香胶。

同样有意思的是，唱词中还有"我嫌棘针梢燎的来油臭"一句。《本草衍义》中记载说：

> 白棘，一名棘针，一名棘刺……今人烧枝取油，涂垢发，使垢解。

足见唱词颇具客观反映现实的精神，在宋元时代确实流行一种廉价的化妆品原料，是折下棘针的短枝，加以烧烤，烤出枝内所含的树脂。这种从棘针枝提炼出的脂液主要用于制作头油，涂在粘结成团的乱发上，能够让黏团散开，使得发丝恢复顺滑。元杂剧《燕青博鱼》中有唱词道是：

> 你看这鬏髻上扭的出那棘针油，面皮上刮的下那桃花粉……

讽刺风骚女人在发髻上涂了太多的头油，如果把那发髻握在手中拧一拧，都可以直接绞出油液来。唱词明确提到棘针油做的头油，同样证明了这种头油在宋元时代是一种很常见的护发、美发用品。不过，在传统的习惯当中，口脂、面脂、头油三物彼此相通，特别是在低档品方面，头油如果加入蜂蜡便是面脂，而面脂一旦再加红色颜料，则成口脂，《谢天香》的"我嫌棘针梢燎的来油臭"，便是指以棘针油作为油料制成的蜡胭脂。棘针是一种随处生长、易于成活的矮荆，以之烧制油液，几乎是不需成本的买卖，不过，谢天香态度鲜明地看不上这种油制的妆品，嫌气味不佳，由此可知，在宋元时代，棘针油肯定是一种属于低档次的廉价材料。很精彩的，《谢天香》通过两句唱词，向世人通报了当时观念中最高档的与一般档次的唇妆用品，通报了造成它们档次区别的道理所在。

元代作家乔梦符有散曲《水仙子》一首，明确地题注为："红指甲——赠孙莲哥，时客吴江。"是他专为一位叫孙莲哥的青楼美人而作，赞美她染红的指甲：

> 冰蓝袖卷翠纹纱，春笋纤舒红玉甲，水晶寒浓染胭脂蜡。

原本水晶一般明莹的指甲，经蜡胭脂"浓染"之后，就成了"红玉甲"，由冰蓝色纱袖一衬，更显殷艳。除了涂唇之外，元代女性给蜡做的口脂——蜡胭脂——发明了一种很新鲜的用途,用为指甲油!

早在唐代,女性中就已然风行染指甲的习惯,以致如今的一些化妆书把染甲风习归为中国的发明:

> 十指纤纤玉笋红,雁行轻遏翠弦中。(唐人张祜《听筝》)
>
> 一管妙清商,纤红玉指长。(张祜《觱篥》)
>
> 红玉纤纤捧暖笙,绛唇呼吸引春莺。(唐人和凝《宫词》之一)
>
> 扼臂交光红玉软,起来重拟理箜篌。(和凝《宫词》之一)

宋人周密《癸未杂识》中更有清楚的记载,宋代女性使用凤仙花画指甲,有一套非常细致和成熟的办法。凤仙花染甲的风气也流传到了"回回妇人"当中,她们甚至以好玩的心情,把宠物猫狗的毛也都染红。(参见高春明《染指甲》,《中国服饰名物考》,上海文化出版社,2001年,516—519页)传统女性用凤仙花染红指甲的做法,很是为今人津津乐道,可是,一直被忽略的是,这一风气在元代有着进一步的活泼发展,在凤仙花之外,还有着蜡胭脂也被用作染甲的材料。

蜡胭脂以香油与蜡合成,所以接近于今天的指甲油,质性浓稠。十个指甲涂上这样的闪着油光的涂料,自然是非常的醒目:

> 玉纤弹泪血痕封,丹髓调酥鹤顶浓。(张可久《水仙子》"红指甲")
>
> 丹枫软玉笋梢扶,猩血春葱指上涂。(周文质《水仙子》"赋妇人染红指甲"之三)

341

那凝色是相当的深重，如血迹，如鹤顶丹，如赤枫叶色。另外，一旦敷上之后不易退色，不被水溶，"玉纤弹泪血痕封"一句的意思即在此，说女性哭泣的时候，泪水也不能让红甲掉色，就如凝血一般。

从"柔荑春笋蘸丹砂"（周文质《水仙子》"赋妇人染红指甲"之二）、"偷研点易朱砂露"（周文质《水仙子》"赋妇人染红指甲"之三）这样的句子来看，元时的蜡胭脂很可能仍然是以朱砂作为染红材料。如前所述，在《齐民要术》中，"燕支"被用于指称红蓝花汁染的化妆粉，显示出这个外来词在南北朝时已然固定为红色化妆品的专称。到了唐代，不仅红蓝花的制品，即使其他红色染料制作的化妆品也被呼为"胭脂"，胭脂变成了全体红色化妆品的统称。从元曲描写来看，"蜡胭脂"可能仍然沿用唐时的口脂配方，并没有红蓝花的成分在其中，但是，也一样地被冠上了"胭脂"的名目。同时，随着语言习惯的变化，日常生活中，"口脂"一词逐渐被遗忘，分明是同一种物品，到了元代，却被普遍地叫为"蜡胭脂"。

另外值得注意的一点，元曲中形容蜡胭脂，如"獭髓调百和香紫蜡胭脂"、"丹髓调酥鹤顶浓"、"红酥润冰笋手"，都标示蜡胭脂带有动物脂肪乃至兽髓的成分。如前面所述，在南北朝末期至初唐，口脂的一个最大的变化，就是舍弃了动物脂、髓，改用蜂蜡。不过，在蜂蜡被引入化妆品制作之后，相应地还产生了一种折衷的方案，既添加蜂蜡，同时也不让动物脂肪缺席，实际上，唐代以来，护肤性的面脂、手膏，往往是采用这样的配料样式。因此，元时，在北方游牧民族生活作风的影响下，蜡胭脂中重新启用动物髓、脂，是非常可能的事情。

"丹髓调酥鹤顶浓"、"红酥润冰笋手"，都提到"酥"这一成分。从元代开始,"酥"包涵了两个概念:一是指从牛奶中提炼出的酥油;另一个,却是指用羊脂肪提炼成的油脂。典型如《居家必用事类全集》中的"煎酥法":

> 羊脂一斤、猪肉四两,慢火熬,滤去滓。梨一个,去皮、穰,薄切;栗肉十个,薄切;红枣十五个,去核,切;灯心一小把;皂角一,寸碎;瓜蒌子少许,熬。候梨干,再滤,收贮。

这里所列的方法乃是为了食用的目的,所以会加红枣、栗肉等成分,不过,却很明确地显示,在元代,羊脂所炼之油也叫做"酥"。《本草纲目》"酥"条中,李时珍说明道:

> 酥乃酪之浮面所成,今人多以白羊脂杂之,不可不辩。

清代食谱《调鼎集》中也写明:

> 羊油,一呼羊脂,又名羊酥。

在元明清三代,把羊脂炼成的清油呼为"酥",是非常普遍的现象。因此,"丹髓调酥鹤顶浓"的元代蜡胭脂,很可能是加有炼过的羊脂油,据《本草纲目》介绍,用羊脂肪炼成的"熟脂"有着"润肌肤、杀虫、治疮癣"的药性。

在元曲作家眼中,用油润香浓的蜡胭脂涂饰指甲的玉手,实在是非常的性感。最撩惹人心的时刻,是随着纤纤手指轻巧拨弄乐器,桃花瓣一样的红甲以让人眼晕的速率晃跳不已:

> 横象管跳红玉,理筝弦点落花,轻掐碎残霞。(周文质《水仙

子》"赋妇人染红指甲"之二)

实际上，红指甲出现在唐诗中，便是伴以乐伎们弹奏乐器的动作，也许，这一时尚正是唐代乐伎的首创，本意在于让听众能够更加清晰地欣赏她们纤手拨弄乐器的灵巧吧。

此外，即使是一些本不引人注目的日常动作，无论摘花、拨火、把扇乃至剖橙子，甚至无心地用手指点划着栏杆犯心思，都因了红指甲的惹眼，而显得娇媚可爱——

> 剖吴橙吃喜煞，锦鱼鳞冷渍朱砂。数归期阑干上画。（乔梦符《水仙子》）
>
> 金炉拨火香云动，风流千万种，捻胭脂娇晕重重。拂海棠梢头露，按桃花扇底风。（张可久《水仙子》"红指甲"）

其中"捻胭脂娇晕重重"一句尤有意趣，春葱般的食指，顶着红蜡凝光的美甲，为了点唇，从胭脂盒里蘸了些许新鲜的、半流质的蜡膏，于是，指尖上竟是叠晕着双重的胭脂娇光。

即使什么也不做，仅仅用手托着腮颊出神，因为几点红甲映在美人面畔："托香腮似几瓣桃花。""托香腮数点残红。"就像有数片随风的花瓣停驻在粉腮边，成就了一番别样的"人面桃花相映红"。

单看这些曲词，珠帘秀、南春宴们着实情影窈窕，姿韵明丽，只是——只是蜡胭脂涂成的樱桃香唇，以及托在颊边的桃花碎瓣般的红甲，衬映出的，却可能是一口黑牙齿……须知，元代女性的时尚之一种，便是把牙齿染黑，至少，在乔梦符生活与创作的年代，流行风气是如此——不知《源氏物语》中的类似时尚是否与之有所关联？

> 瓠犀微露玉参差,偏称乌金渍。(乔梦符《小桃红》"赠刘牙儿")

明明是一口如玉的白牙,非要用"乌金"予以渍黑。既然染色材料是"乌金",那么大概染黑的牙齿还闪着暗暗的金烁吧。乔梦符在另一首妙作《一枝花》"杂情"中这样讴歌一位青楼美人对于修饰自身的用心仔细:

> 粉云香脸试搽,翠烟腻眉学画,红酥润冰笋手,乌金渍玉粳牙,鬏拢官鸦。改样儿新鞋袜,挑粉垢修指甲。收拾得所事儿温柔,妆点得诸余里颗恰。

香粉擦脸,烟墨画眉,指甲涂成丹红,贝齿染作乌黑里暗闪金光,双鬏飞挑在半空,如鸦翅一般青泽隐隐,真是没一样收拾得不光净,简直挑不出一丝的瑕疵。另外,不要忘了,自唐代兴盛起来的贴翠钿风气,在元代女性中也是照样的热烈:

> 似这般青铜对面妆,翠钿侵鬏贴。(关汉卿《闺怨佳人拜月亭》)

那翠钿上还用金粉描着细致的花纹:

> 描金翠钿侵鬏贴,满口儿喷兰麝。(张可久《清江引》"情")

于是乎,一张面庞,唇红齿黑,粉白钿绿,色彩搭配的强烈对比任谁也要过目难忘,其惊心动魄的震撼度直比长庆血晕妆。《西厢记》

中,张君瑞跳墙赶赴约会,却被红娘假意一顿训斥:

> 我只道你文学海样深,谁知你色胆有天来大? ……谁着你
> 黄夜入人家,非奸作贼拿!

假如,假如戏场表演中的莺莺小姐呈现为元曲描写的那种时尚美人形象,张生冒着夜色翻墙前来月下会面的情节,还真是显得很胆大。

玉龙膏

> 月冷江清近猎(一作"腊"——作者注)时,玉阶金瓦雪澌澌。
> 浴堂门外抄名入,公主家人谢面脂。

唐人王建的这一首《宫词》,显示出那个时代对于面脂的特别重视。每年冬季接近腊日的时候,唐家天子都要向皇亲国戚、文武大臣发放各种冬季美容用品,面脂就是其中不会漏掉的一项。不过,这些恩赐物也不是白领的,同时配备有各种形式的谢恩活动让臣下竭诚表达感激与效忠之情。比如,公主级别的女性贵戚,就不必亲自入宫谢恩,而是派得力的心腹奴仆代为完礼。堂堂帝国宫廷,公主一级的贵妇自然不是一个两个,而是足以形成一个集合,所以,她们派奴仆谢恩,也要经过严密的组织,在规定时间、规定地点,依照事先呈进的名单,一起入庭行礼如仪,场面又好看又有效率。

346

"面脂"同"手膏"一样，都是自古以来非常重要的保养皮肤的用品，是传统美容护肤品中内容丰富的一大类别。由于在用料乃至工艺上与口脂时而有重叠之处，因此，在这里也予以一个简略的勾描。

在《肘后备急方》与《齐民要术》中都列有制面脂的具体配方，《齐民要术》所介绍的乃是更适合普通人的制品，《肘后备急方》中的方子则是为上层社会预备。不过，两书有个共同的特点，就是都以动物髓、脑和脂肪作为润肤的材料。实际上，观察《肘后备急方》所录的各种修治面部皮肤缺陷的方子，不难得出一个结论：最早，人们就是简单地把炼过的猪脂直接向面上涂，作为防止皮肤干裂的手段。如"葛氏疗年少气充，面生疱疮"方：

> 胡粉、水银、腊月猪脂，和，熟研，令水银消散，向暝以粉面，晓拭去，勿水洗。至暝又涂之，三度即差（瘥）。

再如"疗面及鼻酒齇方"，也是"真珠、胡粉、水银分等，猪脂和涂"。两个方子都是直接使用猪脂，但是因为要用水银来杀除面上的疱疮，所以在临睡作夜妆时，把水银、胡粉与猪脂调在一起，既是化妆，也是上药。如此直接把猪脂向皮肤上涂抹，大概是最早的护肤做法。

不过，也就在《肘后备急方》中，已收有多达四种的制作合成面脂的方子，其中以"疗人面无光润、黑及皱，常傅面脂方"最为讲究、细致：

> 细辛、萎蕤、黄耆、薯蓣、白附子、辛夷、芎藭、白芷各一两，栝

347

蒌、木兰皮各一分，成炼猪脂二升。十一物切之，以绵裹，用少酒渍之一宿，内猪脂煎之，七上七下。别出一片白芷，内煎，候白芷黄色，成。去滓，绞用汁，以敷面。千金不传。此膏亦疗金疮并吐血。

是把多达十种的中草药成分以及炼过的猪脂——切细，用丝绵包裹起来，在酒中浸一夜。然后，将草药放入猪脂之内，上火煎。事先要特别留出一片白芷作为检测物，一旦这片白芷在插入煎油中之后会颜色变黄，就表明已达到了足够的火候。淘去草药滓，用绢布包住晾凉的脂油，绞出纯净的清液，就是面脂成品。

与之相比，《齐民要术》的"合面脂法"就要简单得多，是把丁香、藿香用丝绵包裹起来，投在温酒中，浸泡一到三夜，再将浸过香的酒以及两味香料先后投到牛髓、牛脂当中，微火煎熬，并放入青蒿以让油脂的颜色莹白。最后用丝绵过滤油脂，倾倒在瓷碗或漆碗里，待其冷却。不过，这种制品被同时派上了两种角色，如果掺入朱砂，就作为红色的唇脂使用，在不加朱砂的情况下，则是润脸的面脂。

显然，在南北朝时期，面脂如其他化妆品一样，有着档次之分，《齐民要术》所介绍的乃是低档制品，仅仅有润肤的功能，同时散发宜人的香芬；《肘后备急方》中的方子则指向高档精品，带有改善皮肤状况的药力。但是，不管面脂取料昂贵还是相对便宜，使用骨髓或脂肪，则是一致的。《备急千金要方》为此还特意给出了"炼脂法"：

凡合面脂，先须知炼脂法。以十二月买极肥大猪脂，水渍七八日，日一易水，煎，取清脂没水中。炼鹅、熊脂皆如此法。

用冬天的肥猪脂在水中泡七八天,其间需天天换新水,然后把猪脂在锅中加以煎化,炼成清油——《圣济总录》"麝香膏方"提到:"先将猪脂入锅中,化成油。"——待油重新冷凝成脂后,泡在水中保存,以备制面脂时使用。在唐代,除了猪脂之外,熊脂、鹅脂、羊脂甚至狗脂也是常用的原料。

入宋以后,动物脑、髓渐渐被放弃了,而猪脂、鹅脂始终是受重视的材料。特别是鹅脂,一直被认为是制作面脂等护肤品的上选材料,《本草纲目》中记录"白鹅膏"能"润皮肤","涂面急,令人悦白",可以让皮肤润泽、紧绷、白皙可爱。《竹屿山房杂部》"鸡子粉"方后有注云:"今熬熟鹅膏,和合香油,和粉匀面,发光泽而馨。"直到明代,仍然把鹅脂熬熟,与香油合成面脂。在清代,鹅脂还被结合到胰皂之中,形成当时被看做具有最佳美容效果的"鹅油胰"。养鹅在南方水乡人家十分寻常,鹅脂是非常容易得到的材料,价格便宜,想来,这也是鹅脂经历代而始终被重用的一个原因。《本草纲目》"白鹅膏"条还提到,"腊月炼、收",煎炼动物脂肪,特别讲究在腊月即阴历十二月进行。这个时节,动物已经被喂养了一段时间,并且为了过冬而积有厚厚的脂肪,能提供更多的脂油。同时,面脂主要用于冬季护肤,当然是在制作之前动手炼脂才好,这样就可以新鲜的脂油为原料。

如同其他美容用品一样,在唐代医书中,面脂被发展得惊人奢华,如《备急千金方》中的"玉屑面脂方":

> 玉屑、白附子、白茯苓、青木香、萎蕤、白术、白僵蚕、蜜陀僧、甘松香、乌头、商陆、石膏、黄耆、胡粉、芍药、藁本、防风、芒硝、白

檀(各一两)，当归、土瓜根、桃仁、芎劳(各二两)，辛夷、桃花、白头翁、零陵香、细辛、知母(各半两)，猪脂(一升)，羊肾脂(一具)、白犬脂、鹅脂(各一合)。

上三十三味，切，以酒、水各一升合，渍一宿，出之。用铜器微火煎，令水气尽，候白芷色黄，去滓，停一宿。旦以柳枝搅白，乃用之。

其制作步骤与"疗人面无光润、黑及皱，常傅面脂方"并无大的不同，但用料却让人眼花缭乱，甚至用上了玉屑这样的贵重物品。

在《千金翼方》与《外台秘要》中，一方面，用动物脂肪乃至脑、髓制作面脂的配方异常发达，另一方面，与口脂的发展同步，也出现了一个重要的新动向，即把蜂蜡作为一款原料加入到面脂之中。如《外台秘要》"崔氏蜡脂方"、"常用腊脂方"、"延年面脂"都是用到"白蜡"，"乃炼蜡令白，看临熟下腊(蜡)，调软硬得所"。口脂的目的只在从形、色以及香气各方面为嘴唇制造魅力，所以，自南北朝晚期开始，纵贯整个唐代，为了追求明润清亮的效果，口脂都舍弃了动物脂肪，仅仅使用香油与蜂蜡。与口脂不同，面脂毕竟以在冬天保护皮肤免于燥裂为主要目的，因此，在唐代，即使用上了蜂蜡的面脂配方，也在同时仍然把动物脂肪、髓、脑列为不可缺少的重要原料。

在宋代的《圣济总录》中，高档面脂仍然使用动物脂肪。这部医书中所记的配方大多去掉了唐代制品那种近乎唬人的眼花缭乱，但是在修护面部皮肤方面有了更加明确的分工，并依据主要药料的不同，而取名为"防风膏"、"白附子膏"、"杏仁膏"、"羊髓膏"、"玉屑膏"、

"麝香膏"、"木兰膏"、"白芷膏"等。书中还记载了一种办法,是把各种修治面庞的药粉、药膏与面脂调在一起,如"石粟膏涂方"即是如此。

然而,流传在民间的《事林广记》,却展示了出现在宋人当中的另一种选择。如其中所列的"内宣黄耆膏":

> 黄耆、防风、赤芍药、天麻、地黄各一分,浸麻油五两,七日外,慢火煎令香,不可焦赤。去滓,入黄蜡五文,重再略熬,新绵滤过,可御风露、悦颜色,比寻常面脂大不相同。

是把几味中药先在香油中煎,然后把滤掉残渣的香油与黄蜡调和在一起,采用了相似于唐代口脂的配料与工艺,完全抛弃了动物脂肪。

据宋人庞元英《文昌杂录》(《全宋笔记》,大象出版社,2006 年)记载,在宋代,面脂在民间顶着个好听的名字"玉龙膏"而流行:

> 礼部王员外言:今谓面油为玉龙膏,太宗皇帝始合此药,以白玉碾龙合子贮之,因以名焉。(卷一)

大约是宋朝宫廷继承前代习俗,仍然在冬季以特制的高档精品面脂赏赐大臣,并且用碾有龙纹的白玉盒子作为盛器。于是,民间商业所经营的面脂便打着"玉龙膏"的旗号,无非标榜自己的货品是按照宫廷秘方精制而成。明代的《普济方》中还真的记有一款"玉龙膏"面脂配方:

> 白敛、白芷、茅香、零陵香(各等分),栝蒌仁(半两),麝香(少

许）。

　　右前药三味，以香油煎，令稍焦。去滓，以蜡少许调匀，用度为妙。

从这个方子来看，除麝香之外，其他用料都很便宜，是一款中档制品，对象则为普通富裕人家。同样的，这个方子彻底舍弃了动物脂肪。此外，元人《居家必用事类全集》中有"摩风高（膏）"，而《普济方》"面药"中有"面油摩风膏"，两个配方与内宣黄耆膏、玉龙膏大致相近，各自所配的中草药成分不同，但都是把草药包在丝绵当中，浸在香油之内煎熬，然后去掉药包，将香油过滤，再加入黄蜡，直接拌匀，或者重新在火上熬融。明代的《景岳全书》中，也在"硫磺膏"一方内提到："用麻油、黄蜡，约多寡，如合面油，熬匀离火。"足以证明，纯粹以香油和蜂蜡为原料、取消油腻的动物脂肪，在宋元以来，是面脂制作中广为流行的一种办法。

更显新鲜的是，与医典中花样百出的配方相比，宋代的《事林广记》中，"宫制蔷薇油"一方是用香油蒸柚花的方法制作头油，最后却提示："尤宜为面脂。"随后的"香发木犀油"说得更为明确：

　　以此油勾入黄蜡，用为面脂，尤馨。

向大众推荐了一种极为便宜省事的方法，也就是沿袭《齐民要术》的思路，让一种制品一专多能。带有柚花、桂花芬芳的头油，一旦加入黄蜡，就变身为面脂了。推想起来，如果在面脂的基础上再揉入朱砂，那便是口脂吧。按照《事林广记》中的指点，任何一个具备基本家务技能的女性，都能自己制作头油、面脂、口脂。至少在临安，制作中所需的原料如降真香、黄蜡乃至柚花、茉莉、素馨之类，都可以在市场上非常方便地买到。

油胭脂

像一场接力长跑，由于青春，由于爱，由于青春的爱，这一场长跑战胜了时间，永远不疲倦——在曾瑞卿《王月英月夜留鞋记》的基础上，又有人敷衍出了更为冗长、但很矫情的《胭脂记》剧本。此部戏的作者没有留下名字，不过，从种种线索来看，应该是出于明人的手笔。在这部更为晚出的戏里，女主角王月英自道是：

> 如今挂牌额待人知，卖的是油胭脂、锦胭脂、瓦子胭脂。不问佳人子弟，都来铺儿里，买着胭脂。

这里出现了"油胭脂"的叫法。至于其在化妆中所扮的角色，《金瓶梅》七十四回写道："西门庆见如意儿……薄施朱粉，长画蛾眉，油胭脂搽的嘴唇鲜红的。"乃是用于点画唇红，是口红类制品。

关于油胭脂，清人赵学敏于乾隆三十三年（1765）成书的《本草纲目拾遗》（中国中医药出版社，2003年）中有专门的相关介绍：

> 《药性考》：油胭脂，平，豕膏合就，润肤裂，活血点痘。西北风高，涂舒面皱，不龟手药，古名非谬。一名碗儿胭脂，用小锡碗

明人刻印《胭脂记》"买脂"一节插图。

盛,故名。色红润如膏。《百草镜》制造油胭脂法:红花汁一杯,白蜡二两,微火熔化,搅匀,倾于磁盘内,待成薄饼,用碾面杖碾数百遍,则胶粘如膏药矣。假者系胭脂脚所造,不入药。(336页)

书中实际介绍了两种油胭脂的制法。第一种是"豕膏合就",加有猪脂(豕膏)。关于这一种油胭脂的具体制法,出版于乾隆三十一年(1766)的叶天士《种福堂公选良方》(人民卫生出版社,1992年)恰恰涉及到,该医著在"治冬月手足开裂方"项下列有:

又方:名"油胭脂"。用生猪板油——去筋、膜——一两,入锅熬净,再入黄占五钱、白占三钱,同化清,次入银朱、黄丹各五分,搅匀,以软能摊开为妙。敷之立愈。(103页)

是把猪油在锅中熬化,炼成清油,然后加入黄蜡(黄占)、白蜡(白占),融化均匀,最后加入银朱与黄丹。这一种油胭脂,原料由炼过的猪脂、虫蜡与银朱组成,很显然,依然在沿袭着口脂——蜡胭脂的传统。据《礼部志稿》,明英宗正统七年制定的"皇帝纳后仪"中,"纳采问名礼物"一项内有"绵胭脂一百个,蜡胭脂二两(用金合两个)",在入明以后,用蜡胭脂画唇的风气也没有改变,一直得到沿袭。所以,所谓"油胭脂",不过是在明代中期兴起的又一种新叫法,所指的对象其实就是"蜡胭脂"。

然而,相对于唐代的口脂制品,《种福堂公选良方》展示的油胭脂有着两项新的变化,一是,弃用朱砂,改而以银朱作为红色颜料;二是,在黄蜡之外，还加入了白蜡，这是元代以后才普遍起来的一种材料。

因此，千万不可以为，口红的生产技术在明清以后没有根本性的进展，以为技术创新在这个时期发生了停滞。那可是纯粹的误会。《本草纲目拾遗》还引用《百草镜》，介绍了另一种完全不同的办法：

> 红花汁一杯，白蜡二两，微火熔化，搅匀，倾于磁盘内，待成薄饼，用碾面杖碾数百遍，则胶粘如膏药矣。

把白蜡用小火融化，然后按比例浇入红蓝花汁，反复搅拌，将两种成分充分融合。最后，把染成均匀红色的蜡液倒在一只平底瓷盘里，待其半凝成一片薄饼的状态，用擀面杖反复擀碾几百遍，这样，红蜡就会黏稠如同膏药的状态。

红蓝花在东汉时期引植成功以后，虽然成了红色染料的主力，但是，却一直没有能够进入口脂的制作。从《齐民要术》到唐代医典，都是以天然朱砂为口脂发红，《种福堂公选良方》所介绍的、基本遵循着传统的油胭脂制法，则是顺应着时代的进步，改用银朱代替了朱砂的传统角色。然而，直到《百草镜》所介绍的方法，让我们终于看到，在明清时代，红花汁被运用到了"唇膏"的制作之中。成书于弘治年间（1488—1505）的《竹屿山房杂部》中对此有明确记录，道是：

> 今金花胭脂、油胭脂、白胭脂，皆洗红花膏所造。

可见，早在十五世纪，也就是早在《本草纲目拾遗》问世之前大约三个世纪，红花汁已然成为"唇膏"——油胭脂的发红颜料，《百草镜》中所介绍的工艺才是明清时代的主流方法。银朱不仅比红蓝花更费

定陵出土的这只青花盒内存有红褐色物，或许便是明时的油胭脂遗物。

工本,而且带有微毒(参见《本草纲目》"银朱"条),其实不适合用于为唇部上妆。因此,必须承认,成功地将红蓝花发展为"口红"的原料,是技术的进步,也是科学认识的进步。

《百草镜》中介绍的制油胭脂法,实际上意味着,将此前多个世纪中沿用的口脂技术加以了彻底革新。除了发红的材料之外,另一种重要原料——蜡料,也改换了门庭。在唐代,口脂中要掺入大量的"蜡",由此形成软膏的状态,《外台秘要》"崔氏烧甲煎香泽合口脂方"中更具体提到,所用的蜡是"黄蜡"。黄蜡就是蜂蜡,经过提炼加工,也可以成为白净的"白蜡":

> 时珍曰:蜡乃蜜脾底也。取蜜后炼过,滤入水中,候凝取之,色黄者俗名黄蜡,煎炼极净、色白者为白蜡,非新则白而久则黄也。与今时所用虫造白蜡不同。(《本草纲目》"蜂蜡")

经过初步加工的蜂蜡呈黄色,所以俗称黄蜡。只有"煎炼极净"之后才能变得"色白",这种经过仔细提炼的蜂蜡则被称为"白蜡"。一向以来,医生们都要把黄蜡加工成白蜡入药,不过,这种加工相当繁琐,如《本草述》中记录的清代办法:

> 色黄者俗名黄蜡,更用水煮化,以好绵纸折作数层,入冷水中蘸湿,遂贴蜡上,一吸即起,扔投冷水中,有蜡凝纸上者,即剥取之。再吸再剥。……

黄蜡投在水锅中,煮化成蜡液,然后将叠成多层的绵纸以冷水蘸湿,向热蜡液的表面轻轻一贴,使得蜡液粘到纸面上。把绵纸再投到水中,纸面所吸附的蜡液遇冷凝结,剥取下来,就是细腻的白蜡。大概半天也"剥"不出太大的数量。如此低的效率,很难配合化妆品大量生产、大量使用的特点。因此,自唐代开始,化妆品中使用的蜡都是黄蜡,特别讲究的时候才会用到经过精心加工而得的白蜡。但是,正如李时珍指出的,在明代,一种"虫造白蜡"广泛使用,成了增益生活的得力材料。

与紫矿一样,"虫造白蜡"是一种昆虫的分泌物,《本草纲目》"虫白蜡"集解说得清楚:

> 机曰:"虫白蜡,与蜜蜡之白者不同,乃小虫所作也。其虫食冬青树汁,久而化为白脂,粘敷树枝。人谓虫屎着树而然,非也。至秋刮取,以水煮,溶,滤,置冷水中,则凝聚成块矣。碎之,文理如白石膏,而莹彻,人以和油浇烛,大胜蜜蜡也。"时珍曰:"唐宋以前,浇烛、入药所用白蜡皆蜜蜡也,此虫白蜡则自元以来人始知之,今则为日用物矣。四川、湖广、滇南、闽岭、吴越、东南诸郡皆有之,以川、滇、衡、永产者为胜。蜡树枝叶状类冬青,四时不凋……其虫大如虮虱,芒种后则延缘树枝,食汁吐涎,粘于嫩茎,化为白脂,乃结成蜡状,如凝霜。处暑后,则剥取,谓之蜡渣。……其渣炼化,滤净;或甄中蒸化,沥下器中,待凝成块即为蜡也。其虫嫩时白色,作蜡;及老,则赤黑色,乃结苞于树枝……累累抱枝,宛若树之结实也,盖虫将遗卵,作房……俗呼为'蜡种',亦曰'蜡子',子内皆白卵如细虮,一包数百。次年立夏日摘下,以箬叶包之,分系各树,芒种后,苞拆,卵化虫,乃延出叶底,复上

树作蜡也。"

李时珍的观点是，白蜡为中国人所普遍熟悉和掌握，是入元以来的事情。根据周密《癸未杂识》（中华书局，1988 年）的"白蜡"一条，可以说，至少在江淮地区，对于白蜡的认识确实是在宋末元初获得了突破。想不到的是，白蜡的培植与生产技术普及、蔓延的过程，竟然是以商业性技术转让的形式完成的：

> 江浙之地旧无白蜡。十余年间，有道人至淮间，带白蜡虫子来求售，状如小芡实，价以升计。其法，以盆桎树（桎字未详），树叶类茱萸叶，生水傍，可扦而活，三年成大树。每以芒种前，以黄草布作小囊，贮虫子十余枚，遍挂之树间。至五月，则每一子中出虫数百，细若蚁蠓，遗白粪于枝梗间，此即白蜡，则不复见矣。至八月中，始剥而取之，用沸汤煎之，即成蜡矣。（其法如煎黄蜡同。）又遗子于树枝间，初甚细，至来春则渐大，二三月仍收其子如前法，散育之。或闻细叶冬青树亦可用。其利甚博，与育蚕之利相上下。白蜡之价，比黄蜡常高数倍也。

大约在宋末元初之时，有个出家人将白蜡虫种带到两淮地区，同时还带来了栽在盆中的、白蜡虫赖以寄生的桎树树苗，显然是把虫种、树苗以及相关技术一起打包兜售。看来，这位无名道人的推销活动很是成功，花钱买技术的养殖户也都获得了好收益。从这一见诸文献的具体实例，我们大致可以推想白蜡生产技术在宋元时代渐次发展、流传的过程。在周密的生活中，白蜡刚刚开始在江浙普及时，价格"比黄蜡常高数倍",但到了李时珍的时代,这东西已经变成普通日常物品了。

白蜡"文理如白石膏,而莹彻",做蜡烛的效果"大胜蜜蜡",想来,做口脂也有同样的优势吧。人们原本一直靠添加朱砂或银朱来使得口脂呈现红色,《百草镜》所介绍的油胭脂制法却改用红花汁,也许,白蜡的洁白莹润正是促成这一改变的客观条件。意想不到啊,女性使用的红色化妆品,似乎最无意义的胭脂,竟然自始至终与一项又一项科学技术的开发、传播、交流相连在一起。

无论《种福堂公选良方》所列的传统制法,还是《百草镜》中展示的明清时代的全新工艺,所做出的产品都被叫作"油胭脂"。它"色红润如膏",是红色的膏体,所以要装在小锡碗里保存、出售,由此,到清代还得了个俗名"碗儿胭脂"。直到晚清,北京的香蜡铺里始终都在营售"碗儿胭脂"(《老北京的民俗行业》,25 页),而《儿女英雄传》第十五回里也有这样的话:"我这盒儿里装着一碗儿双红胭脂,一匣滴珠香粉,两朵时样的通草花儿……"更有意思的是,光绪《大婚典礼红档》显示,晚清皇后的嫁妆品单子里也有"红碗胭脂、芙蓉粉二匣"。这些线索都显示,沿袭口脂传统的"油胭脂",直到很晚近的时代,始终是女性的重要化妆用品之一,直到最终被来自欧美的口红制品取代。

极为有趣的是,明代《香奁润色》中的"桂花香油"方,把桂花泡在香油当中,密封在瓷壶里,上火煮,由此得到洋溢桂花香味的头油,方子最后却又补充道:"少勾黄蜡,入油胭脂亦妙。"如果在这桂花油里加入一点黄蜡,调匀后兑到油胭脂当中,那么擦到嘴上的"胭脂"就不仅光润油泽,鲜红娇艳,而且还散发着桂蕊的秘馞!据说唐代女子赵鸾鸾写有一首叫作《檀口》的诗,形容女人嘴唇的魅力,其中有句为"咳唾轻飘茉莉香"。不过,其实唐人对于茉莉相当的陌生,因此收到《全唐诗》中的所谓赵鸾鸾的五首诗,大约应是伪作。但是,"咳唾轻飘茉莉香"如果用来形容明清女性的唇上气息,倒是传神得很,《香奁润色》中在"桂花香油"之后紧接着便介绍了"茉莉花油",是——

茉莉花(二两,新开者)。

香油浸,收。制法与桂花油同,不蒸亦可。但不如桂花香久。

茉莉花油在制法上与桂花香油一样,成品的状态自然也会是一样,那么,当然也就一样可以调和黄蜡,兑到油胭脂中了!

《红楼梦》中,宝玉有个很花痴的怪癖,就是喜欢"吃人嘴上擦的胭脂"(第十九回),在鸳鸯面前就曾经"猴上身去,涎皮笑道:'好姐姐,把你嘴上的胭脂赏我吃了罢。'一面说着,一面扭股糖似的粘在身上"。在小说的另一处——

金钏一把拉住宝玉,悄悄的笑道:"我这嘴上是才擦的香浸胭脂,你这会子可吃不吃了?"(第二十三回)

从《香奁润色》以及《红楼梦》中的记录来看,传统的"香浸"的涂唇胭脂,会调以桂花香油、茉莉香油或者花露等等,尝起来确实应该味道不错啊。

尚有一点值得探讨的是,清代医书《本草纲目拾遗》引录《药性考》，指出"豕膏合就"的油胭脂的意义之一为："西北风高，涂舒面皱。"在冬天，油胭脂不仅可以点唇，如果涂在面庞上，则有着舒平皱纹的功效，这一提示似乎意味着，入冬之后，油胭脂也作为上颊红的化妆品使用。实际上，油胭脂（蜡胭脂）与古代冬季护面的面脂在主要配料上完全一致，只是多加了银朱或红花汁，于是呈现为红色。《药性考》便强调油胭脂能"润肤裂"，"不龟手药，古名非谬"，由于油胭脂足以滋润干裂的皮肤，在很长时间以来都用作治疗手背皮肤龟裂的特效药。《种福堂公选良方》则把掺猪油的油胭脂列在"治冬月手足开裂方"中，指出这种化妆品针对手足龟裂有很强的疗效，"敷之立愈"，与《药性考》的观点完全一致。也就是说，在明清时代，油胭脂对于医学的意义，就是在冬季敷治手、脚上皴坏的皮肤。因此，将油胭脂轻轻涂在颊上，既作为上妆的腮红，也作为在寒冬季节养护面颊部位皮肤的面脂，乃是一种两全其美的化妆方法。从明代中后期直到清代，女性中普遍流行的化妆风气，是用沾湿的绵胭脂擦唇，用绵胭脂化的红液染颊。不过，必须注意到，同时也还存在着油胭脂，只是在这一时期它改而成为一种季节性的妆品，因为有着润肤止裂的妙效，于是仅仅在冬天使用，具体的使用方法，则是既用于涂唇，也用于染颊红。也就是说，传统的化妆方式能够照顾到人体随着季节变换而产生的不同需求，相应地提供性质不同的妆品。

说来有趣，以生产传统化妆品而吸引众多女性兴趣的扬州老字号"谢馥春"，有一款妆品"飞燕胭脂"，是一种用小纸盒盛装的红膏，它，应该就是绵延一千几百年的蜡胭脂——油胭脂的现世见证吧！店家将之作为上腮红的妆品推介给今天的女性，然而，在往昔，这种红膏同时也是口脂呢。应该注意的是,谢馥春的这一"飞燕胭脂"呈现为娇艳的桃红的色彩,另一款"胭脂粉"也呈现为粉红色。在清代,彩瓷中有一种名为"胭脂水"的红色釉,恰恰也是柔嫩的粉红色。因此,谢馥春的两款胭脂应该说基本保持了传统胭脂妆品的色泽,历史上的胭脂,至少明清时代的胭脂,并非纯正的大红色,而是发色粉艳。

小小一盒"飞燕胭脂"在手,清初小说《醒世姻缘传》第七十五回所披露的传统女性美容习惯之一种,就变得好理解了:

> 狄希陈一边哭落,一边把手往寄姐袖子里一伸,掏出一个桃红汗巾,吊着一个乌银脂盒、一个鸳鸯小合(荷)包,里边盛着香茶。狄希陈说:"我没打你,你把这胭脂盒子与合(荷)包给了我罢?"

就像今天女士们的精巧手袋中一定会有一管口红一样,在往昔的生活中,装有口脂的小盒也一样是女性们不能或缺的袖珍秘密武器。唇妆容易残坏,需要随时加以补注,因此,盛有油胭脂的小盒就

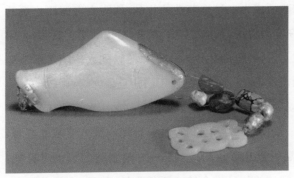

辽代陈国公主墓出土的可系挂的精巧鱼形小玉盒。

得随手携带，须臾不离身边。古人发明了一种极为轻巧的"收纳"随身物品的办法，将时而会用到、但又细碎容易丢失的小物件拴在一方手帕的一角，再把帕子提在手里或者掖在袖子中。（参见扬之水《说"事儿"》，《古诗文名物新证》，紫禁城出版社，2004年，209页）如《醒世姻缘传》中的寄姐便是用一方桃红手帕，吊系着一个乌银质的胭脂盒子以及一个专盛香洁口气之用的香茶的小荷包，以这种方式持有"口红"。《聊斋志异》中《狐梦》一篇，有"二娘出一口脂合（盒）子，大于弹丸"这样的细节，可见胭脂盒子颇为小巧。一旦系挂在艳色的手帕上，玲珑可爱如一枚吊坠，怪不得会在男女玩弄风月游戏时，被当做暗示着定情的交换礼物。

金花胭脂

　　《胭脂记》在油胭脂之外，还提到"锦胭脂、瓦子胭脂"的名目。《竹屿山房杂部》则提到宋代已有的"金花胭脂"，此外甚至有"白胭脂"，这种种不同的胭脂究竟具体都是什么形式、什么效果，今天已经很难——详细了解。其中，最让人好奇的是"金花胭脂"。明代成化二十三年规定的"皇太子纳妃礼"，"纳彩问名礼物"有"绵胭脂二百个，金华胭脂二两，铅粉二十袋计一十两重"；洪武二十六年定的"亲王婚礼"，同样是"绵胭脂二百个，金华胭脂二两，铅粉二十袋计一十两重"，表明长期流行的金花（华）胭脂与绵胭脂是不同的东西。（《礼部志稿》）宋人罗愿《尔雅翼》"燕支"一条中谈道：

　　　　又小薄为花片，名"金花烟支"，特宜妆色。

　　只说金花胭脂的成品是剪刻成花形的小薄片，具体材质却未交代。推测来看，金华胭脂有可能是用红花饼直接压制而成，再裁剪成花片的形状。制作"红花饼"，是与红蓝花的引种一起传入的古老方法：

《博物志》曰:作燕支法,取蓝苀(韦委切)捣以水,洮去黄汁,作十饼如手掌,着湿草,卧一宿便阴干。欲用燕支,以水浸之三四日,以水洮赤黄汁,尽得赤汁而止也。(《太平御览》卷七一九)

《天工开物》中则明确道:"入药用者不必制饼。若入染家用者,必以法成饼,然后用,则黄汁净尽,而真红乃现也。"并列出"造红花饼法":

带露摘红花,捣熟,以水淘,布袋绞去黄汁。又捣,以酸粟或米泔清。又淘,又绞袋去汁,以青蒿覆一宿,捏成薄饼,阴干收贮。染家得法,"我朱孔扬",所谓猩红也。(染纸,吉礼用,亦必用制饼,不然全无色。)

张华《博物志》载录的古老方法始终在沿用着,但在技术环节上更为精细,用水以及酸浆反复淘洗红花泥,漉洗掉其中的黄色素,这样才能保证花泥在日后使用时染出的色调纯红。然后,把花泥作成小饼,在阴凉处晾干。

"金花胭脂",大约就是把这种红花饼压、切得更为小巧,并且边缘做成花式,这样,闺中在必要的时候也可以直接动用红花饼,获得最纯正的红花染液。

《红楼梦》中,怡红公子有个容易引发女读者兴趣的爱好,就是和好姐妹或者丫鬟们一起"淘漉胭脂膏子",甚至为了秦钟而去家塾上学之前,居然还不忘了嘱咐黛玉:"好妹妹,等我下了学再吃饭。和胭脂膏子也等我来再制。"(第九回)更曾向平儿解释"胭脂膏子"的具体做法：

> 那市卖的胭脂都不干净，颜色也薄。这是上好的胭脂拧出
> 汁子来，淘澄净了渣滓，配了花露蒸叠成的。（第四十四回）

从其语意来推测，所谓"上好的胭脂"应该是类似金花胭脂的制
品，是由红花饼直接做成。"拧出汁子来，淘澄净了渣滓"，乃是把红
花饼泡在水中，用力揉，拧挤出红色汁水，然后对红汁反复澄滤，将红
花残滓完全滤除干净，得到颜色最纯正、最鲜艳、最澄净的红花汁液。
按小说中的说法，要把这红花汁液兑入花露，然后密封在容器里，置
入甑中，火蒸加热，其成品"如玫瑰膏子一样"，用来化妆，效果是"鲜
艳异常，且又甜香满颊"。——不过，红花液受热会变色，按说不能上
火蒸制，因此，曹公笔下的"胭脂膏子"究竟是怎样的制法，还有待进
一步的侦破。

最神奇的是，《普济方》中还有一款"半年红方"：

> 以鸡子一枚，于尖顶上开一窍，倾出黄，留白，用金花胭脂及
> 硼砂少许，纱封，与鸡抱，候别卵内鸡出为度。干，以敷脸，洗不
> 落，半年红。（卷五十二）

这是在忠实沿用"陈朝张贵妃常用膏方"，只是用红蓝花制的金
花胭脂代替了朱砂！把金花胭脂以及少许硼砂灌进生鸡蛋壳里，与
鸡蛋清相混，然后糊好蛋壳，放到母鸡窝里去孵化，等到同窝的蛋全
都小鸡破壳之时，再取出壳里被花液染红的蛋清，令其变干，再加以
细研，就能得到一种神奇红粉，搽在脸上会久久不脱落。因为这种红

粉着色如此牢实,以致得到了"半年红"的称号,意思是搽一次这种红粉,面色可以红润半年。真是好疯狂的说法啊。

我们也都清楚,只有少数女性才有可能使用这些精工细作的高档精品。那么,普遍使用的一般品质的胭脂又是什么样的状况?在宝玉介绍自家胭脂膏子的特色之时,顺口批评了当时市场上所售胭脂的质量:"那市卖的胭脂都不干净,颜色也薄。"为什么会如此?"近济宁路但取染残红花滓为之,值甚贱。"《天工开物》揭示了明清时代胭脂商业生产中的秘诀:用染坊染过丝绸之后理应扔弃的红花饼残滓制作胭脂,把成本降到最低。已然浸出过红液的残滓,效力自然大为降低,所以染出的胭脂就会颜色"薄",鲜艳度受损。不过,这一废物利用的做法节约了成本,相应的使得成品价格更为便宜,"值甚贱",于是就大大扩充了顾客群,尽占薄利多销的优势,同时,也让更多的女性得以享用红花制的胭脂。

《天工开物》说"染残红花滓为之"是"济宁路"的做法,这就牵出了明清时代曾经十分兴盛的胭脂生产基地——山东临清济宁。关于济宁胭脂当年的盛况,《醒世姻缘传》有着很生动的表达,在小说第六回,晁思孝赴官路上,"五月端午前,到了济宁,老早就泊了船,要上岸买二三十斤胭脂,带到任上送礼";八十六回,素姐"刚只三日,到了济宁,寻了下处……素姐心忙,也没得在码头所在观玩景致、柴家老店秤买胭脂"。在明清时代,乘船沿大运河南来北往的旅人,经过济宁之时,都会顺便地购买当地产的胭脂,日后自用或送礼,有时候购买量相当之大,当地更有闻名四方的名牌店——柴家老店。以染坊用剩下的红花饼残滓制作胭脂,把成本降到最低,这或许是当地胭脂产业大获成功的秘诀之一吧？

　　不过，从文献记载来看，济宁胭脂也有高、中、低档之分，"染残红花滓"所制只是低档品，当然，这低档品或许恰恰是销量最好的大路货。由于在传统中医当中，几乎世间一切物品都具有某种药性，于是，天然材料制作的胭脂也每每跻身在药物配方之中，医典中便依稀保留了一些关于传统胭脂的信息，济宁胭脂也没有被漏掉。在天启年间以行医知名的缪希雍所著《先醒斋广笔记》中，治儿童"痘后翻瘢"的两个方子，就分别用到"济宁胭脂"与"真济宁油胭脂"，可见，油胭脂也是济宁的强项产品之一，由于济宁油胭脂是如此有名，以致其他地方还有假冒的仿货呢。《本草纲目拾遗》中特别强调，"假者系胭脂脚所造，不入药"，正是说，染过丝绸的红蓝花残渣所制的油胭脂不能作为药用，随即引录云：

　　　　治痘疮、燕窝疗，《救生苦海》：痘初起时，预免坏眼，用临清济宁好油胭脂点眼大。

　　分明透露出，济宁也出产以质量纯正的红花饼为原料的"好油胭脂"。《种福堂公选良方》卷三"治耳中脓水不止方"中还提到："干胭脂（要产山东济宁府、如银朱样、紫色者，非绵胭脂，亦非油胭脂）。"济宁的胭脂制造业真是品种全面，能力强大啊。

绵胭脂

平儿遭受池鱼之殃，满心的委屈，宝玉居然是通过劝她重新化妆，通过在整个化妆过程中细致柔和的关照，让平儿的情绪得到抚慰，果然这位多情公子是最能体贴女儿心的。宝玉的意图不过是要在"极聪明极清俊的上等女孩儿"面前"稍尽片心"，却让读者看到了那个时代化妆的大致过程。

首先，宝玉吩咐小丫头们舀洗脸水，让哭过的平儿换衣服，"把头也另梳一梳，洗洗脸"。接下来又劝："姐姐还该擦上些脂粉，不然倒像是和凤姐姐赌气了似的。"平儿"听了有理，便去找粉"，于是引出了函藏在玉簪花苞里的茉莉粉，"然后看见胭脂也不是成张的，却是一个小小的白玉盒子，里面盛着一盒，如玫瑰膏子一样"。宝玉立刻殷勤地介绍这胭脂膏子的具体使用方法：

> 只用细簪子挑一点儿抹在手心里，用一点水化开，抹在唇上，手心里剩的就够打颊腮了。

也就是说，把胭脂膏加入一点水调淡，由此而得的红色汁水被同时当做唇红和腮红使用。在此之前,平儿已经给面庞拍上了一层白粉,那么,胭脂红汁是轻轻拍打在覆粉之上。

很显然,"平儿理妆"一节所展示的妆法,与长期以来的白粉、红粉、口脂三结合的传统全然的不一致。然而,在清代,类似的化妆方式却广为流行,成为主导性的上妆法,《宫女谈往录》中即介绍,晚清女性化妆之时,是利用丝绵质的"绵胭脂"——

> 用的时候,小手指把温水蘸一蘸洒在胭脂上,使胭脂化开,就可以涂手涂脸了,但涂唇是不行的。(94—95 页)

追溯起来,这一种化妆方式的历史倒也是源远流长。元人陶宗仪所辑《说郛》中,收录有《妆台记》,其中有一条资讯:

> 美人妆,面既傅粉,复以胭脂调匀掌中,施之两颊,浓者为"酒晕妆",浅者为"桃花妆"。薄薄施朱,以粉罩之,为"飞霞妆"。

《妆台记》旧题为唐人宇文士及所著,不过书中有关于宋代女性妆饰的记录,所以成书的年代无法确定。考虑到辑成于元代的《说郛》已将其收录,书中所说的"美人妆"自然要早于《说郛》出现的年代,至晚也是宋时的情况。"复以胭脂调匀掌中,施之两颊",分明便是"挑一点儿抹在手心里,用一点水化开⋯⋯手心里剩的就够打颊腮了"的文言版表达嘛。并且,调匀的胭脂也是在"面既傅粉"之后,施之于腮颊的粉层之上,与平儿化妆的程序完全一致。总结起来,此种在《妆台记》中被名为"美人妆"的化妆方法,是用胭脂所化的红色汁水与白粉组合使用,并且可以有两种不同程序的选择。一种是,先在

这幅西夏时代(十二世纪)的《普贤菩萨》绢画(现藏俄国艾尔米塔什博物馆)中,女性的化妆方式是用胭脂水在两颊涂出轮廓鲜明的椭圆形颊红。

面庞上匀涂一层白粉,然后,把红色的胭脂水在掌心中调匀,用双掌拍到两颊上。如果红汁上得浓重,腮上赪赤,仿佛喝醉酒一般,就叫"酒晕妆";如果红汁上得轻浅,粉若绯桃,就叫"桃花妆"。还有一种办法,则是用胭脂水先在双颊上涂好红色,然后再罩上一层白粉,让胭脂的晕影隐约从白粉层下透现出来,大概效果比较朦胧,所以得美名曰"飞霞妆"。

飞霞妆似乎在唐宋时代颇为流行。晚唐诗人韩偓有一首《密意》,写一位女性晨起梳妆:

呵花贴鬓粘寒发,凝酥光透猩猩血。

其中"凝酥光透猩猩血"一句让人怀疑正是指胭脂水打腮的化妆方式。颊上粉白而厚,所以喻之为"凝酥",但是,在扑白粉之前,已然先染了一层胭脂汁的底色,不过居然彤浓如"猩猩血",彰显着唐人在美学方面一以贯之的重口味。猩血般的脂泽隐约泛映在白色的粉光里,故而诗人用了"透"字来描状。

最滑稽的是欧阳修有一首《凉州令》,咏"东堂石榴",其中竟然有这样的句子:

离离秋实弄轻霜,娇红脉脉,似见胭脂脸。

词人看到成熟石榴果的外皮呈色红鲜,又挂了一层白霜,于是联想到了曾经欢爱过的女子化有"飞霞妆"的面庞!这一种妆法似乎长期地受到欣赏,直到清末的《老残游记》中还有如此的评点:

见那女子……两腮酿厚,如帛裹朱,从白里隐隐透出红来,

不似时下南北的打扮,用那胭脂涂得同猴子屁股一般。(第九回)

红色掩映在白粉的遮盖之下,被认为有含蓄的美感。

"美人妆"之得以出现与流行,大约与绵胭脂这一化妆品形式相连在一起。涉及绵胭脂的记录,最早见于唐代的《外台秘要》,是外来的紫矿颜料在制作化妆胭脂时所采用的特有途径。同样是在唐代,红蓝花加工之中也出现了一个在南北朝时代未有的环节,即,用布浸吸红蓝花汁,染成的红布就成为贮存红蓝花颜料的最佳手段,日后需要使用的时候,把红布用水浸泡,重新获得红色水液。至晚在宋代,紫矿胭脂的形式被成功地移用到红蓝花之上,如宋人罗愿《尔雅翼》"燕支"一条,在谈论红蓝花时提到:

> 又为妇人妆色,以绵染之,圆径三寸许,号"绵燕支"。

把丝绵铰成直径三寸左右的圆片,饱浸红蓝花液,然后在阴凉处晾干,便是"绵胭脂"。同时,如寇宗奭所云:"紫铆⋯⋯今人用造绵烟脂,迩来亦难得。"李时珍则提到:"紫铆⋯⋯今吴人用造胭脂。"《本草纲目拾遗》"火漆"一条披露了更为详细的资讯:

> 火漆,乃造胭脂紫梗水以染脂胚所漉之渣滓也。紫梗本名紫铆,出波斯、真腊、南番等处,有小虫如蚁,绿(应为"缘"——作者注)树枝造成,正同造白蜡一般。吾杭造胭脂者,借以染制。然第用紫梗一味,则色不能红,必须配以黄叶水同煎,色始红艳,其所余之渣则火漆也。入药只须研极细用之,中有枝梗不受研

375

者筛去。

直到清代，仍然在以进口的紫矿颜料制作绵胭脂，杭州的相关生产便很发达。具体方法则大抵沿袭唐代古法，将"紫梗"干枝在水中加热，不过，鉴于这种颜料的发色偏紫，并非纯红，所以还要兑入"黄叶水"——黄色染液，调成艳妍的正色。然后对煎好的色液"紫梗水"加以过滤，以滤净的红液浸染"脂胚"，制成胭脂；滤出的渣滓则可以制火漆或入药用。与之相证的是，《物理小识》"火漆铁法"一条介绍道："造胭脂余滓名紫胶，烧铁，热染于上。"用进口的紫矿颜料制作的绵胭脂，自宋至清，也始终都是一种很重要的红色化妆品，与红蓝花制的绵胭脂形成并存之势。

据《宋会要》，北宋宫廷特别设有"后苑造作所"，负责"造禁中及皇属婚娶名物"，"旧在紫云楼下，咸平三年并于后苑作，始改今名"（《职官》三六），这一皇家特设工场之下又细分为七十四"作"，其中便有"绵胭脂作"与"胭脂作"。"绵胭脂"的生产居然脱离了"胭脂作"，独立设为一个小作坊，可见其在宋时的重要性。宋人姚宽《西溪丛语》记载的一则轶事也证明了绵胭脂在彼时的普遍性：范仲淹从东京购买了绵胭脂，寄送给他所眷恋的一位鄱阳乐伎，并且同绵胭脂一起还送上了一首赠诗：

江南有美人，别后长相忆。何以慰相思，赠汝好颜色。

如果不算怡红院的胭脂膏子这一难辨真假的例外，那么，在传统的种种红色化妆品中，只有绵胭脂可以用水浸成红色的液汁。因此，

江西德安南宋周氏墓出土的一件银碟内，有丝罗一块，上有黑色物质，或许就是一方已经变色的绵胭脂。

可以推想，紫矿胭脂在唐代出现，红蓝花制的绵胭脂在宋代流行，成就了直接用胭脂水来涂双颊的化妆风气。不过，从文献来看，在这种方式出现之后，仍然是白粉、红粉、口脂组合的化妆法长期占据着主导地位。直到明代后期，"美人妆"，也就是用胭脂水代替红粉的做法，才成为化妆术中的主流风尚。至于具体的操作过程，《御香缥缈录》中倒是有很生动的讲述：

> 太后的梳妆台上一向就安着好几方鲜红色的丝绵，这是我久已知道的；此刻伊就随手拈起一方来，并且用一柄金制的小剪

刀,轻巧地从这上面剪下了很小的一块来。

．．．．．．．．．．．．

太后擦胭脂又是怎样搽法呢?

伊先剪下的一小方红丝绵在一杯温水中浸了一浸,便取出来在两个手掌的掌心里轻轻地擦着,擦到伊自己觉得已经满意了,这才停止;因为从前的女人,掌心上总是搽得很红的,所以太后第一步也是搽掌心。掌心搽好,才搽两颊;这时候伊可没工夫再和我说话了,伊把伊的脸和镜子凑得非常的近,并用极度小心搽着,以期不太浓,也不太花,正好适宜为度。

按书中的说法,慈禧太后是先上了一层粉,然后才如此擦敷胭脂水,也就是"面既傅粉,复以胭脂调匀掌中,施之两颊",所作的乃是"桃花妆"。

不知为何,大致也是在明代后期,与胭脂水染颊的风行约略同步,唇妆一样的改而依靠绵胭脂,历史悠久的口脂居然失去了垄断地位。虽然油胭脂一直存在到了清末,不过,在明清文学中提到的却总是以绵胭脂来点唇。《红楼梦》中,平儿在怡红院"看见胭脂也不是成张的",却是盛在盒里的胭脂膏子,以致宝玉不得不做些相关的解释,可见,即使贾府中,通行的胭脂也是"成张的",即绵胭脂。相应的,上唇红的方法便是,"小手指把温水蘸一蘸洒在胭脂上,使胭脂化开",然后——

涂唇是把丝绵胭脂卷成细卷,用细卷向嘴唇上转,或是用玉搔头(簪子名)在丝绵胭脂上一转,再点唇。(《宫女谈往录》,

雍正胭脂红釉碗，这种釉色的命名显示了传统胭脂的具体色调。

94—95 页）

明清小说里往往可见到类似的描写，如《醒世姻缘传》六十四回里用讽刺的语气描写，尼姑白姑子出面见女施主之前居然也化妆，"净洗了脸，细细的擦了粉，用靛花染了头，绵胭脂擦了嘴"；晚清小说《儿女英雄传》三十八回也写一位农村少妇"清水脸儿，嘴上点一点儿棉花胭脂"。明人"取染残红花滓"制作胭脂，以致胭脂产品"值甚贱"，其中，又肯定是绵胭脂成本最低，价格最廉，是否这一化妆风气流行的原因呢？

至于明清时期绵胭脂的做法，《北京的商业街与老字号》介绍有晚清北京著名化妆品店"花汉冲香粉店"的工艺：

花汉冲的胭脂饼是用上好的棉花,像絮被子一样,把棉花絮在一个小碗大小的铁碗里,再倒上适量的胭脂水,用一个铁杆压紧,取出风干。这种胭脂饼可以长期保存不坏,是妇女涂口红的最好的化妆品。(240 页)

《宫女谈往录》与德龄《御香缥缈录》都讲述到慈禧太后所用胭脂的制作方法,也是采用大致相同的工艺,不过,据这两本回忆录,原料并非红蓝花,而是京西妙峰山进贡的玫瑰花。玫瑰花能够作为红色颜料吗?似乎在其他书中不见类似的记载。不过,两书中涉及到绵胭脂制作中的一些细节,倒是有参考的意义:

"花的液汁制成后,我们便用当年新缲就的蚕丝来,(当然是未染过的白丝)"伊又说道:"压成一方方像月饼一样的东西;它们的大小是依着我的胭脂缸的口径而定的,所以恰好容纳得下。这一方方的丝绵至少要在花汁中浸上五天或六天,才可以通体浸透;瞧它们一浸透,便逐一取出来,送到太阳光下面去晒着,约莫晒过三四天,它们已干透了,方始可以送进来给我们使用。所费的工夫,仔细算来确也不少,幸而我们也用得不怎样浪费,每做一次,总可够五个月半年之用咧!"(《御香缥缈录》)

……然后把花汁注入备好的胭脂缸里。捣玫瑰时要适当加点明矾。据说这样颜色才能抓住肉,才不是浮色。

再把蚕丝绵剪成小小的方块或圆块,叠成五六层放在胭脂缸里浸泡。浸泡要十多天,要让丝绵带上一层厚汁。然后取出,

380

隔着玻璃窗子晒，免得沾上尘土。千万不能烤，一烤就变色。（《宫女谈往录》）

总之，从这一类文字中可以看到，直到晚清，"绵胭脂"的制法仍然大致沿袭着唐时紫矿胭脂的工艺。

虽然是改用绵胭脂画唇了，但唇妆的样式仍然与口脂时代一脉相承，"一点即成，始类樱桃之体"（《闲情偶寄》"声容部"），只是在嘴唇正中点出一个小小的圆点，如一粒樱桃，以此显得唇形娇小可爱：

> 最后才是点唇，不过从前的人决不象现在人一样的把上下唇的全部统搽上口红，伊们是只在唇的中间搽上一点胭脂，这恐怕就是受着文人"樱桃小口"的一句形容词的影响罢！（《御香缥缈录》）

上唇红的方式也沿袭了前代的经验，要么是"朱唇素指匀"，用手指蘸一点红液向嘴唇上点画；要么"轻将绵絮纽"，不过，不再是用丝绵去蘸取胭脂蜡，而是将一张被水濡湿的绵胭脂直接卷成细卷，在嘴唇上轻巧地旋转一下，形成小小的圆唇形。

不过，在传统的基础上，清代画唇妆的方式却也有着非常有趣而大胆的创新。据《宫女谈往录》，清代女子能利用簪子的圆头一端在胭脂湿绵上转一转，蘸上一点胭脂水，然后在唇上涂出红色。其实，为了能够让樱桃小口的轮廓清晰完整，清宫后妃的梳妆匣中配备有一种特殊的"胭脂棍"，这或许是簪子点唇法的专门化发展吧。它像毛笔一样，有一个窄长而笔直的柄杆，但是，端头所安装的乃是一个

清代画家倪田《梅花仕女》

鼓型象牙头，顶面为圆形，其内填满红绒。画唇妆的时候，"先将唇部轻轻涂抹"，染上一层淡淡的胭脂底色，再将胭脂棍塞满红绒的象牙头沾上胭脂水，"以下唇中线为中心，点一醒目的红圆点"（《清宫帝后组合梳具》，刘宝建，《紫禁城》2005年4期，119页）。也就是说，清代后妃、贵妇画唇，实际是像盖印一样，把一个沾满胭脂的小圆形印面直接戳到自己的下嘴唇正中！

啊，既然网上有那么多的时髦女孩在时空中穿梭来去，并且往往把康雍两朝的宫廷当做时光隧道中的热闹一站，那么，能不能有哪位有才情的女孩子能够顺手从什么宜妃、大福晋之类的妆奁中抄一根胭脂棍，带回今天的生活？然后把这种胭脂棍加以发扬广大，棍头的"印面"设计成四瓣菱花、五瓣桃花、六瓣海棠花乃至云、桃等各种花样，让女孩子们在唇上先用淡色唇膏涂一层底色，然后在正中印上小小的、深红浅绛乃至赤橙黄绿青蓝紫变化多端的奇异花形，让中国的时髦女郎们也创造一次属于自己的大胆时尚？

明人方以智《通雅》便介绍了一种沉如"夜色"的胭脂：

胭脂棍

一种曰鸭跖草,即蓝胭脂草也,杭州以绵染其花,作胭脂,为"夜色"。(卷四十二)

而在《物理小识》中,方以智之子方中通在讨论胭脂时写道:

杭州夜色,红用重受胭脂,碧用碧蝉蓝胭脂,以朱砂、大青皆重,不可作夜色。(卷六)

在明代晚期,杭州出产一种绵胭脂,是先用"重受胭脂"将白丝绵染上浓重的红色,然后再用"碧蝉蓝胭脂"去浸润已然染红的丝绵,于是会得到一种颜色非常独特的"夜色"胭脂。

所谓"碧蝉蓝胭脂",乃是鸭跖草花汁作成的蓝色绵胭脂。鸭跖草是一种随处生长的野草,"四五月开花,如蛾形,两叶如翅,碧色可爱"(《本草纲目》),其花朵上有一对花瓣像翅膀一样撑开,使得花形像飞蛾,而且花瓣的颜色为深浓的蓝色,于是也被赋予了碧蝉花、翠蝴蝶(《植物名实图考》)、翠娥眉(《救荒本草》)、碧凤花这样优美的称呼,此外还有碧竹子、淡竹叶等多种杂名。如蛾的蓝花榨出花汁,就是最好的蓝颜料,"巧匠采其花,取汁作画色及彩羊皮灯,青碧如黛也",可以用为绘画颜料,还用于给羊皮灯绘灯彩。《遵生八笺》"四时花纪"中则道是:

淡竹花——花开二瓣,色最青翠,乡人用绵收之,货作画灯青色并破绿等用。

按这一说法,碧蝉花汁也是染在丝绵上保存,以"绵胭脂"的形式作为商品出售。"碧蝉蓝胭脂",显然正是指这一种碧蝉花染成的蓝色绵胭脂。综合方以智父子的说法，在明末，碧蝉花除了作为绘画颜料之外，还"以绵染其花，作胭脂，为夜色"，用于制作一种独特的化妆胭脂。这种妆品所需要的另一种颜料为重受胭脂，《物理小识》"染红"一条中谈道："福建胭脂亦重受红花者。"由此可以推知，"重受胭脂"便是用红花汁加量浓染，因而色泽特别殷重的制品。因此，"夜色"的具体制作便是，先将重受胭脂泡在水中，获得红液，白丝绵浸而成赤，再以同样的方式浸取碧蝉蓝胭脂的彩液，给红绵添上青色。堆

清代佚名画家《英嫔、春贵人骑马图》。画中的两位女士与兰贵人（慈禧太后）一样，都是咸丰皇帝的妃子。

红叠青，制成的绵胭脂必然色彩沉暗，故而得名"夜色"。经蓝色暧昧了的红胭脂，究竟呈现什么样的泽彩呢？一旦涂作唇妆，又是什么效果？

"朱唇深浅假樱桃"（方干《赠美人》之一）、"樱桃淡注香唇"（宋人张孝祥《临江仙》），这一化妆传统在清代被发挥到了极致，对此，《宫女谈往录》中恰恰给了很清楚的交代：

> 嘴唇要以人中作中线，上唇涂得少些，下唇涂得多些，要地盖天，但都是猩红一点，比黄豆粒稍大一些。在书上讲，这叫樱桃口，要这样才是宫廷秀女的装饰。

"地盖天"的非对称样式，放在今天也要显得很大胆吧。实际上，清代皇后嫔妃们的画像上，以及那个年代的美人画中，都是只在下嘴唇正中巧匀一点半圆，上嘴唇却完全不见唇红之影。穿越文的年轻作者们其实不妨想象，自己的女主角在三四百年前的往昔时光中，曾经亲手摘下"两叶如翅，碧色可爱"的碧蝉花，揉成花泥，榨出蓝汁，然后和着红胭脂汁一起制成独特的"夜色"妆脂，用一根胭脂棍蘸了，在纱窗前，帘影下，向着自己的弧月般的下唇，点上一星夜色。

海棠蜜

繁露。

如果对汉语文献中的植物名来个"意象最佳"的评选,"繁露"应该能拿冠军吧。

不过,它其实就是落葵的另一种叫法,之所以如此,乃是因为:

> 一名"承露",其叶最能承露;其子垂垂,亦如缀露,故得露
> 名。(《本草纲目》"落葵"条)

在清晨,繁露的叶子总是托承着很多的露水,另外,果实成熟之时,累累成串,宛如缀在草叶下的露珠,于是,人们便用"承露"、"繁露"来相称呼。正是那如露珠般垂缀的小果,"结实大如五味子,熟则紫黑色,揉取汁,红如燕脂",成熟之后色呈紫黑,但能榨出红色的汁液,用于"女人饰面、点唇及染布物",可以之化妆,所以这种果汁也有个俗名"胡胭脂",即"假胭脂"之意;可以之将织物染红,因此繁露果也叫"染绛子",不过,其缺点是"久则色易变耳",时间一长,所染织物便要褪色。

如《胭脂粉》一节已谈过的，至晚在南北朝时代，繁露果就是很重要的一种红色染料，种植在家家户户的房前屋后，女性们用来满足生活中的多种需要。在《齐民要术》这部 6 世纪的大众生活知识用书当中，记载着以其制作化妆"紫粉"的方法。另外，唐代的《食疗本草》有云：

取蒸，暴干，和白蜜涂面，鲜华立见。

从文义来看，似乎是将繁露果蒸过之后晒干，然后泡在白蜜中，任红色素慢慢浸入蜜液，将蜜染红。再以这种蜜液涂到双颊上，便会呈现鲜艳的红色，所谓"鲜华立见"。如果可以这样理解的话，那么，这就是一种蜜制的化妆红液。

不过，颇让人意外的是，到了清初的《广东新语》中，还载录有这样的资料：

藤菜，一名落葵……其子有液紫红，可作口脂。或有诗云："口红藤菜子，不用市胭脂。"或以子蒸过、去皮，作粉，涂面鲜华。

在明清时代，直接用红色化妆液点画唇色的风气兴起，于是，女性们干脆榨出繁露果的紫红果液，以之点唇，一如诗中所唱，有了"藤菜子"，就解决了口红问题，无需再买胭脂了。

繁露，或者说落葵，也叫藤菜、胭脂菜等等，无疑是民间长期沿用的一种化妆品原料，由于在性能方面无法与红花相比，所以没有能够得到产业化、商业化的发展，但是，买不起、不舍得买胭脂的女性，采来这种果子自制红色妆品，却是始终存在的做法。这是一个经典的例子，显示着，在传统生活中，始终有多种的经验，利用野生或人工种植的植物，制作红色妆品。据文献记载，红颜色的花朵尤其可以进行这一方面的利用，一如方中通所说："凡红色花，皆可取汁作胭脂。"传为唐人段公路所著的《北户录》中，就有一条"山花燕支"：

> 山花，丛生，端州山崦间多有之，其叶类蓝，其花似蓼，抽穗长二三寸，作青白色，正月开，土人采含苞者卖之，用为燕支粉，或持染绢帛，其红不下蓝花。

在唐代，岭南端州有一种山花，可以在含苞状态时加以采摘，然后榨出花汁，如红花汁一样，染红妆粉。这种山花具体的品种为何，书中并未讲清，《本草纲目》于是称其为"山胭脂花"。非常有趣的，《北户录》还列出了以这种山花作红色颜料的具体方法，并将成品称为"山花胭脂"：

> 作燕支法：采花於钵中细研，着少水，以生绢缄取汁，於通油瓷瓶中文武火煎之，候花浮上，旋揉取，生绢囊中沥乾，用如常。

把鲜花在钵中仔细研成花泥，挤掉花汁，然后投入瓶中，加水，小火熬煮。等到花泥浮到水面上，就将其捞起，用一只生绢袋装盛起来，挂在半空，慢慢沥干水分，便是成品，可以像使用红花饼等颜料一样制妆品、染布帛。

另外，《北户录》中还提到以石榴花做胭脂，李时珍指出，能揉出红汁制作胭脂的乃是山石榴花，一名"山踯躅"，更为通行的名称则是"映山红"。清代的《秘传花镜》中也有"山踯躅"条云：

> 山踯躅,俗名映山红,类杜鹃花而稍大。……亦有红、紫二
> 色,红者取汁,可染物。

红色的映山红可以揉出花汁,在历史上,也曾被女性们染粉作妆。

甚至在明代从美洲传来的"野茉莉花",其中的红色者一样可以揉汁"点唇",当做画唇红的手段,因此这种花也被取名为"胭脂花"。类似的生活经验,往往是零星的,地方性的,经常会被文献典籍遗漏掉。难能可贵的,清代中期的《植物名实图考》就注意到了一种地方性的经验——

有一种叫做"红梅消"的植物,形态与薅田藨接近,"江西、湖南河滨多有之","此草滇呼'红琐梅'","湖南、北谓之'过江龙'",不仅其根入药,而且"三月间开小粉红花,色似红梅,不甚开放……又取花汁入粉,可去雀斑"。在清代的江西,女性们懂得把红梅消的小粉红花揉出花汁,染红妆粉,既供上妆,同时还有消除雀斑的药治作用。

吴其濬在《植物名实图考》中感慨道:"按藨属甚多,李时珍亦未尽考,故不云有红花者。""李时珍分别入药不入药,亦只以《本草》所有者言之。而山乡则可食者即多入药,未可刻舟胶柱也。"岁月漫长,山河辽阔,致使大量的生活经验随着人生而出现、流传,但并不能被一一载诸历史。

一如红梅消的启示,在中医理念的影响下,植物提供的天然红色染料,往往还会被开发出特定的药治性能。这当然也包括了红蓝花以及胭脂成品,在中医体系中,它们都是重要的药材,根据各种病情

而得到灵活的运用。注意到这样的文化经验，唐代诗人王建的一首《宫词》，也许就能破解其内容了：

> 闷来无处可思量，旋下金阶旋忆床。收得山丹红蕊粉，镜前洗却麝香黄。

据《本草纲目》，山丹也名"红百合"、"红花菜"等，"蕊，傅疗疮、恶肿"，花中之蕊有治疗特定皮肤病的功能。在王建的诗作中，一位心情郁闷的宫中美人，在百无聊赖之中，下阶来到庭中，也许是想起了未入宫前的生活，想起了从母亲、姐妹那里学来的经验，于是，她一时兴起的，动手采集山丹花里的红蕊粉打发时光。回到所住的阁室里，她着手洗去脸庞上熏了麝香的、很可能是蜜陀僧做成的黄粉，把山丹红蕊粉拌上蜜，当做红粉涂上双颊，同时为皮肤做一做护理。有谁能猜到，她这样做，究竟是寄托了怎样的情感？是在怀念从前的平民生活吗？

在美容传统的这一个系列当中，显得最有魅力的，当属《本草纲目拾遗》推荐的"海棠蜜"。

"海棠蜜"的成分既简单又朴素，只以秋海棠花片与白蜜为原料。《本草纲目拾遗》"秋海棠"一条，指出秋海棠花朵的"药性"为："和蜜搽面，泽肌润肉……《百草镜》云：擦癣杀虫，用叶、花浸蜜，入妇人面药用。"然后便引录了"海棠蜜"的制作方法：

> 《救生苦海》：红秋海棠采花去心，白蜜拌匀，蒸晒十次，令化为度。冬月早晨洗面后敷之，能令色艳，并治吹花癣、痱癗。《慈航活人书》有制海棠蜜法：上白蜜一大杯，红秋海棠现取花片用，

拌入蜜内,将花略捣烂,日日晒,或蒸数次,自烂如泥,其蜜色如海棠,或加入好芙蓉粉少许,光绝可爱,且免面皮冻裂。

把红色的秋海棠花趁盛开时采下,去掉花蒂,摘作散花片,然后放入优质的白蜜中,拌匀,并且对蜜中的花片稍加捣杵,把花片捣烂。然后,就将拌有花片的蜜反复在日头下晒,或者置于饭甑中,在火上多次加热。如此,花片就会在蜜中烂成花泥,而其中所含的红色花汁便溶入蜜中,将蜜液染成了秋海棠花的颜色。

将这种蜜液涂抹在脸上,"能令色艳",可以让颊腮的色泽光艳,也就是说,蜜色如同胭脂一样将双颊染红,其功能相当于一款化妆品。如果希望敷色更为鲜明,就在蜜中再掺拌一些"芙蓉粉"——胭脂粉,匀调了红粉的海棠蜜,那绝对是一款标准的红色上妆蜜液了。因此,海棠蜜与怡红院的"胭脂膏子",有着异曲同工之妙。

同时,海棠蜜还有着强大的保养与治疗功能。在冬天的早晨,洗面之后,将如此色似海棠的蜜液涂在脸上,不仅容光焕艳,而且蜜液滋润皮肤,也就让面皮免于皴裂的危害。在春天擦抹,则可以治疗"吹花癣、痱癗"。吹花癣就是春癣,海棠蜜用于治疗春癣,以及平灭春癣初发时皮肤表面所起的痒肿,其药性恰恰与曹雪芹笔下的蔷薇硝相一致。因此,海棠蜜实际是"蔷薇硝"与"胭脂膏子"的合二为一。曹公能在小说中写出蔷薇硝这样优雅清新的美容用品,那是因为当时的生活中真的存在着与之约略相当的芳物。若认真计较起来,《本草纲目拾遗》推介的这一款有药性作用的润面蜜,论意境,还比大观园里的妆品要更胜上一筹呢。

清代画家改琦《小立满身花影》

明末人冒襄《影梅庵忆语》中谈道,把白糖熬成稠浆,兑入盐腌酸青梅的卤汁,然后以新摘的秋海棠花浸腌其中,酿成"露凝香发"、"味美独冠诸花"的秋海棠露,是董小宛的拿手功夫之一。然而,一旦将秋海棠的花片腌在蜜中,所能得到的,乃是足以润肤、疗癣的花香胭脂!

看来,一位传统美人的房前阶下,栽植一片秋海棠的花丛,那也是绝对必须的。如果将历代文献中记载的可制作化妆品、美容护肤用品的种种植物加以收集,数一数有多少种花、叶、果、根可以供奉梳妆,那么多半足以编成一部《美人花谱》,甚或,干脆在纸上建构出一所专为"红妆"而设的梦里园林。

后记

　　我摘下一颗像个小地雷似的黑籽，在手上一捻，真的有一抹白粉现痕在掌心。

　　这样的细粉，居然曾在往昔时代作为化妆用的白粉吗？那得如何收集，才能足够一次上妆？

　　不过，其实更让我意外的是，在自己生活的小区里，居然又看到这种所谓"茉莉花"被栽种在道旁，作为庭院的点缀。

　　关于这种花，我最深的印象，是有一年秋天和小军、小刚等小朋友一起奉了奶奶的命令，把势将凋残的"茉莉花"棵拔掉，扔到小区的垃圾堆那里。不知是不是因为满足了破坏感，我总记得那是一次特愉快的经历。

　　在我最初的关于世界的印象里，就有奶奶在春天撒籽种下的茉莉花。还有她种的玉簪，丁香，豆角，葡萄。其中，茉莉花和豆角一样，是年年种，年年拔的。因为茉莉花结的黑籽像地雷，我和小朋友们干脆叫它"地雷花"。

　　不过，在我还没上小学的时候，奶奶的身体就不行了，不再年年撒籽种花。于是在此后的时间当中我就再也没见过这种茉莉花,只是相关的记忆一直潜在心底,模糊却又执着。具体忘了是何时,好像是小学时代,逐渐发现人们通常所说的"茉莉花"完全有着另外的形态,与我童年时看到的奶奶的"茉莉花"完全不同,一度还让我困惑了一下。

四五年前在《广东新语》里赫然发现,怡红院的妆台前那让我不解多年的"紫茉莉花种"原来真有出处,那时我丝毫没有料到,读来显得如此风雅的"紫茉莉",其实就是我奶奶曾经手种的矮小、易活、热闹活泼的草花,就是我初见世界之时留下深刻印象的花朵。及至在写作本书的过程中,从介绍植物的图书中吃惊地撞见曾经熟悉的形影,接着又读到,紫茉莉居然是从美洲移植而来,我才忽然想起了奶奶的人生。似乎,对于她的曾经存在于世,获得了一种全新的感受。

我奶奶是达斡尔族,成年后才先到内蒙、后到北京生活,不识字,一生都很艰苦。她似乎连通过曲艺了解《红楼梦》的机会都没有,当然肯定不知道自己喜爱的花种曾经在这部经典中有那么轻俏的露面。奇怪的是,尽管家中一直有一套发黄的《红楼梦》,被读得掉了页,但是作为她的后代的我们也都不知道这一点。

因此,追踪古代妆粉的过程让我对于我的奶奶有了更多一点理解,这实在是意外的、让人感激的收获。

《贵妃的红汗》大概在"悦读"性上比《潘金莲的发型》、《花间十六声》差很远。我忍不住,把那些枯燥的配方尽量抄了下来,并且以我所能对其中的琐碎环节进行说明。

也许，这样能为有心于重新体会古代妆品经验的女性们提供一点方便吧。近来，似乎有越来越多的人对于中国长久的妆饰传统发生了兴趣，我希望这本书能在这些人的眼里显得明白、直接。一些细部似有冗赘之嫌，比如关于"甲煎"的制法，在"甲煎香泽"一节里列出了工艺过程，在"蜡胭脂"一节再次讲述大同小异的炮制经过，读者或许会觉得啰唆讨厌。其实，我的本意是，让想要了解相关内容的人不用在书中来回翻找，而是在每一节里就能方便地读到。

因此这本书算是单纯献给女性读者的一册最初浅的传统妆品制作参考吧。

就在写书的过程中，偶然读到一个对我来说很刺激的新闻：日本人把"夜莺粪"作为艺伎的美容秘方，开发成最新颖、顶时髦的美容项目，还请了前辣妹维多利亚作为代言人。

此外，也看到所谓"韩方"的"玉容丹"使用到绿竹沥之类成分。

禽粪、竹沥等等，中医医典里早就记载，并在两千年来的传统生活中一直被广泛实践，如今莫不成也变为所谓"萝莉"们借以哈日、哈韩的口实？当然我不是要反对人家少男少女哈日、哈韩的潮流，只是觉得，禽粪什么的，竹沥什么的，原本应该是引导青年"哈中"的资本嘛。

了解古代化妆品的过程是一个认识不断变化的过程，由于我缺乏中医知识，所以所谓了解也始终停在表面，没有办法深入。因此，关于传统美容经验的研究和总结，作为科学史、知识史的一个部分，还需医学专家、科学史学者来施展功夫。

可能会有人注意到,这本书中有些细节的说法与我前两本作品中不一致。比如《花间十六声》中,"退红香汗湿轻纱"一句被解释为:"'退红'色的诱人身体从纱色中隐映出来。"当时我没有意识到,诗句中所指的实际乃是染成粉红色的汗水,而非涂红粉的身体本身。后来在琢磨"利汗红粉"的过程中,才渐渐明白了"退红"与"香汗"的关系。假如《花间十六声》再版,我会将这一处修改一下。

类似的情况往往会有,随着自己的理解的改变,写下的东西也会改变。出现这种情况,还请读者诸君涵谅。

前不久才注意到《二刻拍案惊奇》中的《红花场假鬼闹》一篇,觉得真是犯罪文学的经典。两位衙门承差——如今我们在破案作品中那么熟悉的"凶杀科"警探的先辈——假扮红花商贩,为了锁定红花田里的埋尸地,故意请管家指引带路,到月下的花田里开着玩笑浇酒祭鬼,然后还就地坐下,饮酒至醉,这是什么样的硬汉情节啊。可惜已经来不及把这个故事引入到"红蓝花"一节之中。

对于一个面对中国历史的人来说,最大的困难,就是有太丰富的文献资料与文物资料,真的难于应付。

也是在前不久,从穆宏燕先生《好一朵传奇的茉莉花》(《北京青年报》2010 年 4 月 12 日)一文中获知,女性染红指甲的风俗乃是在唐代从阿拉伯—波斯地区传入中国。这无疑是很有意味的一个消息,可惜我已经来不及在"红玉甲"一文中相应地修正自己的误会了,只能寄望今后有机会补救。

从前，我一直以为，我的奶奶一生只活在她个人的经历之中，她的生活只有所谓柴米油盐酱醋茶这类庸琐的内容，与文化彻底绝缘，更与历史彻底绝缘。

紫茉莉的线索才让我恍然大悟，原来她单个的人生竟然如此相连于整个的人类历史，她的生活，从柴米油盐酱醋茶，到紫茉莉、葡萄，到街道组织查卫生、给她的孙女种痘……一切的内容，都是如此的拥有历史与文化。她是历史的主体，尽管她自己一点也不知道。

我奶奶叫敖佩莲。这是她的汉族名字，她原本有个达斡尔族名字，但从来没向我们提起过。

终于明白，帝王将相只是历史的一个表面，历史同时也是属于亿万如我奶奶这样的普通人的，属于名字在时光中消散的人们。终于明白，我奶奶的艰苦而不屈不挠的一生里，每一个细节都是在使用文化，都是在享受历史，她如无数的普通人一道，始终都是人类最宏大的历史的拥有者和传承者。